21 century 世纪 职业教育系列规划教材 全新升级版

计算机图像处理

# 中文版Photoshop CC 应用基础与案例

梁为民 主编

北京日报出版社

图书在版编目（CIP）数据

计算机图像处理 ：中文版 PhotoshopCC 应用基础与案例 / 梁为民主编. -- 北京 ：北京日报出版社, 2017.12
ISBN 978-7-5477-2403-3

Ⅰ. ①计… Ⅱ. ①梁… Ⅲ. ①图象处理软件 Ⅳ. ①TP391.413

中国版本图书馆 CIP 数据核字(2017)第 185979 号

计算机图像处理 ：中文版 PhotoshopCC 应用基础与案例

出版发行：北京日报出版社
地　　址：北京市东城区东单三条 8-16 号东方广场东配楼四层
邮　　编：100005
电　　话：发行部：（010）65255876
　　　　　总编室：（010）65252135
印　　刷：北京京华铭诚工贸有限公司
经　　销：各地新华书店
版　　次：2017 年 12 月第 1 版
　　　　　2017 年 12 月第 1 次印刷
开　　本：787 毫米×1092 毫米　1/16
印　　张：16.75
字　　数：347 千字
定　　价：35.00 元

版权所有，侵权必究，未经许可，不得转载

## 内 容 提 要

本书以实际应用为主线，精辟地讲解了中文版 Photoshop CC 的基本操作方法和图像处理技巧，主要内容包括：Photoshop CC 基础知识、Photoshop CC 基本操作、创建和编辑选区、描绘和编辑图像、绘制和编辑路径及形状、应用文字、应用图层、应用通道和蒙版、调整图像色彩与色调、应用滤镜、动作的应用及图像输入和输出，并以案例实训的方式详细介绍了中文版 Photoshop CC 各种工具和命令的应用，具有很强的实用性和参考性。

本书内容由浅入深、图文并茂，采用任务驱动的方式进行讲述，既可作为高等院校、职业学校以及社会计算机培训中心的规划教材，也可作为图像处理和平面设计人员的学习参考用书。

# 21世纪职业教育系列规划教材

## 编审委员会名单


主任委员：崔亚量

执行委员：太洪春　柏　松　谭予星　王照

委　员（以姓氏笔画为序）：

马国强　王大敏　牛俊祝　刘为玉　刘艳琴　闫　琰

李建丽　李育云　时晓龙　杜　慧　杜国真　芦艳芳

卓　文　周月芝　郑桂梅　范沙浪　金应生　张　倩

孟大淼　赵　凌　郭文亮　郭领艳　郜攀攀　项仁轩

唐雪强　秦红霞　耿相真　常淑凤　梁为民　梁玉萍

童红兵　暨百南

# 前　言

中文版 Photoshop CC 是 Adobe 公司推出的平面设计软件，它界面友好、功能强大、操作简便，已经被广泛地应用到图形制作、图像处理、照片编辑、广告设计等各个领域，深受广大电脑平面设计者的喜爱，是目前世界上优秀的平面设计软件之一。

高等职业教育不同于其他传统形式的高等教育，它既是我国高等教育的重要组成部分，也是适应我国现代化建设需要的特殊教育形式。它的根本任务是培养生产、建设、管理和服务第一线需要的德、智、体、美等全面发展的技术应用型专业人才，学生应在掌握必要的基础理论和专门知识的基础上，重点掌握从事本专业领域实际工作的基本知识和职业技能，因而对应这种形式的高等教育教材也应有自己的体系和特色。

为了适应我国高等职业教育对教学改革和教材建设的需要，我们根据《教育部关于加强高职高专教育人才培养工作的意见》的文件要求编写了本书。通过对本书的学习，读者可掌握 Photoshop CC 的基本操作方法和应用技巧，通过其中的案例实训，还可提高学生的岗位适应能力和工作应用能力。

本书最大的特色是以实际应用为主线，采用“任务驱动、案例教学”的编写方式，力求在理论知识“够用为度”的基础上，通过案例的实际应用和实际训练让读者掌握更多的知识和技能。

本书共 12 章，主要内容包括：Photoshop CC 基础知识、Photoshop CC 基本操作、创建和编辑选区、描绘和编辑图像、绘制和编辑路径及形状、应用文字、应用图层、应用通道和蒙版、调整图像色彩与色调、应用滤镜、动作的应用及图像的输入和输出、综合应用案例实训。

本书结构严谨、重点突出、通俗易懂、图文并茂，采用了任务驱动的方式讲述，既可作为高等院校、职业学校以及社会计算机培训中心的规划教材，同时也可作为从事图像处理和平面设计的专业人员的学习参考用书。

本书由梁为民主编，参与编写的还有杜慧，郑桂梅，王书红，刘香健等人，由于时间仓促，书中不足与疏漏之处在所难免，欢迎广大读者批评指正，联系网址：http://www.china-ebooks.com。

编　者

# 总　序

高等职业教育不同于其他传统形式的高等教育，它既是我国高等教育的重要组成部分，也是适应我国现代化建设需要的特殊教育形式。它的根本任务是培养生产、建设、管理和服务第一线需要的德、智、体、美等全面发展的技术应用型专业人才，学生应在掌握必要的基础理论和专门知识的基础上，重点掌握从事本专业领域实际工作的基本知识和职业技能，因而对应这种形式的高等教育教材也应有自己的体系和特色。

为了适应我国高等职业教育对教学改革和教材建设的需要，根据《教育部关于加强高职高专教育人才培养工作的意见》的文件要求，上海科学普及出版社、电子科技大学出版社、北京日报出版社联合在全国范围内挑选来自于从事高职高专和高等教育教学与研究工作第一线的优秀教师和专家，组织并成立了“21世纪职业教育系列规划教材编审委员会”，旨在研究高职高专的教学改革与教材建设，规划教材出版计划，编写和审定适合于各类高等专科学校、高等职业学校、成人高等学校及本科院校主办的职业技术学院使用的教材。

“21世纪职业教育系列规划教材编审委员会”力求本套教材能够充分体现教育思想和教育观念的转变，反映高等学校课程和教学内容体系的改革方向，依据教学内容、教学方法和教学手段的现状和趋势精心策划，系统、全面地研究高等院校教学改革、教材建设的需求，倾力推出本套实用性强、多种媒体有机结合的立体化教材。本套教材主要具有以下特点：

1．任务驱动，案例教学，突出理论应用和实践技能的培养，注重教材的科学性、实用性和通用性。

2．定位明确，顺应现代社会发展和就业需求，面向就业，突出应用。

3．精心选材，体现新知识、新技术、新方法、新成果的应用，具有超前性、先进性。

4．合理编排，根据教学内容、教学大纲的要求，采用模块化编写体系，突出重点与难点。

5．教材内容有利于扩展学生的思维空间和自主学习能力，着力培养和提高学生的综合素质，使学生具有较强的创新能力，促进学生的个性发展。

6．体现建设“立体化”精品教材的宗旨，为主干课程配备电子教案、学习指导、习题解答、上机操作指导等，并为理论类课程配备PowerPoint多媒体课件，以便于实际教学，有需要多媒体课件的教师可以登录网站http://www.china-ebooks.com免费下载，在教材使用过程中若有好的意见或建议也可以直接在网站上进行交流。

21世纪职业教育系列规划教材编审委员会

# 目　录

# 第 1 章　Photoshop CC 基础知识

本章学习目标

使用 Photoshop CC，可以绘制矢量图形、对图像进行各种平面处理、在图像模式和颜色模式之间进行转换、改变图像尺寸、改变图像分辨率，可以创作出用户难以用画笔表现出来的超现实的“电脑艺术”作品。

通过本章的学习，读者可以了解 Photoshop 中的一些基本概念，以及中文版 Photoshop CC 的工作界面、工具箱和面板等内容。

学习重点和难点

- 像素和分辨率的含义
- 位图和矢量图的区别
- 图像的颜色模式
- 常用的文件格式
- Photoshop CC 工作界面
- 工具箱的使用
- 面板的使用

## 1.1　Photoshop 基本概念

要真正掌握一款图像处理软件，不仅仅要掌握该软件的操作，还需要掌握图像和图形方面的基础知识，如像素和分辨率、位图和矢量图，以及图像的颜色模式等。也只有如此，才能充分地发挥创意，创作出高品质、高水准的艺术作品。

### 1.1.1　像素和分辨率

像素和分辨率是 Photoshop 软件中关于文件大小和图像质量的两个基本概念。下面将分别进行介绍。

#### 1. 像素

像素是组成图像的基本单位。电脑上显示的图像是由许多像素以行和列的方式排列组成的，像素是整个图像中不可分割的单元或元素。通过每一个像素的位置、色彩数值等属性可以展现出相应的图像。文件中包含的像素越多，所包含的信息也越多，文件就越大，图像品质也就越好。

#### 2. 分辨率

分辨率是指在单位长度内所包含的像素点的个数，通常用 ppi 表示。例如，96ppi 表示每英寸含有 96 个像素点。在中文版 Photoshop CC 中也可以以 cm（厘米）为单位计算分辨率，不同的单位所计算出来的分辨率是不同的。在默认情况下，分辨率是以像素/英寸为单位来计算的。

在数字图像中，分辨率的大小直接影响到图像的质量。分辨率越高图像就越清晰，产生的文件也就越大，同时系统处理图片的时间也就越长。在制作图像时要根据实际需要来设置分辨率的大小。

## 1.1.2 位图和矢量图

在计算机中，图像是以数学方式来记录、处理和保存的，所以图像也可以称为数字化图像。图像类型大致可以分为以下两种：位图和矢量图。下面将分别进行介绍。

### 1. 位图

位图是由像素点组合而成的图像，通常 Photoshop 和其他一些图像处理软件，例如，PhotoImpact、Painter、Cool3D 等生成的都是位图。图 1-1 所示为一幅位图放大后显示出的像素点。

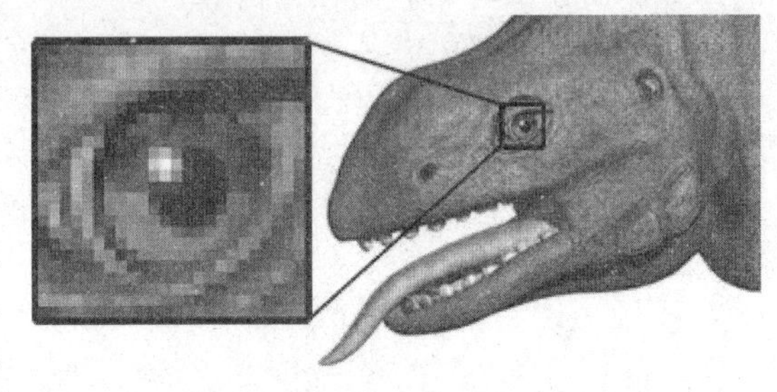

图 1-1 位图图像放大后显示出的像素点

由于位图图像由像素点组成，因此在像素点足够多的情况下，这类图像能表达出色彩丰富、过渡自然的图像效果。在保存位图时，计算机会记录每个像素点的位置和颜色。虽然图像像素点越多（分辨率越高），图像越清晰，但文件也越大，所占用的硬盘空间也越大，在处理时所用的时间也越长。

位图的重要参数是分辨率。无论是在屏幕上显示还是打印输出，其效果都与分辨率有非常大的关系。

用于制作或处理位图的软件，被称为位图软件，常用的位图软件有 Photoshop、Cool3D、Painter、Fireworks 等。

### 2. 矢量图

矢量图是由一系列数学公式表达的线条所构成的图形，在此类图形中构成图像的线条的颜色、位置、曲率、粗细等属性都由许多复杂的数学公式表达。

用矢量表达的图形，线条非常光滑、流畅，当用户对矢量图形进行放大时，线条依然可以保持良好的光滑性及比例相似性，从而在整体上保持图形效果不变。图 1-2 所示为一幅矢量图放大前后的效果对比。

图 1-2 矢量图放大前后的效果对比

## 1.1.3 图像的颜色模式

中文版 Photoshop CC 提供了多种颜色模式，每一种模式的特点均不相同，应用领域也各有差异，因此了解这些颜色模式对于正确理解图像文件有很重要的意义。

### 1. RGB 模式

RGB 颜色模式是 Photoshop 默认的颜色模式，也是最常用的一种颜色模式。该颜色模式的图像由红（R）、绿（G）和蓝（B）三种颜色的不同颜色值组合而成。

RGB 颜色模式给图像中每个像素的 R、G、B 颜色值均分配一个 0～255 范围内的强度值，一共可以生成超过 1670 万种颜色，因此，RGB 颜色模式的图像颜色非常鲜艳、丰富。由于 R、G、B 三种颜色合成后生成白色，所以 RGB 模式又被称为“加色”模式。

RGB 颜色模式所能够表现的颜色范围非常广，因此如果将该颜色模式的图像转换为其他包含颜色种类较少的颜色模式，则有可能出现丢色或偏色。

### 2. CMYK 模式

CMYK 颜色模式是工业印刷用的标准颜色模式，若要将 RGB 等其他颜色模式的图像输出并进行彩色印刷，必须将其颜色模式转换为 CMYK 颜色模式。

CMYK 颜色模式的图像由青（C）、洋红（M）、黄（Y）和黑（K）四种颜色组成，每一种颜色对应于一个通道（即用来生成四色分离的原色）。根据这四个通道，输出中心制作青色、洋红色、黄色和黑色四张胶版，在印刷图像时将每张胶版中的彩色油墨组合起来以生成各种颜色。

### 3. Lab 模式

Lab 颜色模式是 Photoshop 中一种非常特殊的颜色模式，它的色域能够包含 RGB 颜色模式和 CMYK 颜色模式的色域。将 Photoshop 中的 RGB 颜色模式转换为 CMYK 颜色模式时，先要将其转换为 Lab 颜色模式，再从 Lab 颜色模式转换为 CMYK 颜色模式。

专家指点

虽然颜色模式之间可以相互转换，但若从色域空间较大的颜色模式转换到色域空间较小的颜色模式，转换后的图像会丢失一些颜色。因此，在转换图像的颜色模式时应慎重考虑。

### 4. 位图模式

位图模式的图像也称为黑白图像或 1 位图像，因为它只使用两种颜色，即黑色和白色，来表现图像的轮廓。黑白没有灰度过渡色，故该类图像占用的内存空间非常少。

将一幅彩色的图像转换为位图模式图像的具体操作步骤如下：

（1）单击“图像”|“模式”|“灰度”命令，将该图像转换为“灰度”模式。

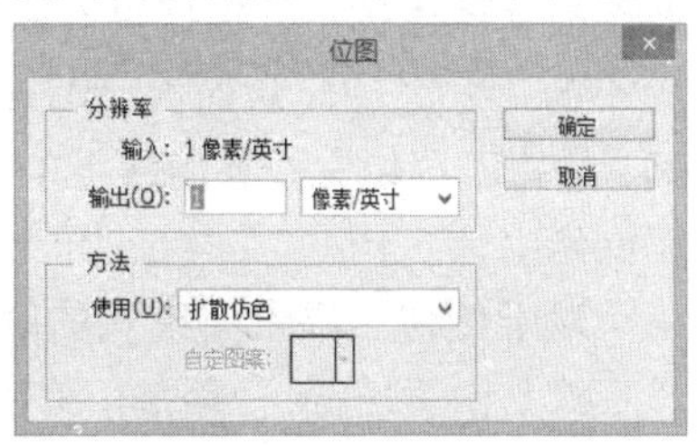

图 1-3 “位图”对话框

（2）单击“图像”|“模式”|“位图”命令，弹出“位图”对话框，如图 1-3 所示。在“输出”文本框中可以输入转换生成的位图模式图像的分辨率，在“使用”下拉列表框中可以选择转换为位图模式的方式，每一种方式得到的效果各不相同。

（3）确认设置后，单击“确定”按钮即可。

转换为位图模式的图像可以再次转换为灰度模式，但是图像仍然只有黑、白两种颜色。

## 5. 灰度模式

灰度模式的图像是由256种颜色组成的，因此色调表现比较丰富。将彩色图像转换为灰度模式时，所有的颜色信息都将被删除。虽然中文版Photoshop CC允许将灰度模式的图像再转换为彩色模式，但原来已丢失的颜色信息不能再找回，因此，在将彩色图像转换为灰度模式之前，应该使用“存储为”命令保存一幅备份图像。

## 6. 双色调模式

双色调模式是在灰度模式的图像上添加一种或几种颜色的油墨，以达到彩色的效果，比起常规的CMYK印刷色，其成本大大降低。

若想得到双色调模式的图像，首先要将其他模式的图像转换为灰度模式，然后单击“图像”|“模式”|“双色调”命令，弹出“双色调选项”对话框，如图1-4所示。

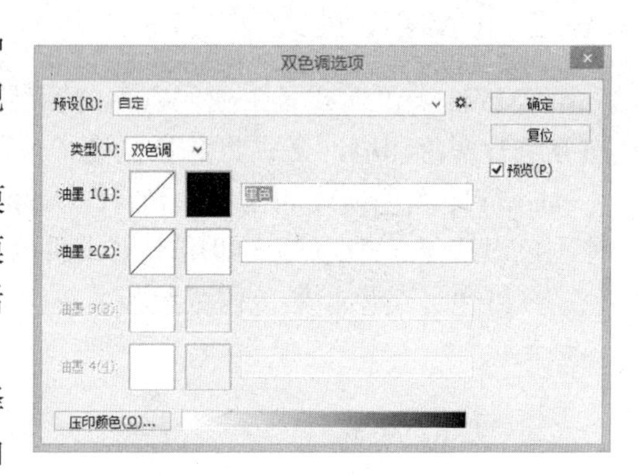


图1-4 “双色调选项”对话框

在该对话框的“类型”下拉列表框中可以选择色调的类型。若选择“单色调”选项，则只有“油墨1”选项呈可用状态，该选项生成仅有一种颜色的图像，单击“油墨1”选项右侧的黑色颜色块，在弹出的“拾色器”对话框中可以选择图像的颜色；若选择“双色调”选项，可将“油墨1”选项和“油墨2”选项同时激活，此时可以同时设置两种图像色彩，生成双色图像；若选择“三色调”选项，可将“油墨1”“油墨2”和“油墨3”三个选项都激活，此时可以同时设置三种图像色彩，生成具有三种颜色的图像。若选择“四色调”选项，可将“油墨1”“油墨2”“油墨3”和“油墨4”四个选项都激活，此时可以同时设置四种图像色彩，生成具有四种颜色的图像。

## 7. 索引颜色模式

该颜色模式与RGB和CMYK模式不同，该颜色模式依据一张颜色索引表控制图像中的颜色。该颜色模式下的图像的颜色种类最多为256种，因此图像文件比较小，大概只有相同条件下RGB模式图像大小的三分之一，从而大大减少了文件所占用的磁盘空间，缩短了图像文件在网络上的传输时间，因此常被应用于网络中。

对于任何一幅索引模式的图像，可以单击“图像”|“模式”|“颜色表”命令，弹出“颜色表”对话框，如图1-5所示。在该对话框中选择系统预设的颜色排列或自定义颜色，其中的“颜色表”下拉列表框中包含“自定”“黑体”“灰度”“色谱”“系统（Mac OS）”和“系统

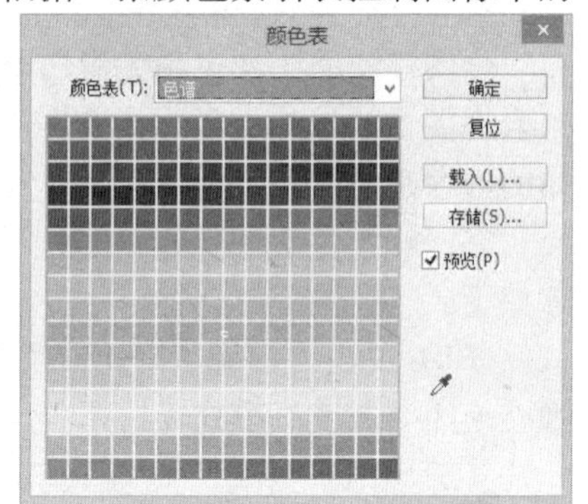


图1-5 “颜色表”对话框

（Windows）”6 个选项，除“自定”选项外，其他每一个选项都有其相应的颜色排列效果。

将图像转换为索引模式后，对于被转换前颜色种类多于 256 种的图像，会丢失许多颜色信息。虽然还可以从索引模式转换为 RGB、CMYK 模式，但中文版 Photoshop CC 无法找回已丢失的颜色信息，因此在转换之前，应该使用“存储为”命令保存一幅备份图像。

#### 8. 多通道模式

多通道模式是在每个通道中使用 256 级灰度，这对特殊的打印非常有用。将 CMYK 模式图像转换为多通道模式后，可创建青、洋红、黄和黑专色通道；将 RGB 模式图像转换为多通道模式后，可创建红、绿、蓝专色通道。当从 RGB、CMYK 或 Lab 模式下的图像中删除任一通道后，该图像将会自动转换为多通道模式。

### 1.1.4　常用的文件格式

常用的图像文件格式有以下几种：

#### 1. Photoshop（*.PSD、*.PDD）

此格式是 Photoshop 本身专用的文件格式，也是默认的文件存储格式。这种文件格式不仅支持所有颜色模式，还可以将图层、参考线以及 Alpha 通道等属性同时存储。

#### 2. BMP（*.BMP、*.RLE、*.DIB）

BMP 格式是 Windows“画图”程序专用的文件格式，此格式兼容于大多数 Windows 和 Mac OS 平台的应用程序。其在存储时，除了具有压缩功能以外，还可以存储 1 bit（黑白）到 24 bit（全彩）的 RGB 颜色阶数。以 BMP 格式存储文件时，使用了 RLE 压缩格式，不但可以节省空间，而且不会破坏图像的任何细节，唯一的缺点就是存储及打开时的速度比较慢。

BMP 格式支持 RGB、索引、灰度以及位图等颜色模式，但无法支持含 Alpha 通道的图像。

#### 3. Photoshop EPS（*.EPS）

Photoshop EPS 格式是矢量绘图软件和排版软件所使用的格式。如果要将图像导入 CorelDRAW、Illustrator、PageMaker 等软件中，可以先将图像存储成 Photoshop EPS 格式。当图像是位图模式时，在存储为 Photoshop EPS 格式时还可以将图像中的白色像素设置为透明效果。

EPS 格式支持 Lab、CMYK、RGB、索引、双色调、灰度与位图等颜色模式以及去除背景功能，但是不支持 Alpha 通道。

#### 4. Photoshop DCS（*.EPS）

Desktop Color Separations（DCS）格式是标准 EPS 文件格式的一个特例。DCS 2.0 支持多种通道与 CMYK 格式，文件中可以包含 Alpha 通道和多个特殊色通道的图像信息。DCS 1.0 与 DCS 2.0 都支持去除背景功能。

### 5. Photoshop PDF（*.PDF、*.PDP）

该格式是由Adobe公司推出的专为网上出版而制定的格式，它以PostScript Level 2语言为基础，因此，可以兼容矢量图像和点阵图像，并且支持超链接。

PDF格式是由Adobe Acrobat软件生成的文件格式，该格式可以保存多项信息，例如可以包含图片和文本。由于该格式支持超链接，因而是网络上下载文件经常使用的格式。

PDF格式支持RGB、索引、CMYK、灰度、位图和Lab等颜色模式，但不支持Alpha通道。

### 6. PICT文件（*.PCT、*.PICT）

PICT文件格式普遍用于Macintosh系统的绘图软件与排版软件上。这种文件格式对面积较大的色块有极佳的压缩效果，适合存储RGB模式和灰度模式的图像。

### 7. Targa（*.TGA、*.VDA、*.ICB、*.VST）

Targa格式是Truevision显示卡系统专用的图片格式，很多色彩应用软件和显示卡方面的应用程序支持Targa格式。

该格式支持含一个单独Alpha通道的32位RGB颜色模式的图像和不含Alpha通道的Indexed、Grayscale、16位和24位RGB颜色模式的图像。以该格式保存文件时，可选择颜色深度。

### 8. TIFF（*.TIF、*.TIFF）

TIFF格式在图像打印规格上受到广泛支持。其在存储文件时，不仅可以选择应用的平台（Macintosh、IBM个人电脑），还可以设置LZW的压缩运算方式。

TIFF格式支持含一个Alpha通道的RGB、CMYK和灰度颜色模式的图像，以及不含Alpha通道的Lab、索引和位图颜色模式的图像。此外，在应用上，TIFF格式还可以用于设置透明背景的效果。

### 9. GIF格式

GIF格式最多只能存储256色的RGB颜色，因此文件容量比其他格式小，适合应用在网络上。由于最多只能存储256色，所以在存储文件之前，必须将图片的颜色模式转换为位图、灰度或索引等颜色模式，否则无法存储。在存储时，GIF采用两种存储格式，一种为CompuServe GIF，此格式支持Interlace存储格式，图像可以显示出由模糊逐渐清晰的效果；另一种格式为GIF 89a Export，除了支持上述特性外，它还支持透明背景和动画格式（支持含一个Alpha通道的图像），最近网络上热门的动态GIF图像就是GIF 89a Export格式。

### 10. JPEG格式

JPEG格式是一种压缩率很高的文件格式，它和GIF格式的区别在于JPEG采用具有损坏性的压缩方式，而且可以处理RGB颜色模式下的所有色彩信息。其在存储过程中，还可以

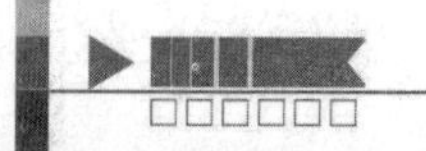

选择压缩的层级。如果选择高压缩的方式，则图像的质量会降低；如果选择低压缩的方式，则会使图像的质量较接近原图像。

JPEG 格式支持 CMYK、RGB 和灰度等颜色模式，但不支持含有 Alpha 通道的图像。

### 11. PNG 格式

PNG 格式可以说是被寄予厚望的“明日之星”，它结合了 GIF 和 JPEG 格式的优点，不但可以使用损坏较少的压缩方式制作出透明背景的效果，还可以同时保留矢量和文字信息。

PNG 格式支持含一个 Alpha 通道的 RGB 与灰度颜色模式的图像，还支持不含 Alpha 通道的索引和位图颜色模式的图像。不过，由于 PNG 图像尚不能用来制作动画效果，而且有些浏览器还不支持这种格式的文件，所以还未被广泛使用。GIF 和 JPEG 格式仍是当前网页应用的最佳选择。

# 1.2 Photoshop CC 工作界面

启动中文版 Photoshop CC 程序后，其工作界面如图 1-6 所示。它由菜单栏、属性栏、工具箱、图像编辑区、面板、状态栏等几部分组成，下面将分别对其进行介绍。

图 1-6　中文版 Photoshop CC 的工作界面

## 1.2.1 菜单栏

中文版 Photoshop CC 菜单栏中共有 10 个菜单，分别为“文件”“编辑”“图像”“图层”“类型”“选择”“滤镜”“视图”“窗口”和“帮助”菜单，其下的子菜单是用户在使用中文版 Photoshop CC 进行图像处理时经常用到的各种命令。

### 1.2.2 工具箱

Photoshop 的工具箱是用户在进行图像处理时最常用到的部分。使用其中的工具可以进行选取、绘画、编辑等操作，还可以设置前景色和背景色、创建蒙版等。

### 1.2.3 属性栏

属性栏位于菜单栏的下方，主要用于设置各工具的参数。当用户在工具箱中选择任一工具后，属性栏中的选项将发生变化，不同的工具所具有的参数各不相同，因此学会使用 Photoshop 工具属性栏的操作，是掌握 Photoshop 的基础。

### 1.2.4 面板

使用中文版 Photoshop CC 中的面板，可帮助用户观察和修改所做的工作。每个面板在功能上都是独立的，用户可以根据需要随时使用。启动 Photoshop CC 后，面板垂直停放在工作界面的右侧，它们被组合在不同的面板组中，用户可以随时打开、关闭、移动或重新组合它们。

### 1.2.5 图像编辑区

图像编辑区是显示图像的区域，也是编辑和处理图像的区域。在图像窗口标题栏上还有图像的相关信息，如图像的文件名称、图像显示比例、目前所在图层以及所使用的颜色模式等。

### 1.2.6 状态栏

状态栏位于工作界面最底部，主要用于显示图像的各种信息。左边的一个文本框用于控制图像窗口的显示比例，用户可以直接在文本框中输入数值，然后按【Enter】键就可以改变图像窗口的显示比例。中间部分是显示图像文件信息的区域，单击其右侧的小三角按钮▸，在弹出的下拉菜单中选择“显示”选项，弹出如图 1-7 所示的子菜单，从中可以选择显示图像文件的不同信息。

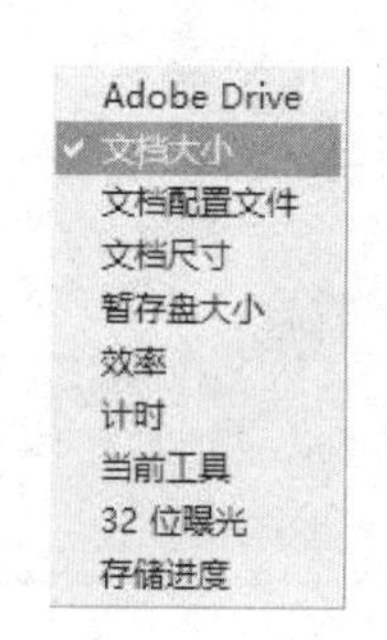


图 1-7 “显示”子菜单

宽度:400 像素(14.11 厘米)
高度:320 像素(11.29 厘米)
通道:3(RGB 颜色，8bpc)
分辨率:72 像素/英寸

图 1-8 查看图像尺寸等信息

在状态栏的图像文件信息区上，按住鼠标左键不放，可以查看图像的宽度、高度、通道、颜色模式、分辨率等信息，如图 1-8 所示。

# 1.3　工具箱的使用

中文版 Photoshop CC 工具箱中提供了一些常用的工具，如图 1-9 所示。通过这些工具，用户可以输入文字，选择、绘画、绘制、编辑、移动、注释、查看图像，对图像进行取样、更改前景色或背景色等操作。

## 1.3.1　显示/隐藏工具

仔细观察工具箱可以看到，许多工具按钮的右下角有一个小三角形，这表示该工具属于一个工具组，并且有隐藏的复合工具。单击工具按钮中的小三角形，即可弹出被隐藏的复合工具，将鼠标指针放在工具上并单击鼠标左键，该工具即被置为当前选择工具。图 1-10 所示为处于显示状态的复合工具。

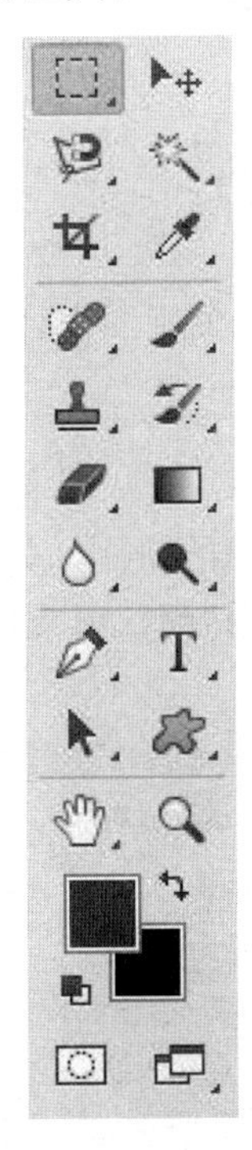

图 1-9　Photoshop CC 工具箱

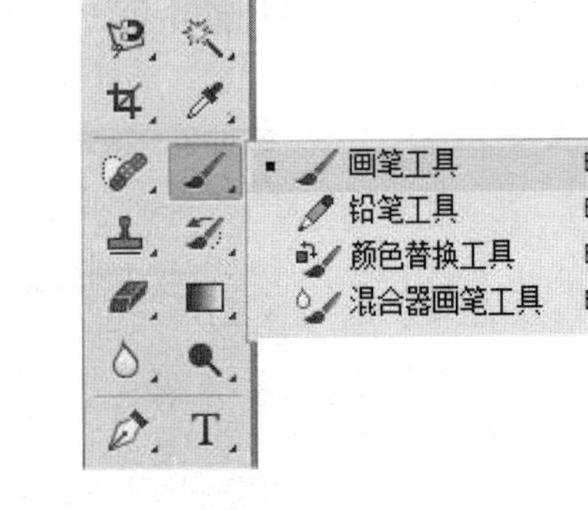


图 1-10　显示复合工具

下面将介绍隐藏工具提示的操作方法。

## 1.3.2　隐藏工具名称

中文版 Photoshop CC 工具箱中的每一个工具都有工具名称，将鼠标指针移至其中一个工具按钮上数秒后，将显示该工具的名称及快捷键，如图 1-11 所示。

若不希望显示该工具名称，可以单击“编辑”|“首选项”|“界面”命令，弹出“首选项”对话框（如图 1-12 所示），在该对话框中取消选择“显示工具提示”复选框即可。

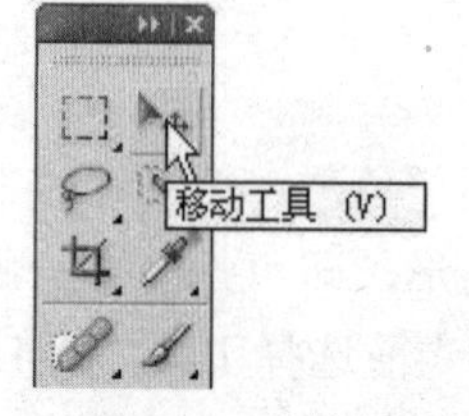


图 1-11 工具的名称及快捷键

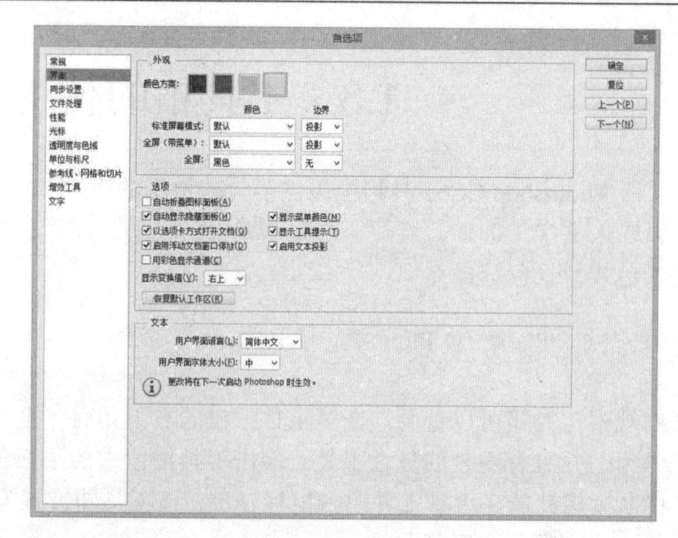

图 1-12 “首选项”对话框

# 1.4 面板的使用

在 Photoshop CC 中，面板有着十分重要的作用，通过使用面板可实现诸多的功能。

## 1.4.1 展开与折叠面板

在中文版 Photoshop CC 中，面板垂直停放在工作界面的右侧，如图 1-13 所示。单击面板中的“折叠为图标”按钮，可折叠面板；再次单击该按钮，可重新展开面板。折叠后的面板如图 1-14 所示。

图 1-13 面板

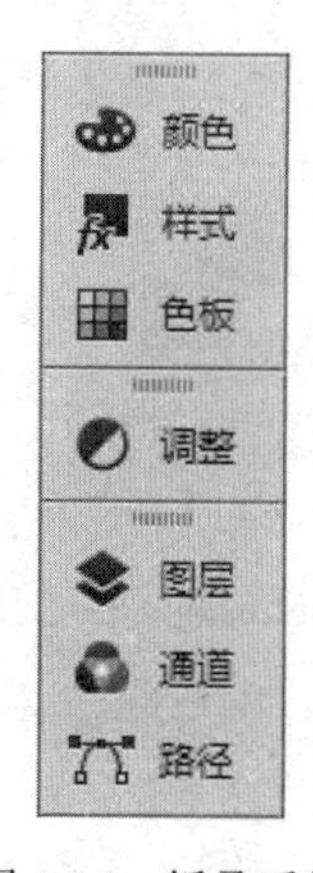


图 1-14 折叠后的面板

## 1.4.2 移动面板

如果需要移动面板，可在面板标题栏上单击鼠标左键，然后拖动到所需的位置，如图 1-15

所示。

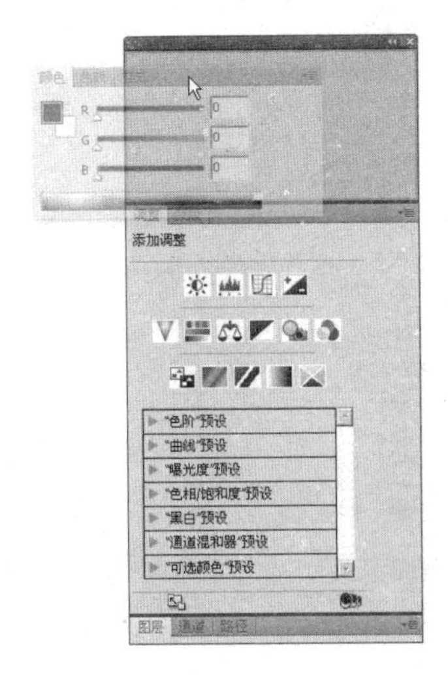


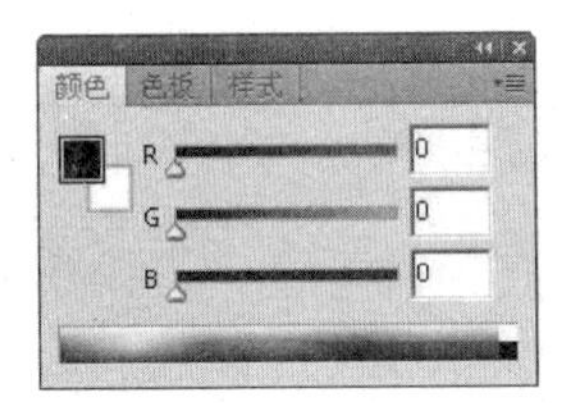


图 1-15 移动面板

## 1.4.3 分离与重组面板

如果要对面板进行重新组合，首先要将所需的面板分离出来，然后再将其组合到一起。用鼠标单击要分离的面板，然后将其拖曳到新位置，即可分离面板，如图 1-16 所示。要重组面板，用鼠标单击所需的面板，并将其拖曳到要组合的面板上即可。

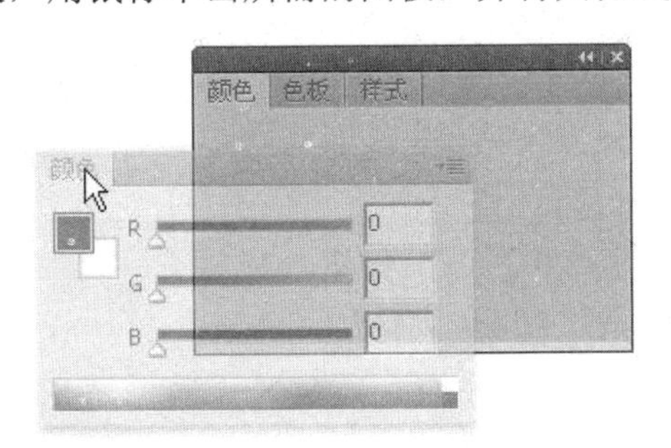


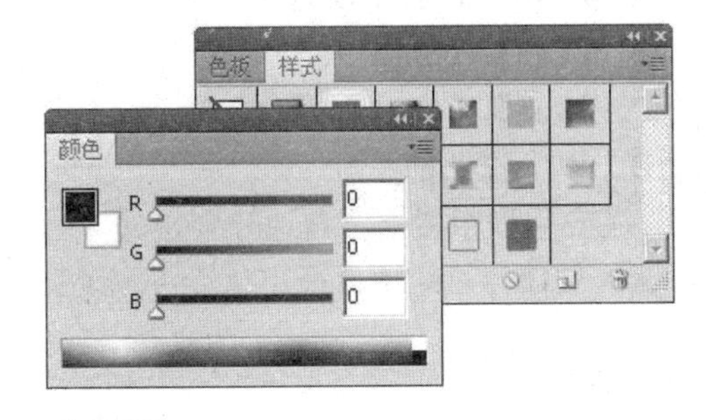


图 1-16 分离面板

## 1.4.4 面板菜单

在每个面板中都提供了面板菜单，单击其右上角的面板菜单按钮▾≡，可弹出面板菜单，如图 1-17 所示。选择其中的选项，可完成许多菜单命令或工具按钮无法完成的操作。

**专家指点**

在查看图像的全屏效果时，按【Tab】键可以隐藏工具箱及所有显示的面板，再次按【Tab】键可显示隐藏的工具箱及所有隐藏的面板；若仅隐藏所有显示的面板，可以按【Shift+Tab】组合键，同样再次按【Shift+Tab】组合键可显示所有隐藏的面板。

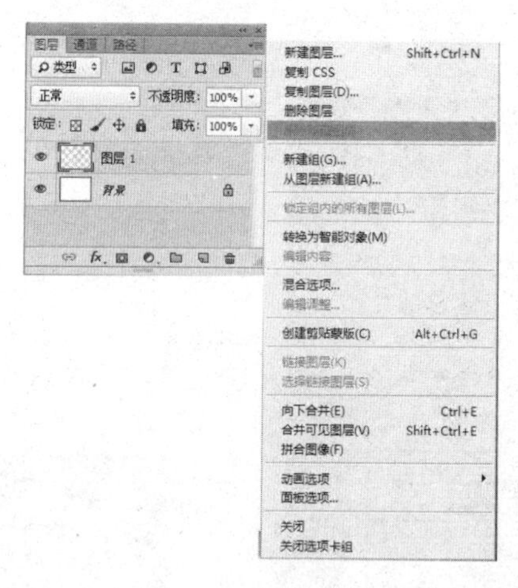


图 1-17　面板菜单

# 习　题

## 一、选择题

1. 要隐藏工具箱及所有显示的面板，可以按（　　）键；隐藏所有显示的面板但不隐藏工具箱，可以按（　　）组合键。

A.【Ctrl+Tab】、【Tab】

B.【Tab】、【Shift+Tab】

C.【Tab】、【Ctrl+Tab】

D. 以上说法都不对

2. 在应用程序栏上，右边分别是（　　）、（　　）和（　　）按钮。

A. 关闭　　B. 最小化　　C. 还原　　D. 最大化

## 二、填空题

1. 分辨率是指______________________，通常用 ppi 表示。

2. 在计算机中，图像分为两大类，它们分别是__________和__________。

## 三、简答题

1. 中文版 Photoshop CC 中有哪些常用的文件格式？

2. 简述 Photoshop CC 的主要功能。

# 上机指导

1. 练习调整图像编辑窗口大小的操作。

2. 练习面板的拆分与组合操作。

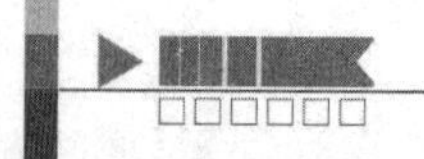

# 第 2 章 Photoshop CC 基本操作

本章学习目标

通过本章的学习，读者要掌握中文版 Photoshop CC 的基本操作，其中包括图像文件的新建、打开、存储、删除，图像尺寸和分辨率及画布大小的调整，以及使用“颜色”面板和“色板”面板选取颜色等操作。

学习重点和难点

- 新建和打开图像文件
- 存储和关闭图像文件
- 图像尺寸及分辨率的概念
- 改变图像画布尺寸的操作方法
- 图像文件颜色设置的方法

## 2.1 新建和打开图像文件

中文版 Photoshop CC 作为一款图像处理软件，绘图和处理图像是它的看家本领，但在掌握这些技能之前，首先需要学习一下 Photoshop CC 的基本操作，如新建、打开、存储、删除图像文件等操作。本章将对这些内容进行介绍，目的是让读者首先掌握图像处理的基本操作，以便于日后更好、更快地绘制和处理图像。

### 2.1.1 新建图像文件

启动中文版 Photoshop CC 后，Photoshop 的工作界面无任何图像显示，必须新建一个图像文件或者打开一个图像文件才能进行编辑操作。其方法是：单击“文件”|“新建”命令或按【Ctrl+N】组合键，弹出“新建”对话框，如图 2-1 所示。

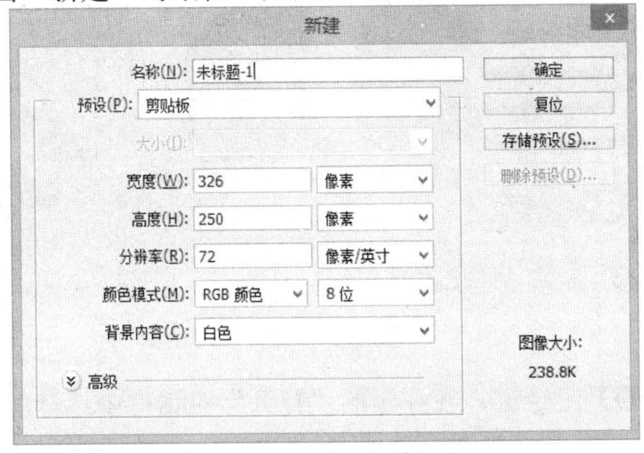


图 2-1 “新建”对话框

该对话框中的主要选项含义如下：

● 名称：在该文本框中可以输入新文件的名称。

● 预设：在该下拉列表框中可以选择预设的文件尺寸，其中有系统自带的25种文件尺寸。若选择“自定”选项，用户可以直接在“宽度”和“高度”文本框中分别输入所需要的文件尺寸。

● 分辨率：该数值是一个非常重要的参数，在新文件的高度和宽度不变的情况下，分辨率越高，图像越清晰。

● 颜色模式：在该下拉列表框中可以选择新文件的颜色模式，通常选择“RGB颜色”选项。

● 背景内容：在该下拉列表框中可以选择新文件的背景。若选择“白色”或“背景色”选项，所创建的文件将是带有颜色的背景图层；若选择“透明”选项，所创建的文件将呈透明状态，并且没有背景图层，只有一个“图层1”图层。

## 2.1.2 打开图像文件

要对已经存在的图像进行编辑，必须首先打开图像文件，其操作方法有以下几种：

● 单击“文件”|“打开”命令，弹出“打开”对话框，如图2-2所示。在其中可以选择要打开的图像文件，然后单击“打开”按钮，或在该文件图标上双击鼠标左键，即可将其打开。

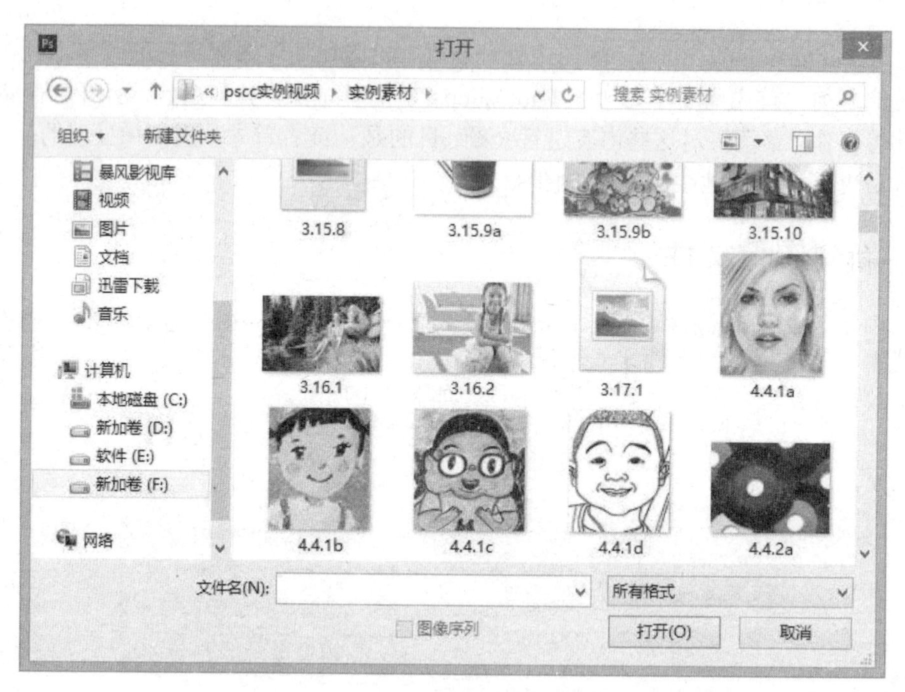


图2-2 “打开”对话框

● 按【Ctrl+O】组合键，在弹出的“打开”对话框中选择所需的图像文件，然后单击“打开”按钮，即可打开一幅图像文件。

● 双击Photoshop工作界面（灰色底板处），在弹出的“打开”对话框中选择所需的图像文件，然后单击“打开”按钮，即可打开一幅图像文件。

# 2.2　存储和关闭图像文件

在实际工作中，对于新建的图像文件或更改后的图像文件，在操作完成后必须进行保存，以免因为停电或死机等意外事故而使文件丢失。

## 2.2.1　存储图像文件

中文版 Photoshop CC 支持的文件格式有很多，用户可以把在 Photoshop 中编辑的图像保存为各种格式的文件。在工作过程中经常保存文件是良好的工作习惯，有利于在日后的工作中输出或编辑，保存文件有以下 3 种方法：

- 单击“文件”|“存储”命令或按【Ctrl+S】组合键，可以保存对当前文件所做的更改，或以某种格式保存一个新文件。
- 单击“文件”|“存储为”命令或按【Ctrl+Shift+S】组合键，可以在不同的位置保存图像文件，或用不同的文件名称、文件格式和存储选项保存图像。
- 单击“文件”|“存储为 Web 和设备所用格式”命令或按【Alt+Shift+Ctrl+S】组合键，可将图像保存为适合于网络使用的文件格式。

### 1. 设置文件保存选项

单击“文件”|“存储为”命令，弹出“另存为”对话框，如图 2-3 所示。在该对话框中可以设置文件保存的选项，其选项显示状态取决于保存的图像和所选文件的格式。

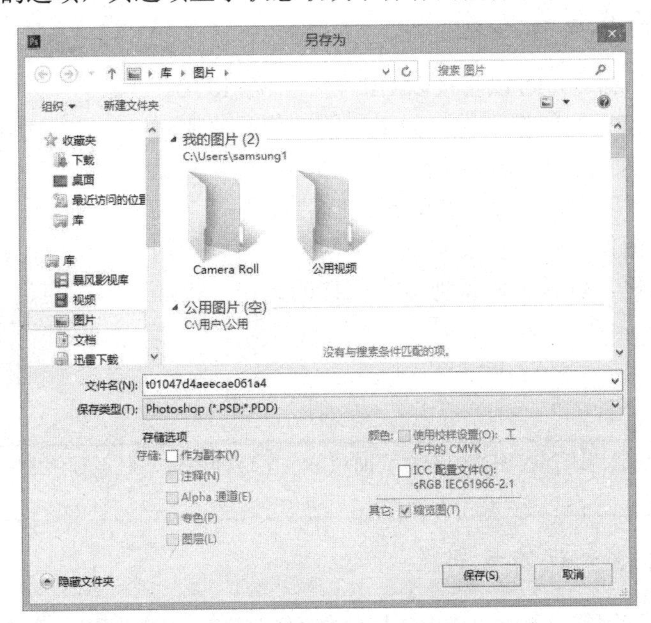


图 2-3　“另存为”对话框

该对话框中的主要选项含义如下：

- 文件名：在该下拉列表框中，可以为当前保存的文件输入一个名称。文件名称可以是英文、数字或中文，但不可以输入特殊符号，如星号（*）、点号（.）和问号（？）等。
- 保存类型：在该下拉列表框中，可以为图像选择一种需要的文件格式，默认为 PSD 格式（即 Photoshop 自身的文件格式）。若图像中含有图层，并且要保存图层内容，以便于日后修改编辑，则只能使用 PSD 格式保存；若以其他格式保存，则在保存时 Photoshop 会自动合并图层，这样将失去可反复修改的可能性。
- 存储选项：在该选项区中选中“作为副本”复选框，可以在打开当前文件的同时保存文件副本；若选中“Alpha 通道”复选框，可以将 Alpha 通道信息与图像一起保存，若取消选择该复选框，则将 Alpha 通道信息从保存的图像中删除；若选中“图层”复选框，将保留图像中的所有图层，若取消选择该复选框，所有可见图层将被合并；若选中“注释”复选框，则注释将与图像一起保存；若选中“专色”复选框，则可以将专色通道信息与图像一起保存，若取消选择该复选框，将从图像中删除专色通道信息；若选中“缩览图”复选框，则可以保存文件的缩览图数据，即使用该选项保存的图像文件，能够在“打开”对话框中以缩览图方式预览图像效果；若选中“使用小写扩展名”复选框，则可以使当前保存的文件扩展名为小写，若取消选择该复选框，则文件扩展名为大写。

单击“保存”按钮或按【Enter】键，即可完成图像文件的保存操作。

> 若图像以前已经保存过，则按【Ctrl+S】组合键或单击“文件”|“存储”命令时，不会弹出“另存为”对话框，而是直接对图像文件进行保存。

### 2. 以 GIF 格式保存文件

使用“存储为”命令，可以直接以 GIF 格式保存 RGB、索引、灰度和位图模式的图像文件。如果当前图像是索引模式，Photoshop 将自动打开如图 2-4 所示的“索引颜色”对话框，在该对话框中可以设置保存为 GIF 格式时的选项。

若当前编辑的图像文件需要发布到互联网上，可以使用该格式保存图像文件，以最大限度地减小文件的大小，提高其传输的速度。

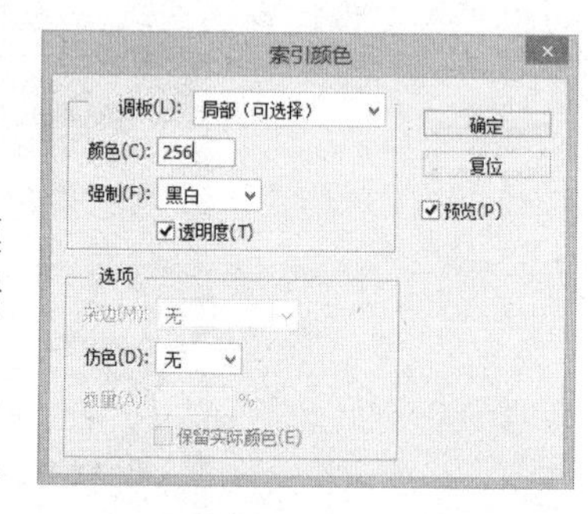


图 2-4 “索引颜色”对话框

> 该文件格式适用于保存图像中存在大面积单色区域的图像，对于颜色丰富、过渡细腻的图像则不适用。

### 3. 以 JPEG 格式保存文件

使用“存储为”命令，可以以 JPEG 格式保存 CMYK、RGB 和灰度模式的图像。与 GIF 格式不同，JPEG 格式能保留 RGB 模式图像中的颜色信息，并能通过有选择地删除数据来压缩文件大小。选择该格式保存文件，将弹出“JPEG 选项”对话框，其中最重要的选项是“品质”，在该下拉列表框中可以选择“高”“中”、低”和“最佳”四种压缩方式中的一种。

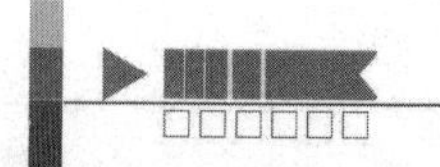

#### 4. 以 Photoshop PDF 格式保存文件

在 Photoshop 中，可以用 PDF 格式保存图像。在“另存为”对话框的“保存类型”下拉列表框中选择 Photoshop PDF 选项并单击“保存”按钮，将弹出“存储 Adobe PDF”对话框，在“Adobe PDF 预设”下拉列表框中选择一种预设，在对话框左边的窗格中选择“一般”选项，可以设置一般 PDF 文件存储选项；选择“压缩”选项，可以指定 PDF 文件的压缩和缩减像素采样选项。单击“存储 PDF”按钮，Photoshop 将关闭“存储 Adobe PDF”对话框，并创建 PDF 文件。

#### 5. 以 PNG 格式保存文件

在“另存为”对话框的“保存类型”下拉列表框中选择 PNG 选项并单击“保存”按钮，将弹出“PNG 选项”对话框，在其中选中“无”单选按钮，将创建当下载完毕后才在 Web 浏览器中显示的图像；若选中“交错”单选按钮，则可以使下载时间缩短，因为使用该模式，会以交错显示图像的方式下载图像。

#### 6. 以 TIFF 格式保存文件

在 Photoshop 中，用户可以将图像存储为 TIFF 格式。在“另存为”对话框的“保存类型”下拉列表框中选择 TIFF 选项并单击“保存”按钮，将弹出“TIFF 选项”对话框，在“字节顺序”选项区中选择一个选项，以确定是否与 IBM PC 或 Macintosh 计算机兼容；选中 LZW 单选按钮，在压缩文件后，可以在 Photoshop 以外的应用程序中打开 TIFF 文件。

### 2.2.2　关闭图像文件

完成图像编辑并保存后就可以关闭图像文件了，若要关闭当前图像文件，可以使用以下几种方法：

- 单击“文件”|“关闭”命令，即可关闭当前图像文件。
- 单击图像窗口标题栏右侧的关闭按钮 ×，关闭当前图像文件。
- 按【Ctrl+W】组合键或者【Ctrl+F4】组合键均可关闭当前图像文件。

若已经在 Photoshop 中打开多个图像文件，需要全部关闭，可以使用如下几种方法：

- 单击“文件”|“关闭全部”命令，即可将多个打开的图像文件同时关闭。
- 按【Ctrl+Alt+W】组合键也可将多个打开的图像文件同时关闭。

## 2.3　图像尺寸和分辨率

要制作高质量的图像，一定要理解图像尺寸及分辨率的含义。图像分辨率是指图像中每英寸像素点的数目，通常用 ppi 表示。图像分辨率越高，图像就越清晰。要确定使用的图像的分辨率，首先需要确定图像最终的用途，根据不同用途来对图像设置不同的分辨率。如果图像用于网络传输，图像分辨率只需满足典型的显示器分辨率（72ppi 或 96ppi）就可以了；若图像用于打印、输出，则需要满足打印机或其他输出设备的要求。对于印刷而言，图像分

辨率不应低于300dpi。因此在使用“文件”|“新建”命令创建新图像文件时，需要根据该图像的不同用途，在“新建”对话框的“分辨率”文本框中输入所需的数值。

若要重新设置一个已存在的图像文件的分辨率，可以单击“图像”|“图像大小”命令，弹出“图像大小”对话框，如图2-5所示。

若用户希望在改变图像宽度或高度尺寸时，图像高度与宽度的比例保持不变，则选中“图像大小”对话框中的“约束比例”复选框即可。用户在改变图像尺寸或分辨率时，图像的总像素值将发生变化，若选中该对话框中的“重定图像像素”复选框，则在分辨率和宽高文本框中输入的分辨率和宽高值小于原数值时，图像总像素值将减少，反之图像的总像素值将增多。

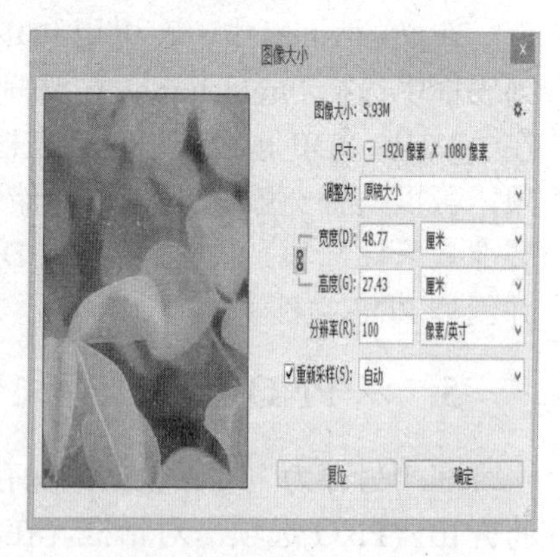


图2-5 “图像大小”对话框

# 2.4 改变图像画布尺寸

在编辑图像的时候，经常要改变图像的大小和设置图像所在的画布的大小，以满足显示或打印输出的需要。下面将介绍使用裁剪工具改变图像大小和设置画布尺寸的方法。

## 2.4.1 运用裁剪工具

在编辑图像的过程中，有时用户只需要图片的某一部分，此时可用裁剪工具对图像进行裁切，其操作方法如下：

（1）单击工具箱中的裁剪工具或按【C】键，在图像编辑窗口中按住鼠标左键，并拖曳出一个矩形虚线控制框，如图2-6所示。矩形区域内表示图像的保留部分，矩形区域外的部分表示将被裁切的区域。

图2-6 矩形虚线控制框

（2）用鼠标拖动矩形虚线控制框的控制柄，可以进行区域的缩放操作，如图2-7所示。

将鼠标指针置于裁切区域外旋转矩形控制柄上，还可进行区域的旋转操作，如图 2-8 所示。

图 2-7　拖动矩形控制框的控制柄

图 2-8　旋转矩形控制框

（3）按【Enter】键或单击工具箱中的移动工具，即可确定裁剪结果，效果分别如图 2-9、图 2-10 所示。

图 2-9　拖动矩形控制框裁切后的效果

图 2-10　旋转矩形控制框裁切后的效果

专家指点

使用裁剪工具绘制裁剪区域后，若要取消该操作，可以直接按【Esc】键，或直接单击工具箱中的移动工具，在弹出的提示信息框中单击“不裁剪”按钮。

## 2.4.2　设置画布尺寸

若需要在不改变图像效果的情况下改变画布的尺寸，可以单击“图像”|“画布大小”命令，弹出“画布大小”对话框，如图 2-11 所示。

用户直接在“宽度”和“高度”文本框中输入数值，即可改变图像画布的尺寸。若在“宽度”和“高度”文本框中输入的数值大于原图像文件的数值，则图像边缘将会出现空白区域；若输入的数值小于原图像文件的数值，中文版 Photoshop CC 将弹出提示信息框（如图 2-12 所示），提示用户将进行剪切，单击“继续”按钮，将剪切图像文件以得到新画布尺寸。

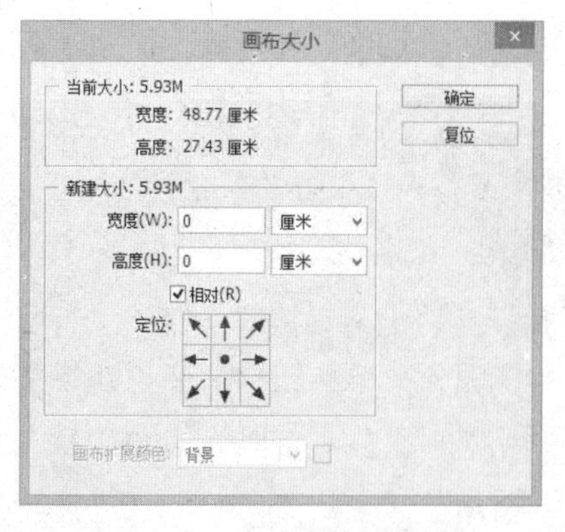


图 2-11 “画布大小”对话框

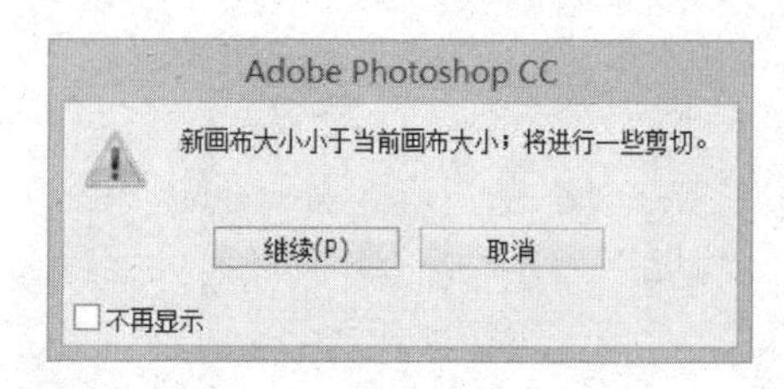


图 2-12 提示信息框

在“画布大小”对话框中选中“相对”复选框，则“宽度”和“高度”文本框中的数值为0，在该文本框中输入的数值将是新尺寸的差值，输入正数可以扩大画布的尺寸，输入负数可以缩小画布的尺寸。单击“定位”选项区中的定位块，可以确定新画布与原图像文件的相对位置关系。

例如，选中“相对”复选框，在“宽度”和“高度”文本框中均输入数值10，单击“定位”选项区中的左上方定位块，可以在图像的右下侧扩展画面，如图2-13（中）所示；单击中间定位块，可以在图像的上、下及左、右两侧扩展画面，如图2-13（右）所示。

原图

单击左上方定位块

单击中间定位块

图 2-13 单击不同定位块所生成的效果对比

# 2.5 使用“颜色”面板和“色板”面板

下面讲解如何使用“颜色”面板和“色板”面板选取颜色。

## 2.5.1 “颜色”面板

“颜色”面板是用于调配图像颜色的。单击“窗口”|“颜色”命令或按【F6】键，可

打开“颜色”面板，如图 2-14 所示。使用“颜色”面板，可以非常容易地在各种不同颜色模式下选择前景色和背景色，或选择能够在各种网络环境下显示的网络安全色，下面介绍如何选取颜色。

### 1. 直接选择颜色

使用“颜色”面板可以在未弹出“拾色器”对话框的情况下直接选择颜色，面板中的滑块将随当前选择的颜色模式而变化。单击面板右上角的面板菜单按钮，弹出面板菜单，从中选择“RGB 滑块”选项，则此时的“颜色”面板参见图 2-14。若选择“Lab 滑块”选项，则此时的“颜色”面板如图 2-15 所示。

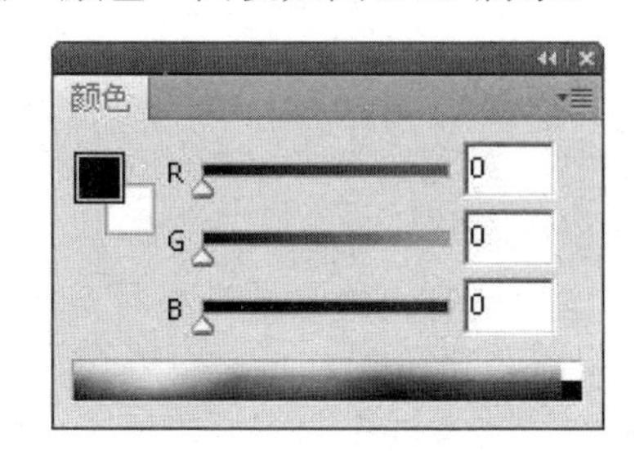


图 2-14　“颜色”面板

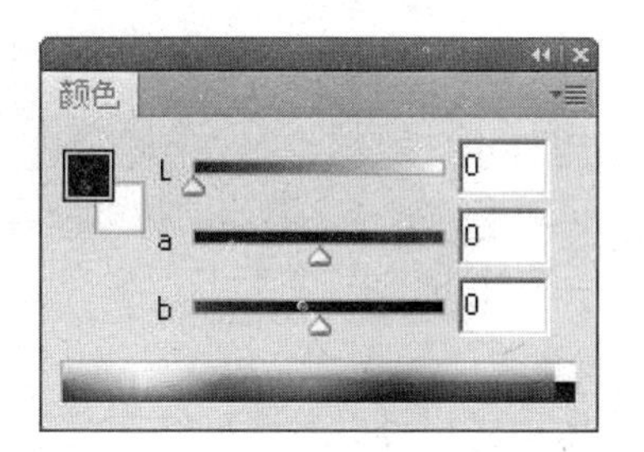


图 2-15　Lab 滑块状态

在面板菜单中选择“Web 颜色滑块”选项，将在“颜色”面板中显示 R、G、B 三个滑杆，如图 2-16 所示。该滑杆与 RGB 滑杆不同，它主要用于选择 Web 上使用的颜色，其每个滑杆上分为 6 个颜色段，共可调配出 216（6×6×6=216）种颜色。

### 2. 使用颜色渐变条选择颜色

除了使用颜色滑杆选择颜色外，还可以在“颜色”面板底部的颜色渐变条上选择颜色。将鼠标指针移到颜色渐变条上，此时鼠标指针会变成吸管形状，单击鼠标左键，即可将前景色改变为单击处的颜色，如图 2-17 所示。

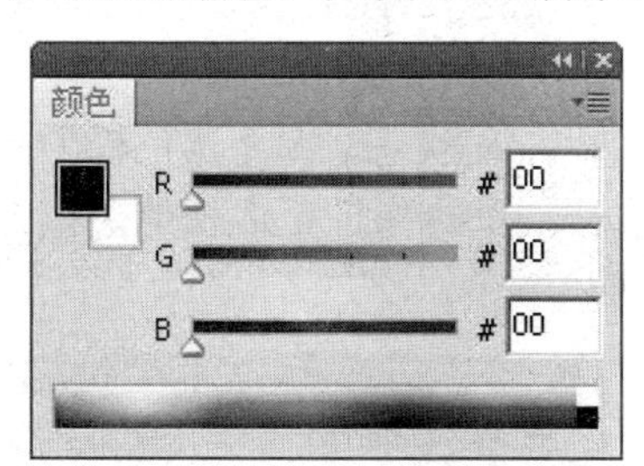


图 2-16　Web 颜色滑块状态

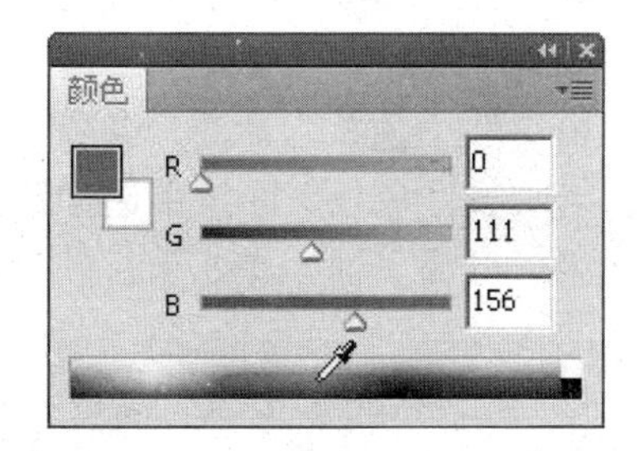


图 2-17　用颜色渐变条选择颜色

### 3. 通过设置前景色/背景色选择颜色

在前景色或背景色色块被选中的情况下，无论使用哪一种选择颜色的方法，前景色与背景色都会随之发生变化。若需要使用拾色器来选色，可以单击工具箱中的前景色或背景色色块，弹出“拾色器”对话框，如图 2-18 所示。在该对话框左侧的颜色框中的合适位置单击鼠标左键或在右侧的文本框中输入所需的数值，然后单击“确定”按钮，即可选择所需的颜色。

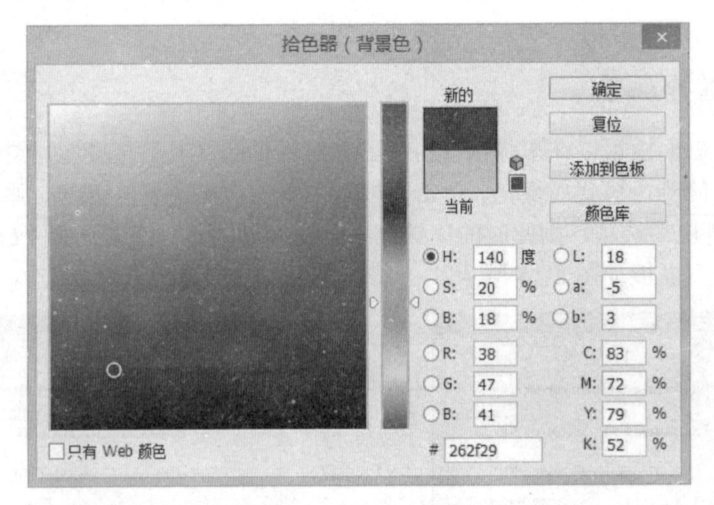


图 2-18 “拾色器”对话框

当选择的颜色处于 CMYK 色域以外时会出现溢色警告⚠，单击该图标，中文版 Photoshop 将自动选择一种与其相近的颜色。

## 2.5.2 “色板”面板

使用中文版 Photoshop CC 提供的“色板”面板可以保存用户自定义的颜色，或将色板中所有的颜色方案保存为一个文件，以便在日后的工作中使用。例如，如图 2-19 所示的“色板”面板中保存有 5 种颜色，用户在以后的工作中若要应用这五种颜色，只需在保存的这五种颜色文件上单击鼠标左键即可。

单击“窗口”|“色板”命令，弹出“色板”面板，在默认情况下“色板”面板显示如图 2-20 所示。若要在“色板”面板中选择颜色，只需移动鼠标指针至面板的色样方格中，待鼠标指针变成吸管形状时，单击鼠标左键即可选择该颜色。

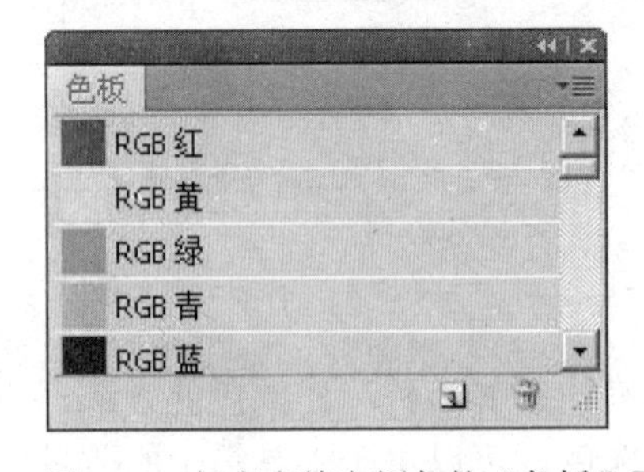


图 2-19 保存有特定颜色的“色板”面板

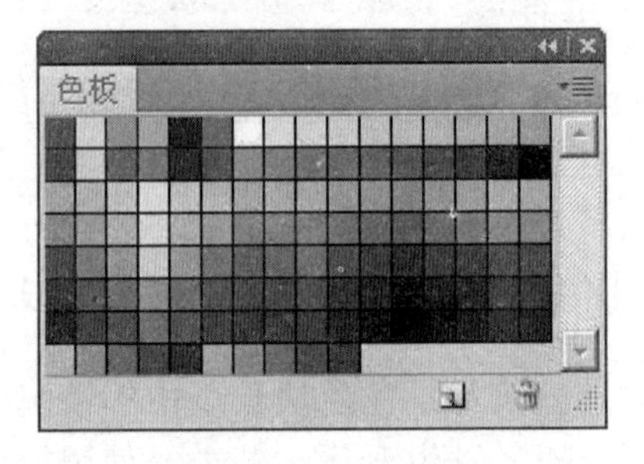


图 2-20 默认情况下的“色板”面板

该面板中的主要选项含义如下：

- 创建前景色的新色板：若要在面板中新建一种颜色，首先应该将前景色设置为要保

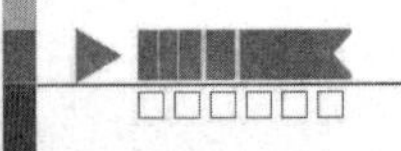

存的颜色，然后将鼠标指针移至“色板”面板中的空白处，当鼠标指针变成油漆桶形状时，在面板中单击鼠标左键，弹出“色板名称”对话框，如图 2-21 所示。在“名称”文本框中输入保存颜色的新名称，单击“确定”按钮即可新建颜色。

图 2-21　“色板名称”对话框

除了用上述方法新建颜色外，也可以直接单击“色板”面板底部的“创建前景色的新色板”按钮，将前景色保存在“色板”面板中。

- 删除颜色：若要在“色板”面板中删除某颜色色样，可在按住【Alt】键的同时单击要删除的颜色方格，或在该颜色方格上按住鼠标左键不放，将其拖曳至面板底部的“删除色板”按钮上并释放鼠标左键，即可删除该颜色色样。
- 存储色板：在面板右上角单击面板菜单按钮，弹出面板菜单，选择“存储色板”选项，即可将当前色板保存为后缀为.acd 的色板文件。
- 复位色板：当经过多次增减、替换颜色操作后，“色板”面板中的颜色会有较大的改变，若想恢复色板为中文版 Photoshop CC 的默认设置，可单击面板右上角的面板菜单按钮，弹出面板菜单，选择“复位色板”选项，弹出提示信息框，单击“确定”按钮即可。
- 预设管理器：中文版 Photoshop CC 提供了许多种预设的颜色集，方便用户选取不同颜色。用户可以在面板菜单中选择“预设管理器”选项，在弹出的“预设管理器”对话框中进行选择。

# 习　题

## 一、选择题

1．下面的组合键中，（　　）不能用于保存图像。

A．【Ctrl+S】　　B．【Shift+S】

C．【Ctrl+Shift+Alt+S】　　D．【Ctrl+Shift+S】

2．下面有关关闭图像文件的操作，错误的是（　　）。

A．按【Ctrl+W】组合键

B．按【Ctrl+F4】组合键

C．单击菜单栏左侧的 Photoshop 图标

D．按【Ctrl+Shift+W】或【Shift+Ctrl+F4】组合键

## 二、填空题

1．新建文件的快捷键为＿＿＿＿＿＿，打开文件的快捷键为＿＿＿＿＿＿。

2．裁剪工具的快捷键为＿＿＿＿＿＿。

## 三、简答题

1．新建、打开图像文件有哪几种方法？

2．如何使用“颜色”面板和“色板”面板选取颜色？

# 上机指导

1．上机练习新建图像、打开图像和保存图像的操作方法。

2．打开一幅图像，并调整其画布尺寸，如图2-22所示。

图2-22　调整画布尺寸

# 第 3 章　创建和编辑选区

本章学习目标

本章主要介绍创建选区的多种方法，以及编辑、调整和变换选区的操作方法。通过本章的学习，读者要理解不同选区工具的特性及其功能的区别，熟练掌握创建规则和不规则选区的方法，熟悉编辑和变换选区的相关命令及操作。

学习重点和难点

- 运用矩形和椭圆选框工具创建选区
- 运用单行和单列选框工具创建单行/列选区
- 运用套索、多边形套索、磁性套索工具创建选区
- 运用魔棒工具和“色彩范围”命令创建选区
- 选区的移动、取消、重选
- 扩大、选取相似的操作方法
- 选区的修改和变换

## 3.1　创建规则选区

在中文版 Photoshop CC 中，创建规则选区的工具包括矩形选框工具、椭圆选框工具、单行选框工具和单列选框工具，下面将介绍这些工具的使用。

### 3.1.1　运用矩形选框工具创建选区

矩形选框工具用于创建矩形和正方形选区，选择外形比较规则的图像。使用该工具在图像中按住鼠标左键并拖动，即可创建矩形选区，如图 3-1 所示。

图 3-1　创建矩形选区

有时用户在设计作品时需要得到精确的矩形选区，或控制创建选区的方式，这些通常需

要在矩形选框工具属性栏中设置相应的参数。

单击工具箱中的矩形选框工具，该工具的属性栏如图3-2所示。

图3-2 矩形选框工具的属性栏

该工具属性栏中的主要选项含义如下：

## 1. 4种创建选区的方式

- “新选区”按钮：单击该按钮，每次只能创建一个新选区，在已存在选区的情况下，创建新选区时已存在的选区将自动被取消。
- “添加到选区”按钮：单击该按钮，创建新选区时，可以按叠加累积的形式创建多个选区。
- “从选区减去”按钮：单击该按钮，创建新选区时，将从已存在的选区中减去当前绘制的选区，当两个选区无重合区域时则无任何变化。
- “与选区交叉”按钮：单击该按钮，创建新选区时，将得到当前绘制的选区与已存在的选区的相交部分。

4种创建选区方式的典型实例如图3-3所示。

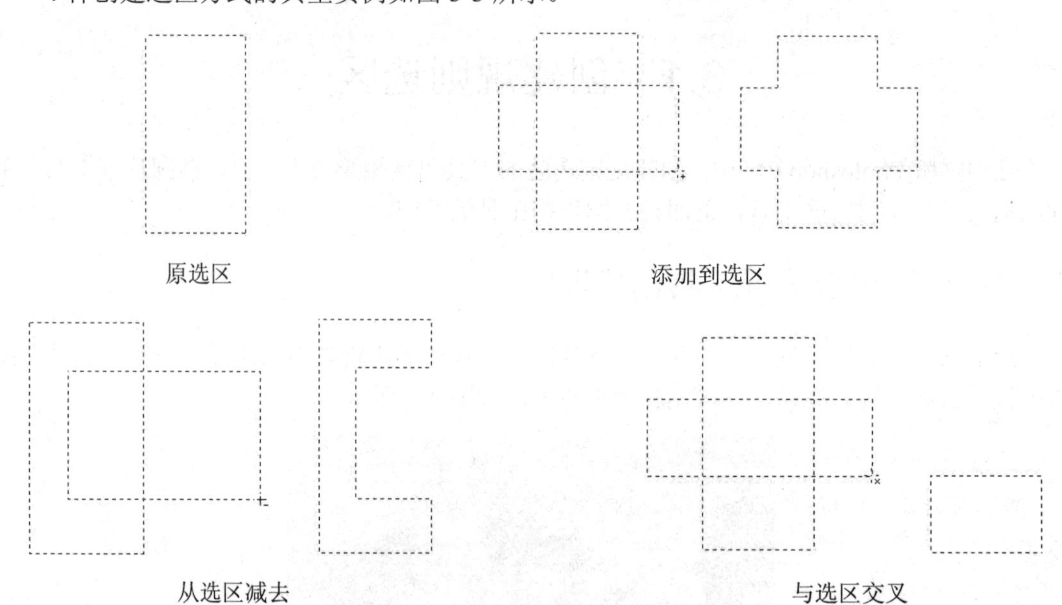


图3-3 不同创建选区方式的效果

除了上述4种创建选区的方式外，也可以直接利用快捷键来创建选区，在“新选区”按钮呈按下状态时，按【Shift】键可切换至“添加到选区”状态，按【Alt】键可切换至“从选区减去”状态，按【Shift+Alt】组合键可切换至“与选区交叉”状态。

### 2. 羽化选区

在“羽化”文本框中输入数值可设置选区的羽化程度，数值的大小将直接影响填充选区后所得图像边缘的柔和程度，输入的数值越大，柔和效果越明显。

在“羽化”文本框中输入 40，然后单击工具箱中的矩形选框工具，创建一个选区，按【Ctrl+I】组合键，反选选区，最后按【Delete】键删除多余的选区，得到的图像效果如图 3-4 所示。

羽化值为 0 时的效果

羽化值为 40 时的效果

图 3-4　羽化效果

### 3. 创建精确选区

在“样式”下拉列表框中可以选择创建精确选区的选项，共有 3 个选项，即“正常”、“固定比例”和“固定大小”。

- 正常：选择该选项，可以随意创建任意大小的选区。
- 固定比例：选择该选项，其后的“宽度”和“高度”数值框呈可用状态，在其中输入数值设置选择区域宽度与高度的比例，可得到精确的不同宽高比的选区。
- 固定大小：选择该选项，可以得到固定大小的选区。

专家指点

按住【Shift】键的同时拖曳鼠标，可创建一个正方形的选区；按住【Alt】键的同时拖曳鼠标，将以鼠标单击处为中心创建矩形选区；按住【Shift+Alt】组合键的同时拖曳鼠标，将以鼠标单击处为中心创建等比例的正方形选区。

## 3.1.2　运用椭圆选框工具创建选区

椭圆选框工具用于创建椭圆或正圆选区。单击工具箱中的椭圆选框工具，在图像编辑窗口中按住鼠标左键并拖动鼠标，即可创建椭圆选区；按住【Shift】键的同时进行绘制，可创建正圆选区；按住【Shift+Alt】组合键的同时进行绘制，可以绘制以鼠标单击处为中心向四周扩展的正圆。

椭圆选框工具常用于选择外形为椭圆或圆形的图像。图 3-5 所示为创建的椭圆选区。

图 3-5　创建的椭圆选区

椭圆选框工具属性栏与矩形选框工具属性栏基本相同，不同之处是该工具属性栏的“消除锯齿”复选框呈可用状态，选中该复选框后可以防止锯齿的产生。

### 3.1.3　运用单行和单列选框工具创建选区

单行选框工具和单列选框工具用于创建一行像素或一列像素的选区，从而生成水平或垂直方向上的线形选区，其工具属性栏与矩形选框工具属性栏基本相同，只是“样式”选项处于不可用状态。

两个工具的使用方法都非常简单，单击工具箱中的单行选框工具或单列选框工具，然后在图像中拖动鼠标即可创建一行或一列像素的选区，如图 3-6 所示。

图 3-6　创建的单行和单列选区

专家指点

当使用 Photoshop 绘制表格或许多平行线和垂直线时，可以使用单行选框工具和单列选框工具，用户还可以方便地进行相应的填色操作，从而提高工作效率。

## 3.2　创建不规则选区

在中文版 Photoshop CC 中，用于创建不规则选区的工具包括套索工具、多边形套索工

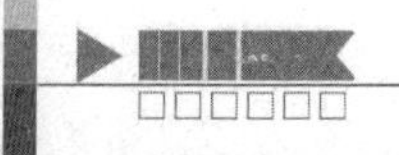

具、磁性套索工具和魔棒工具。另外，用户也可以使用“颜色范围”命令来创建选区。下面将进行详细介绍。

### 3.2.1　运用套索工具创建选区

使用套索工具可通过自由移动鼠标创建选区，选择区域完全由用户自行控制。单击工具箱中的套索工具，将鼠标指针置于图像中的合适位置处，单击鼠标左键并拖动，鼠标指针移动的轨迹即为选择区域的边界，如图 3-7 所示。

图 3-7　运用套索工具创建选区

该工具的属性栏与椭圆选框工具的属性栏相似，这里不再赘述。

### 3.2.2　运用多边形套索工具创建选区

多边形套索工具用于选择边缘不规则、但总体较为整齐的图像。若用户想要将不规则直边的对象从复杂的背景中选择出来，该工具是最佳选择。

多边形套索工具属性栏与套索工具属性栏相同，但使用方法有所区别。单击工具箱中的多边形套索工具，首先在图像编辑窗口中单击鼠标左键，以确定选择区域的起始点，然后围绕需要选择的图像边缘不断单击鼠标左键，点与点之间将出现连接线，最后在结束绘制选区的位置上双击鼠标左键，即可完成多边形选区的创建。用户可以将最后一点放在起始点上，待鼠标指针右下角出现一个小圆圈时，单击鼠标左键，可以创建闭合选区，如图 3-8 所示。

图 3-8　使用多边形套索工具创建选区

在使用多边形套索工具创建选区时，若选区的结束点与起始点没有重叠，此时双击鼠标左键，也可以使选区自动闭合。

若选取时按住【Shift】键，则可按水平、垂直或45度角的方向选取线段。

在使用多边形套索工具创建选区时，按【Delete】键可删除最近选取的线段；若按住【Delete】键不放，则可删除所有选取的线段；若按【Esc】键，则取消选择操作。

在使用套索工具或多边形套索工具时，按【Alt】键可以在这两个工具之间相互切换。

## 3.2.3 运用磁性套索工具创建选区

磁性套索工具是一个智能化的选取工具，其优点是能够非常迅速、方便地选择边缘较光滑且对比度较强的图像。

单击工具箱中的磁性套索工具，在图像编辑窗口中单击鼠标左键，以确定选择区域的起始点，然后沿着被选取的物体边缘移动鼠标指针（不需要按住鼠标左键并拖动），Photoshop将在鼠标指针移动处自动创建边界线（在选取过程中也可以单击鼠标左键增加连接点，将选取范围固定）。当鼠标指针回到起始点时，鼠标指针右下角会出现一个小圆圈，此时单击鼠标左键，即可闭合选区。创建的选区如图3-9（左）所示。然后改变其色相/饱和度，即可得到如图3-9（右）所示的换色效果。

图3-9　运用磁性套索工具创建选区及改变选区颜色

磁性套索工具属性栏中的参数很丰富（如图3-10所示），合理地设置该工具属性栏中的参数可以使选择的区域更加精确。

图3-10　磁性套索工具属性栏

该属性栏中主要选项的含义如下：

- 宽度：用于设置磁性套索工具自动查找颜色边缘的宽度范围。数值越大，所查找的颜色越相似。
- 对比度：用于设置边缘的对比度。数值越大，磁性套索工具对颜色对比反差的敏感程度越低。
- 频率：用于设置磁性套索工具在自动创建选区边界线时插入定位节点的数量。数值越大，插入的定位节点越多，得到的选择区域也越精确。

> Photoshop 会自动创建选区边界线，按【Delete】键可以删除上一个节点和线段。若边界线没有贴近被选图像的边缘，可以按一次【Delete】键，然后单击鼠标左键添加一个节点。

## 3.2.4　运用魔棒工具创建选区

魔棒工具是一种依据颜色进行选择的工具，使用魔棒工具单击图像中的某一种颜色，即可将与该种颜色邻近的或不相邻的在容差值范围内的颜色都一次选中，因此该工具常用于选择颜色较纯或过渡较小的图像，如图 3-11 所示。

图 3-11　魔棒工具选取效果

图 3-12 所示为魔棒工具属性栏，设置其参数可以更好地使用魔棒工具创建选区。

取样大小：取样点　容差：32　☑ 消除锯齿　☑ 连续　☐ 对所有图层取样　调整边缘...

图 3-12　魔棒工具属性栏

该属性栏中主要选项的含义如下：

- 取样大小：用来设置魔棒工具的取样范围。选择“取样点”，可对光标所在位置的像素进行取样，其他选项依次类推。
- 容差：在该文本框中输入数值，可以确定魔棒的容差值范围，取值范围是 0～255。数值越大，所选取的相邻的颜色越多；数值越小，选取范围的颜色越接近，其默认值为 32。
- 连续：选中该复选框，只选取连续的容差值范围内的颜色；若取消选择该复选框，则会将整幅图像或整个图层中的容差值范围内的颜色都选中。
- 对所有图层取样：选中该复选框，将在所有可见图层中选取魔棒作用的颜色数据；若取消选择该复选框，则魔棒工具只选取当前图层的颜色。

### 3.2.5 运用“色彩范围”命令创建选区

“色彩范围”命令用来选取指定的颜色范围。其使用方法类似于魔棒工具，可以使用吸管工具来指定选取的区域，而且还能够提供预览效果。

单击“选择”|“色彩范围”命令，弹出“色彩范围”对话框，如图3-13所示。在“选择”下拉列表框中选择“取样颜色”选项，在图像中需要选择的颜色上单击即可选择该颜色，然后拖动“颜色容差”滑块控制选择区域的范围（数值越大所选颜色范围越大），同时在该对话框的预览框中可以观察到白色区域，当白色区域完全覆盖所需要选择的图像时，单击“确定”按钮，即可创建所需要的选区，如图3-14所示。

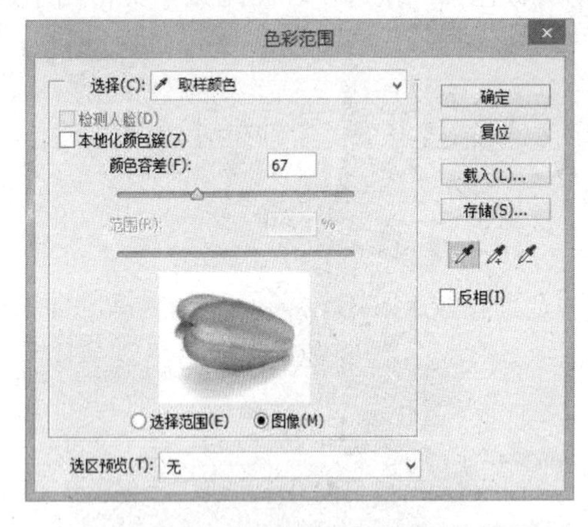


图3-13 “色彩范围”对话框

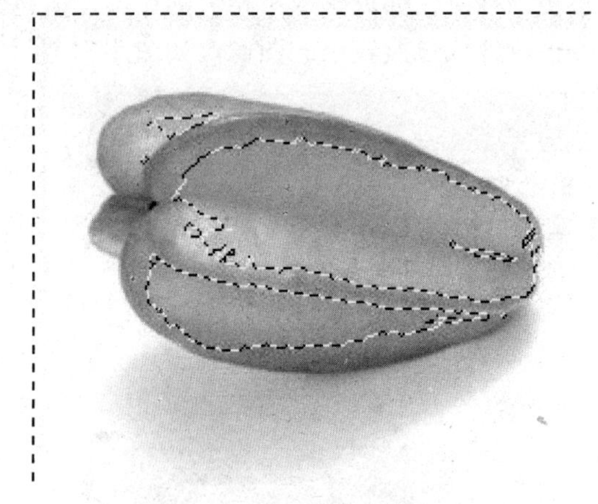

图3-14 选中图像的背景部分

该对话框栏中的主要选项含义如下：

- 选择：在该下拉列表框中可以选择一种颜色名称，或选择图像的高光、中间调或阴影区域。
- 颜色容差：若要在当前选择区域的基础上扩大范围，可以将该滑块向右侧滑动。
- 颜色吸管：若单击“吸管工具”按钮，然后在图像中需要选择的颜色区域内单击鼠标左键，则该区域内所有相同的颜色将被选中；若需要选择不同的几个颜色区域，可以在选择一种颜色后，单击“添加到取样”按钮，然后在图像中其他需要选择的颜色区域内单击鼠标左键；若需要在已有的选择区域中减去某部分选择区域，可以单击“从取样中减去”按钮，然后在图像中已有的选择区域中单击鼠标左键，减去选择的颜色区域。
- 选择范围和图像：选中“选择范围”单选按钮后，在预览框中用白色表示选择的范围，用黑色表示选区以外的区域，在改变容差值时，可以直观地看到选择范围的变化。若要显示图像的色彩，选中“图像”单选按钮即可。
- 选区预览：在该下拉列表框中选择任一选项，可以定义当前操作的图像选区的预览方式，如图3-15所示。

选择“灰度”选项　　选择“黑色杂边”选项　　选择“白色杂边”选项

图 3-15　选择不同选项的预览效果

# 3.3　编辑和调整选区

编辑与调整选区的操作主要有移动选区、取消选区、重选选区等，下面将进行详细介绍。

## 3.3.1　移动选区

在创建选区后，可以将其移至图像编辑窗口中的合适位置。要移动选区，只需将鼠标指针移至选区内，当鼠标指针底部出现一个小矩形时，按住鼠标左键并拖动，即可任意移动选区，如图 3-16 所示。

图 3-16　移动选区

在拖动鼠标的同时，若按住【Shift】键可使选区沿 45 度角方向移动；按键盘上的【↑】、【↓】、【←】、【→】4 个方向键也可以移动选区，每次向上、向下、向左或向右移动 1 个像素。此操作只是移动了选区，选区内的图像并没有移动。

## 3.3.2　取消选区

若对所创建的选区不满意，可以取消选区。单击选区外的区域，或单击“选择”|“取消选择”命令，或按【Ctrl+D】组合键，可取消选区。

## 3.3.3 重选选区

用户在取消选区后，如果想重选上次取消的选区，可单击“选择”|“重选”命令，即可重选上次放弃的选区。

## 3.3.4 扩大选区和选取相似

下面介绍通过使用“选择”菜单下的“扩大选取”和“选取相似”两个命令，对已有选区进行扩大或选取相似区域的操作。

### 1. 扩大选取

“扩大选取”命令用于增大选择区域的范围，将连续的、色彩相近的像素点一起扩充到选择区域内，如同增加了魔棒工具的色差范围，如图3-17所示。

图3-17 扩大选区的前后效果对比

### 2. 选取相似

“选取相似”命令用于增大选区的范围，将画面中相互不连续、但色彩相近的像素点一起扩充到选择区域内，如图3-18所示。

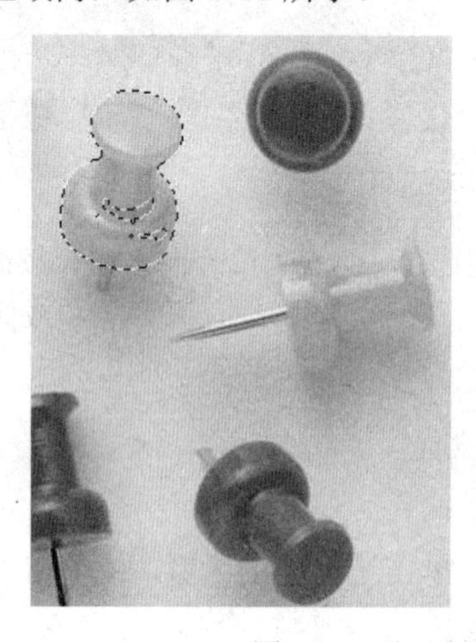
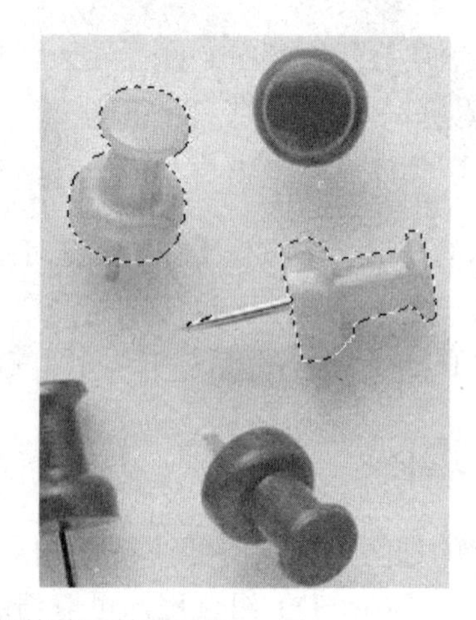

图3-18 选取相似的前后效果对比

## 3.3.5　修改选区

修改选区主要是指修改选择区域的边缘设置，当中涉及“边界”“平滑”“扩展”“收缩”和“羽化”5 个命令。

### 1. 扩边

“边界”命令是用来修改选择区域边缘的像素宽度的，其取值范围为 1～200 像素。

在原有选区的基础上单击“选择”|“修改”|“边界”命令，弹出“边界选区”对话框，如图 3-19 所示。在“宽度”文本框中输入 10，单击“确定”按钮，选区扩边前后的效果对比如图 3-20 所示。

图 3-19　“边界选区”对话框

图 3-20　扩边前后的选区

### 2. 平滑

“平滑”命令用于平滑选区中的尖角及消除锯齿，以达到一种平滑的选择效果，其取值范围为 1～500 像素。

在原有选区的基础上，单击“选择”|“修改”|“平滑”命令，弹出“平滑选区”对话框，如图 3-21 所示。在“取样半径”文本框中输入 20，单击“确定”按钮，选区平滑前后的效果对比如图 3-22 所示。

图 3-21　“平滑选区”对话框

图 3-22 平滑前后的选区

### 3. 扩展

“扩展”命令用于扩大选区的范围。在“扩展选区”对话框的“扩展量”文本框中输入的数值越大，选择区域扩展得也就越大。

在原有选区的基础上，单击“选择”|“修改”|“扩展”命令，弹出“扩展选区”对话框，如图 3-23 所示。在“扩展量”文本框中输入 10，单击“确定”按钮，选区扩展前后的效果对比如图 3-24 所示。

图 3-23 “扩展选区”对话框

图 3-24 扩展前后的选区

### 4. 收缩

“收缩”命令用于缩小选区的范围，与“扩展”命令正好相反。

在原有选区的基础上，单击“选择”|“修改”|“收缩”命令，弹出“收缩选区”对话框，如图 3-25 所示。在“收缩量”文本框中输入 10，单击“确定”按钮，选区收缩前后的效果对比如图 3-26 所示。

图 3-25 “收缩选区”对话框

图 3-26　收缩前后的选区

## 5.羽化

“羽化”命令用于对选区进行羽化，其取值范围为 0.1～1000.0 像素。

在原有选区的基础上，单击“选择”|“修改”|“羽化”命令，弹出“羽化选区”对话框，如图 3-27 所示。在“羽化半径”文本框中输入 20，单击“确定”按钮，选区羽化前后的效果对比如图 3-28 所示。

图 3-27 “羽化选区”对话框

图 3-28 羽化前后的选区

# 3.4 变换选区

用户在图像编辑窗口中建立了选区后，可以对它进行编辑，如扩大或缩小选区，旋转或移动选区，甚至改变选区的形状，但此操作并不会改变选区内图像的形状。

单击“选择”|“变换选区”命令，或者在选区上单击鼠标右键，弹出快捷菜单，选择“变换选区”选项，选区四周将出现一个变换控制框，将鼠标指针置于选区四周的控制柄上，拖动控制柄即可改变选区的大小；若鼠标指针在选区以外，当鼠标指针变成弯曲的双向箭头后，将鼠标沿要旋转的方向拖动即可旋转选区；若鼠标指针在选区以内，拖动鼠标可以将选区拖到预定位置处。

“编辑”|“变换”子菜单中各命令的含义如下：

- 缩放：用于对选区进行缩放变形操作，可以在长、宽方向上进行任意变形。
- 旋转：用于旋转选区。若按住【Shift】键的同时旋转，则可以每隔15度角旋转选区。
- 斜切：用于对选择区域进行拉伸变形操作。
- 扭曲：用于对选择区域进行扭曲变形。若按住【Shift】键的同时拖动鼠标，则可以得到斜切的效果。
- 透视：用于对选择区域进行透视变形操作。
- 变形：用于对选择区域进行局部扭曲操作。
- 旋转180度：用于将选择区域旋转180度。
- 旋转90度（顺时针）：用于将选择区域顺时针旋转90度。
- 旋转90度（逆时针）：用于将选择区域逆时针旋转90度。
- 水平翻转：用于将选择区域在水平方向上反转。
- 垂直翻转：用于将选择区域在垂直方向上反转。

运用其中的部分命令对选择区域进行变换，效果如图3-29所示。

原选区

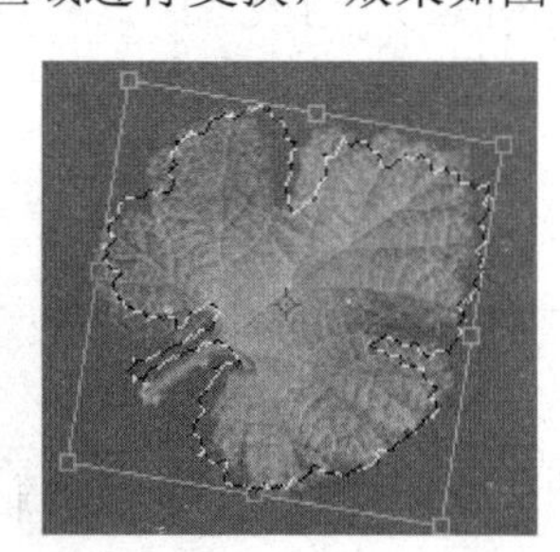
旋转选区

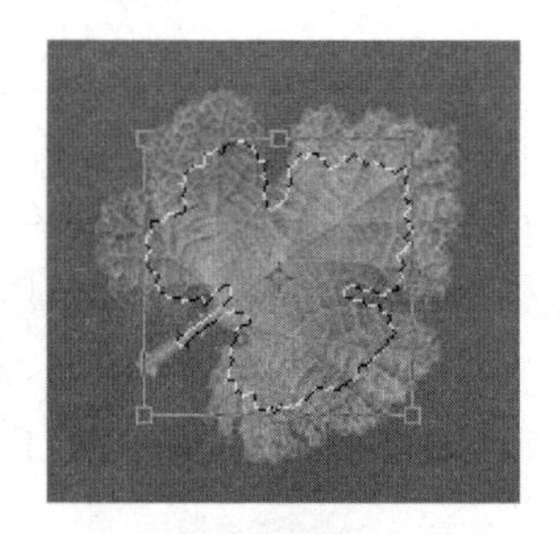
缩放选区

图3-29 运用部分命令对选择区域进行变换的效果

# 习　　题

## 一、选择题

1．下列（　　）工具可以选择颜色相同或相近的区域。

A．矩形选框　　　　B．椭圆选框　　　　C．魔棒　　　　D．磁性套索

2．要扩大选取范围，下列操作正确的是（　　）。

A．选取一个范围后，选择矩形选框工具，在按住【Alt】键的同时进行选取

B．选取一个范围后，选择矩形选框工具，在按住【Shift】键的同时进行选取

C．选取一个范围后，选择矩形选框工具，在按住【Shift+Alt】组合键的同时进行选取

D．以上说法都不对

## 二、填空题

1．矩形选框工具用于创建__________，选择外形比较规则的图像。

2．用户可以使用__________命令来选取指定的颜色范围。

## 三、简答题

1．如何使用磁性套索工具选取图像？

2．如何沿水平、垂直和 45 度角的方向移动选区？

# 上 机 指 导

1．设计碟面效果，如图 3-30 所示。

关键提示：使用椭圆选框工具创建选区制作碟面背景，然后输入文字，并设置相应的变形效果。

2．制作卷页效果，如图 3-31 所示。

关键提示：

（1）使用矩形选框工具创建一个矩形选区，并填充黑、灰、白色的线性渐变色，然后执行“变换”命令中的“透视”操作。

（2）使用多边形套索工具在图像右下角和右上角分别创建选区，并填充白色。

图 3-30 碟面设计

图 3-31 卷页效果

# 第 4 章　描绘和编辑图像

**本章学习目标**

本章主要介绍工具箱中绘图及编辑修饰工具的使用方法，并详细讲述画笔面板中各选项的设置，以及图像的变换、裁切和显示等操作。通过对本章的学习，读者应掌握各绘图工具的功能，并能熟练运用各绘图及编辑工具绘制和编辑相应的图形，达到学以致用的目的。

**学习重点和难点**

- 设置前景色和背景色
- 画笔工具、铅笔工具的使用方法
- “画笔”面板的使用方法
- 图像的填充与描边
- 渐变工具、油漆桶工具的使用方法
- 擦除工具、图章工具的使用方法
- 调整工具、修图工具的使用方法

## 4.1　颜色选取和画笔工具

本节将介绍前景色和背景色的设置方法，以及吸管工具、画笔工具和铅笔工具的使用方法。

### 4.1.1　设置前景色和背景色

在使用 Photoshop 绘图工具进行绘图时，选择正确的填充色至关重要。Photoshop 提供了两种基本的绘图工具：画笔工具和铅笔工具，下面将详细介绍设置绘图颜色的方法和绘图工具的使用方法。

在中文版 Photoshop CC 中选择颜色的方法是：在工具箱下方的设置前景色/背景色区域中可以分别选择前景色和背景色。前景色又被称为作图色，背景色则被称为画布色。工具箱下方的颜色选区由前景色色块、背景色色块、切换前景色和背景色图标及默认前景色和背景色图标组成，如图 4-1 所示。

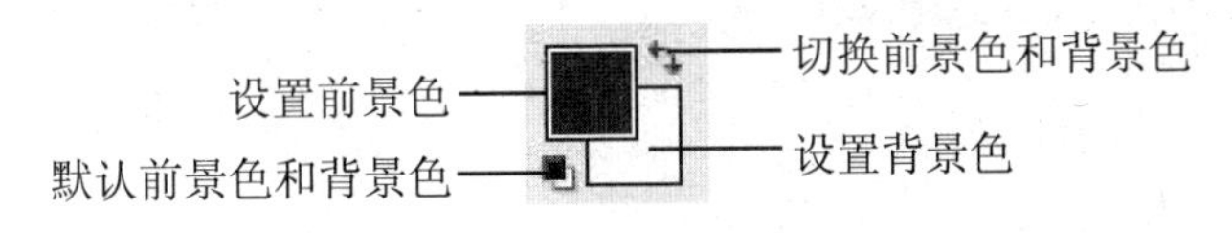


图 4-1　前景色和背景色设置

- 切换前景色和背景色图标：单击该图标，可以切换前景色和背景色的颜色。
- 默认前景色和背景色图标：单击该图标，可以恢复前景色为黑色、背景色为白色的默认设置。

按【X】键，可以将前景色和背景色相互切换。按【D】键，则可以将前景色和背景色恢复到黑白默认状态。

无论单击前景色色块还是背景色色块，都会弹出“拾色器”对话框，如图 4-2 所示。在颜色框中单击鼠标左键即可选取一种颜色；拖动颜色条上的三角滑块，可以选择不同颜色范围中的颜色；若需要选择网络安全色，可以选中“只有 Web 颜色”复选框，此时“拾色器”对话框呈现如图 4-3 所示的状态，在该状态下可直接选择能正确显示于互联网的颜色。

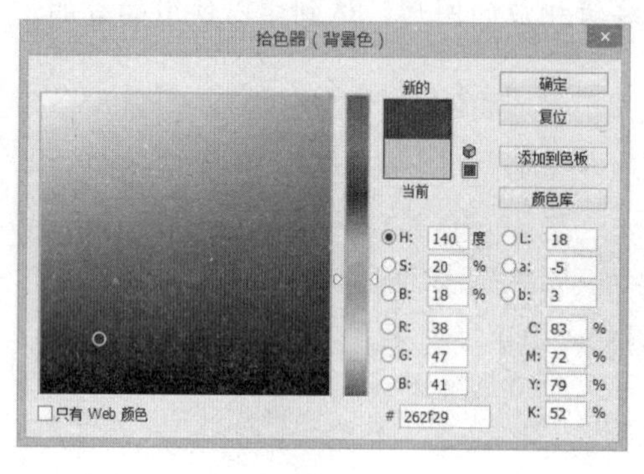


图 4-2 “拾色器”对话框

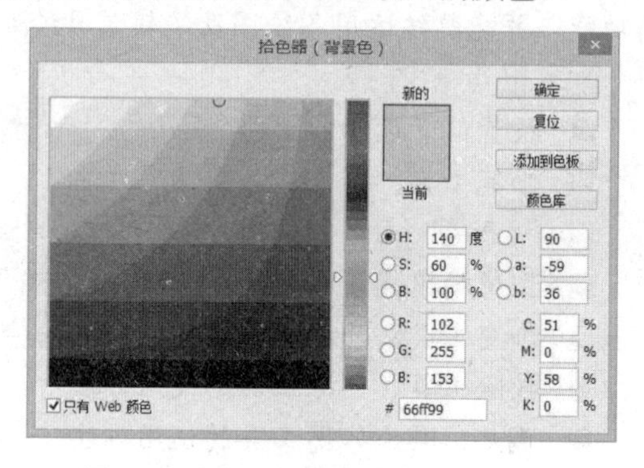


图 4-3 选中“只有 Web 颜色”复选框

## 4.1.2 吸管工具

除了使用拾色器选择所需要的颜色外，还可以使用吸管工具。使用吸管工具可以拾取图像的颜色，并将取样颜色设置为前景色。

与吸管工具处于同一个工具组中的是颜色取样器工具，使用该工具可以在图像中定位 4 个取样点，依次为 1、2、3、4，并且会弹出相应的“信息”面板，如图 4-4 所示。

图 4-4 使用颜色取样器工具定位取样点及“信息”面板

若要移动取样点，可以将鼠标指针放置于取样点上方，当鼠标指针呈形状时，单击鼠标左键并拖动取样点即可；若要删除取样点，可以在按住【Alt】键的同时将鼠标指针放置于取样点上方，单击鼠标右键，弹出快捷菜单，选择“删除”选项即可。

## 4.1.3　画笔工具

画笔工具用于绘制边缘较柔和的线条。在使用画笔工具进行绘图时，除了需要选择正确的前景色外，还必须正确设置画笔工具参数。

单击工具箱中的画笔工具，该工具属性栏如图 4-5 所示。

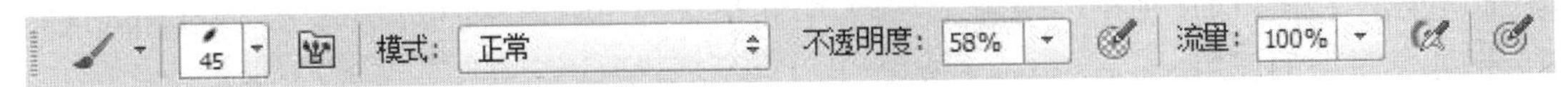


图 4-5　画笔工具属性栏

在其中可以设置画笔的笔刷类型、改变画笔大小及设置绘图的不透明度和叠加模式，使用画笔工具绘制的效果如图 4-6 所示。

图 4-6　使用画笔工具绘制的效果

专家指点

> 使用画笔工具时，在图像编辑窗口中单击鼠标左键确定起始点，按住【Shift】键的同时拖动鼠标，可以绘制出水平、垂直和 45 度角的直线；按住【Ctrl】键可将当前工具切换为移动工具；按住【Alt】键，可将当前工具切换为吸管工具；按【Shift+［】组合键，可以缩小画笔；按【Shift+]】组合键，可以增大画笔。

## 4.1.4　铅笔工具

铅笔工具用于绘制较为硬性的线条，如图 4-7 所示。

图 4-7　使用铅笔工具绘制的效果

铅笔工具属性栏与画笔工具属性栏相似，不同之处在于，其“画笔”面板中所有笔刷均为硬边。若在选中“自动抹除”复选框的状态下绘制图像，则是以前景色绘制图像；若在以前使用铅笔工具所绘制的图像处再次绘制图像，则该工具可以起到擦除原图像的作用。

# 4.2 “画笔”面板

工具箱中的画笔、铅笔、修复画笔、仿制图章和橡皮擦等工具，在使用时需要通过“画笔”面板来定义绘图时所使用的笔触、笔触大小和形状等，因此该面板在中文版 Photoshop CC 中起着非常重要的作用。

在选择一种画笔工具后，在其属性栏中单击“切换画笔面板”标签或按【F5】键，即可弹出相应的“画笔”面板。下面将介绍“画笔”面板、画笔的选择、载入画笔、设置画笔的常规参数等知识点。

## 4.2.1 “画笔”面板

在默认情况下，“画笔”面板如图 4-8 所示。选择“画笔”面板左侧的各个选项，可以详细设置画笔的动态属性参数及附加参数。若选择“画笔预设”选项，则面板的右侧将显示所有的画笔，拖动滚动条，在列表框中单击需要的画笔，即可将其选中；若选择“画笔笔尖形状”选项，可以在面板的右侧设置画笔笔尖的“主直径”、“硬度”和“间距”等参数，设置完各种属性后的画笔效果将显示在画笔形状预览框中。

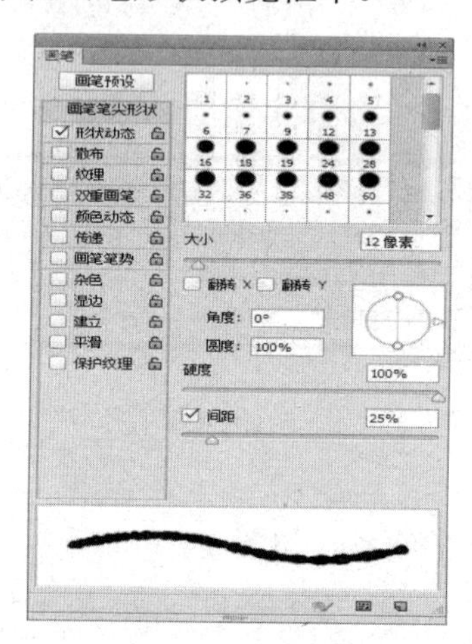


图 4-8 “画笔”面板

“画笔”面板具有非常强大的辅助功能，这些功能基本都集中在“画笔”面板菜单中。在“画笔”面板左侧选择“画笔预设”选项，然后单击该面板右上角的面板菜单按钮，在弹出的面板菜单中选择所需的选项，即可使用相应的功能。

## 4.2.2 选择和载入画笔

若要在“画笔”面板中选择画笔，可以先选择“画笔预设”选项，此时在面板的右侧将显示其中的所有画笔，拖动滚动条，在列表框中选择所需的画笔，单击即可将其选中。

中文版 Photoshop CC 有多种预设的画笔，在默认设置下，这些画笔并未显示在“画笔”面板中，需要载入这些画笔。单击“画笔”面板右上角的面板菜单按钮，弹出面板菜单，在其中选择“载入画笔”选项，弹出“载入”对话框，如图 4-9 所示。在其中选择所需的画笔文件，单击“载入”按钮即可载入画笔。

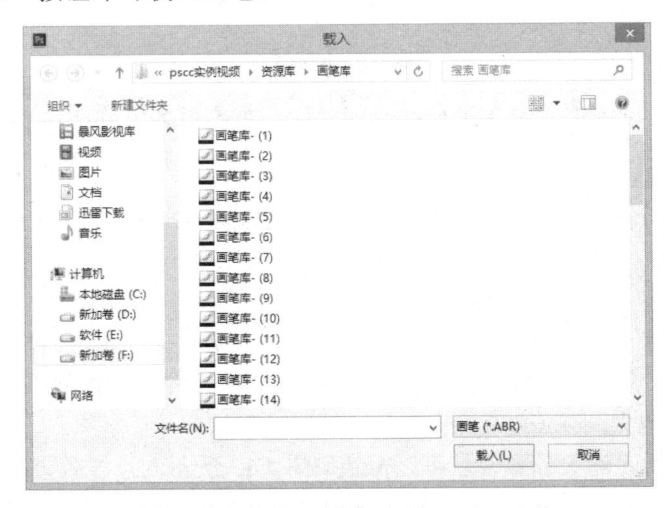


图 4-9 “载入”对话框

## 4.2.3 设置常规参数

一般情况下，在“画笔”面板中可以设置每一种画笔的直径、角度和间距等参数，对于圆形画笔还可以设置硬度参数。

若要设置上述的常规参数，可以选择“画笔”面板中的“画笔笔尖形状”选项，此时“画笔”面板如图 4-10 所示。拖动相应的滑块，或在相应的文本框中输入数值，即可在预览框中看到调节参数后画笔笔尖的形状效果。

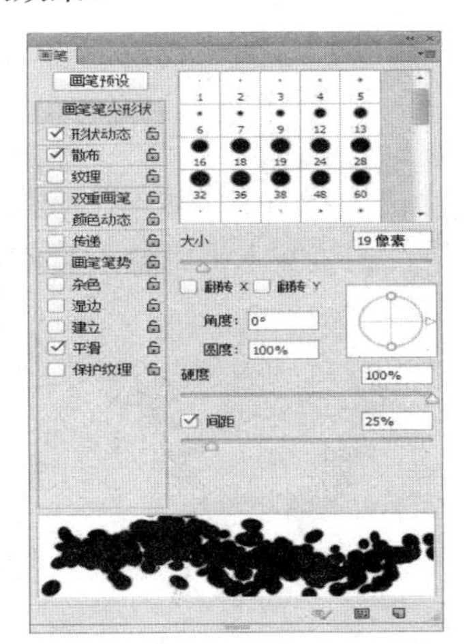


图 4-10 显示笔尖参数的“画笔”面板

该面板中的主要选项含义如下：

● 大小：在该文本框中输入数值或移动滑块，可以设置笔刷直径的大小。数值越大，笔刷直径就越大，如图 4-11 所示。

大小为 20　　　　大小为 50

图 4-11　画笔直径

● 硬度：在该文本框中输入数值或移动滑块，可以设置笔刷边缘的硬度。数值越大，笔刷的边缘就越清晰；数值越小，笔刷的边缘就越柔和，如图 4-12 所示。

硬度为 0%　　　　硬度为 50%　　　　硬度为 100%

图 4-12　画笔硬度

● 间距：在该文本框中输入数值或移动滑块，可以设置绘图时组成线段的两点间的距离，数值越大间距越大。

设置笔刷间距为足够大的数值，可以得到如图 4-13 所示的点线效果。

图 4-13　点线效果

● 圆度：在该文本框中输入数值，可以设置笔刷的圆度。数值越大，越趋向于正圆或画笔定义时所具有的比例，如图 4-14 所示。

圆度为 10%　　　　圆度为 50%　　　　圆度为 100%

图 4-14　画笔圆度

● 角度：对于圆形画笔，当圆度小于 100%时，在该数文本框中输入数值，可以设置笔刷旋转的角度。而对于非圆形画笔，在该文本框中输入数值，则可以设置画笔旋转的角度，如图 4-15 所示。

角度为 0　　　　角度为 50　　　　角度为 120

图 4-15　画笔角度

## 4.2.4　设置动态形状参数

在“画笔”面板的左侧选择“形状动态”选项，此时的“画笔”面板如图 4-16 所示。

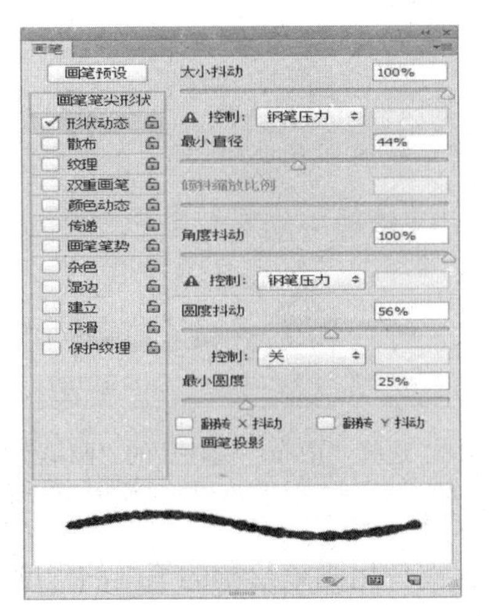


图 4-16　选择“形状动态”选项后的“画笔”面板

该面板中主要选项的含义如下：

● 大小抖动：用于调整画笔在绘制过程中尺寸的波动幅度，百分比越大，波动的幅度就越大，如图 4-17 所示。

大小抖动值为 20%

大小抖动值为 100%

图 4-17　“大小抖动”数值示例图

● 控制：用于设置画笔波动的方式，包括“关”“渐隐”“钢笔压力”“钢笔斜度”和“光笔轮”五个选项。若选择“关”选项，则在绘图过程中画笔尺寸始终波动；若选择“渐隐”选项，则可以在其后的文本框中输入数值，以确定尺寸波动的步长值，到达该步长值时波动随即结束。

● 最小直径：用于设置画笔尺寸发生波动时画笔的最小尺寸。百分数越大，发生波动的范围越小，波动的幅度也会相应变小。

● 角度抖动：用于设置画笔在角度上的波动幅度。百分比越大，波动的幅度也越大，画笔的效果也显得越紊乱。

● 圆度抖动：用于设置画笔在圆度上的波动幅度。百分比越大，波动的幅度也越大。

● 最小圆度：用于设置画笔圆度发生波动时画笔的最小圆度值。百分数越大，发生波动的范围越小，波动的幅度也会相应变小。

## 4.2.5　设置散布参数

在“画笔”面板的左侧选择“散布”选项，此时的“画笔”面板如图 4-18 所示。

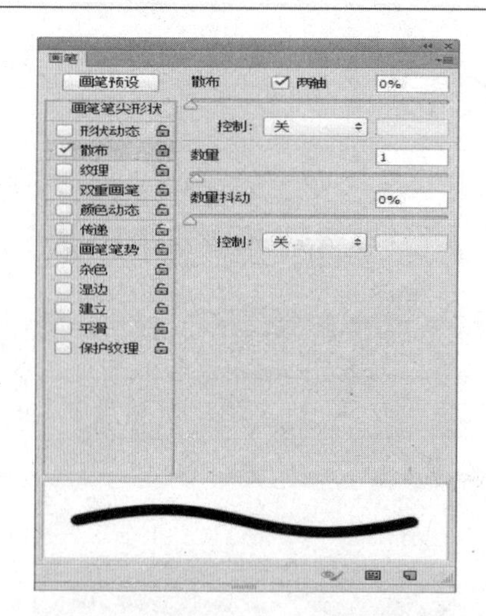

图 4-18 选择“散布”选项后的“画笔”面板

该面板中主要选项的含义如下：

- 散布：用于设置画笔偏离使用画笔绘制的笔画的程度。百分数越大，偏离的程度越大，如图 4-19 所示。
- 两轴：选中该复选框后，画笔点在 X 和 Y 两个轴向上产生分散；取消选择该复选框，则只在 X 轴向上产生分散。
- 数量：用于设置笔画上画笔点的数量。数值越大，生成的画笔点越多。
- 数量抖动：用于设置在绘制的笔画中画笔点数量的波动幅度。百分数越大，画笔点的数量波动幅度就越大。

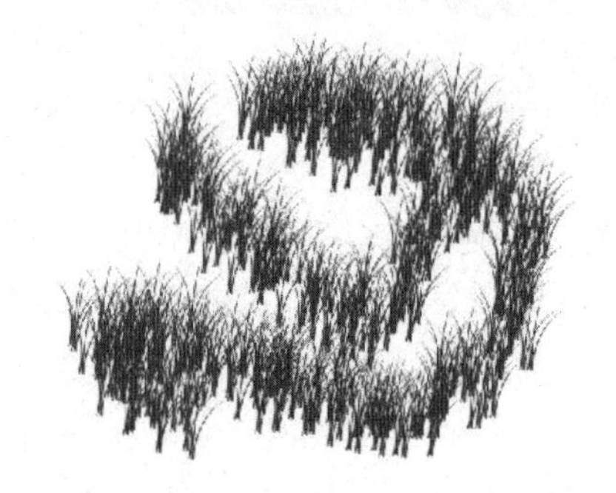

散布值为 100%

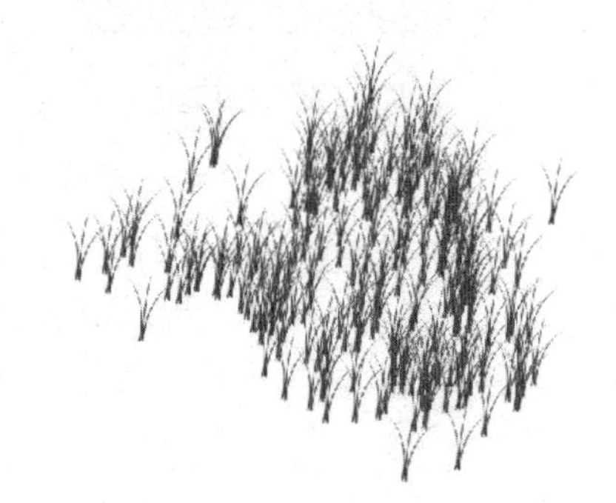

散布值为 300%

图 4-19 不同散布值的效果

### 4.2.6 设置纹理参数

在“画笔”面板的左侧选择“纹理”选项，此时的“画笔”面板如图 4-20 所示。此时可以在绘制时应用某种纹理，从而在绘制的过程中生成纹理效果。

该面板中的主要选项含义如下：

- 缩放：在该文本框中输入数值或拖动滑块，可以定义所应用的纹理的缩放比例。
- 深度：用于设置所应用的纹理的显示程度，数值越大则纹理的显示效果越好；反之，纹理效果越不明显，如图 4-21 所示。

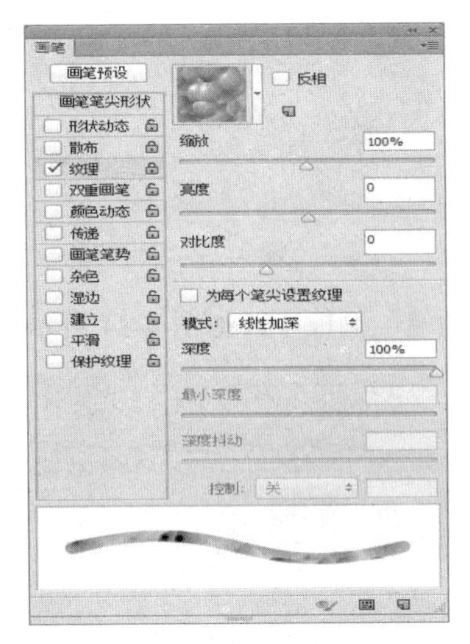


图 4-20　选择“纹理”选项后的“画笔”面板

纹理深度值为 12%　　　　纹理深度值为 100%

图 4-21　改变不同纹理深度的效果

- 最小深度：用于设置纹理显示时的最浅效果。数值越大，则纹理显示效果的波动幅度越小。
- 深度抖动：用于设置纹理显示程度的波动幅度。数值越大，波动的幅度也越大。

## 4.2.7　设置其他动态参数

其他动态参数包括 5 个选项，分别为：“杂色”选项，用于为画笔添加杂色效果；“湿边”选项，用于添加画笔的湿边效果；“建立”选项，将渐变色调应用用于图像，同时模拟喷枪效果；“平滑”选项，用于平滑笔刷；“保护纹理”选项，用于保护纹理效果。

其他动态参数的使用较为简单，只需在“画笔”面板中选中其对应的复选框即可，这些参数本身并无选项或其他参数。

## 4.2.8　新建和存储画笔

Photoshop 提供了许多圆形、椭圆形和方形的画笔，这些也是较为常用的画笔。在进行绘图时，有时也需要一些特殊笔尖形状的画笔，这时就可以通过新建画笔的方法创建这些画笔，并将其存储起来，以备后用。

### 1. 新建画笔

在新建画笔时，首先选择需要定义画笔的图像（如图 4-22 所示），然后单击“编辑”|“定义画笔预设”命令，弹出“画笔名称”对话框，如图 4-23 所示。在“名称”文本框中输入新

画笔的名称，单击“确定”按钮即可。

图 4-22 选择需要定义画笔的图像

图 4-23 “画笔名称”对话框

此时新画笔即被添加到“画笔”面板中，如图 4-24 所示。

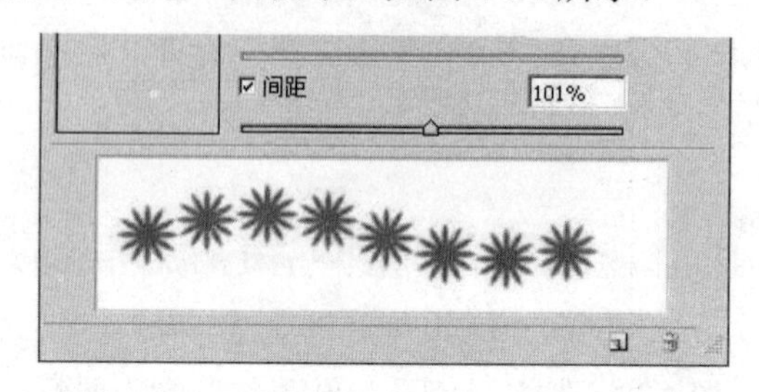


图 4-24 将新画笔添加到“画笔”面板中

### 2. 存储画笔

新建画笔之后有时需要将画笔保存起来，操作方法为：先选择“画笔”面板中的“画笔预设”选项，然后单击该面板右上角的面板菜单按钮，在弹出的面板菜单中选择“存储画笔”选项，弹出“另存为”对话框，如图 4-25 所示。在文件夹下拉列表框中选择保存画笔的合适路径，并在“文件名”下拉列表框中输入画笔的名称，单击“保存”按钮，即可将其以文件形式保存起来。

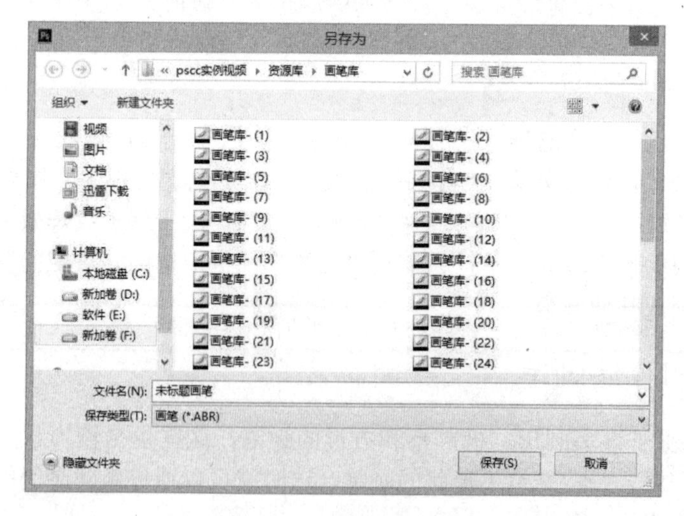


图 4-25 “另存为”对话框

## 4.2.9 复位和删除画笔

当“画笔”面板中的画笔样式太多而不便于查找时，需要复位“画笔”面板到默认设置

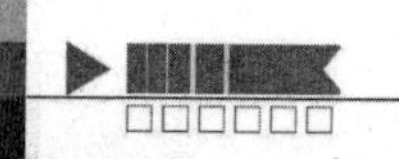

或删除一些画笔样式，下面将对其进行介绍。

### 1. 复位画笔

单击“画笔”面板右上角的面板菜单按钮，在弹出的面板菜单中选择“复位画笔”选项，即可将“画笔”面板还原为安装 Photoshop 时的默认状态，从而完全清除无用的画笔样式。

### 2. 删除画笔

单击“画笔”面板右上角的面板菜单按钮，在弹出的面板菜单中选择“删除画笔”选项，或者在画笔样式上单击鼠标右键，在弹出的快捷菜单中选择“删除画笔”选项，即可将其从面板中删除。

# 4.3　渐变工具和油漆桶工具

渐变工具和油漆桶工具都是色彩填充工具，只是它们的填充方式不同，下面将详细介绍这两种填充工具。

## 4.3.1　渐变工具

渐变工具用于创建不同颜色间的混合过渡。在中文版 Photoshop CC 中可以创建 5 种不同的渐变类型，即线性渐变、径向渐变、角度渐变、对称渐变和菱形渐变，各渐变效果如图 4-26 所示。

线性渐变

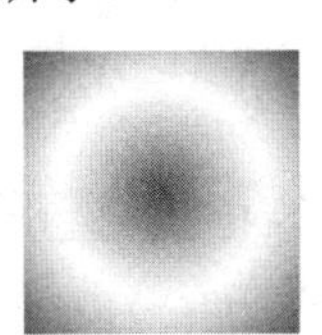
径向渐变

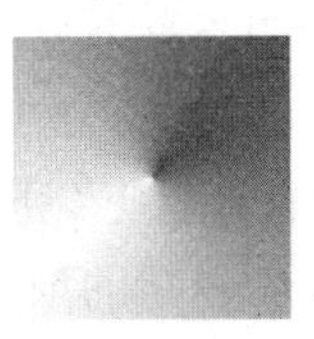
角度渐变

对称渐变

菱形渐变

图 4-26　不同渐变类型的渐变效果

**专家指点**

在进行渐变填充时，可以通过拖拉线的长度和方向来控制渐变效果。

在工具箱中单击渐变工具，其属性栏如图 4-27 所示。

图 4-27　渐变工具属性栏

该属性栏中主要选项含义如下：

- “点按可编辑渐变”下拉列表框：用于选择合适的渐变效果，单击该下拉列表框右侧的下拉按钮，弹出“渐变颜色”面板，如图 4-28 所示。用户可以从中选取任意渐变颜色进行填充。

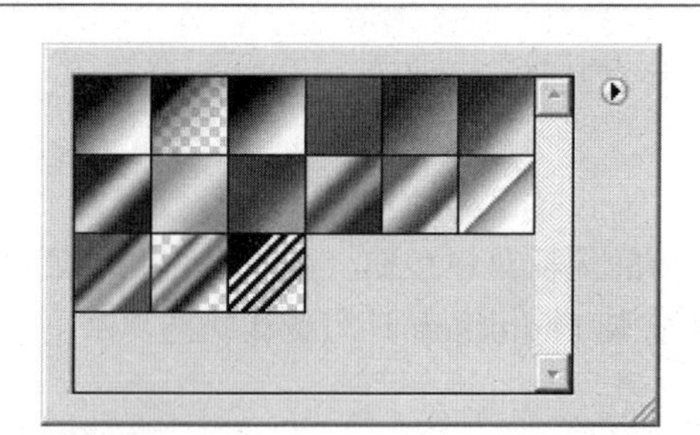

图 4-28 “渐变颜色”面板

- “线性渐变”按钮：使用该工具可以沿直线创建渐变效果。
- “径向渐变”按钮：使用该工具可以创建从圆心向外扩展的渐变效果。
- “角度渐变”按钮：使用该工具可以创建围绕一个起点的渐变效果，其颜色是沿着周长改变的。
- “对称渐变”按钮：使用该工具可以从起点向两侧创建渐变效果。
- “菱形渐变”按钮：使用该工具可以创建菱形渐变效果。
- 模式：在该下拉列表框中可以选择渐变颜色与背景的混合模式。
- 不透明度：用于设置渐变的不透明度。数值越大则渐变越明显，反之越不明显。
- 反向：选中该复选框，可以使当前的渐变反向填充。
- 透明区域：选中该复选框，可以使当前的渐变颜色呈现透明效果，从而使应用渐变的下层图像区域透过渐变显示出来。

### 1. 创建实色渐变

虽然中文版Photoshop CC自带的渐变类型非常丰富，但在多数情况下，用户仍需要自定义新的渐变颜色，以配合图像的整体效果。

单击渐变工具属性栏中的“点按可编辑渐变”下拉列表框，弹出“渐变编辑器”窗口，如图4-29所示。在该窗口中可以创建新的渐变类型，或修改当前渐变的颜色设置。

图 4-29 “渐变编辑器”窗口

### 2. 创建透明渐变

在中文版 Photoshop CC 中，除了可以创建不透明的渐变之外，还可以创建具有透明效果的渐变。需要注意的是，在使用具有透明效果的渐变时，一定要选中渐变工具属性栏上的“透明区域”复选框，否则将无法显示渐变的透明效果。

## 4.3.2　油漆桶工具

使用油漆桶工具填充图像不仅受选区范围的影响，而且还会受到其他参数的限制。

单击工具箱中的油漆桶工具，其属性栏如图 4-30 所示。

图 4-30　油漆桶工具属性栏

该属性栏中的主要选项含义如下：

- 填充：在该下拉列表框中可以选择填充的方式。若选择“前景”选项，将以前景色进行填充；若选择“图案”选项，则其后的“图案”下拉列表框呈可用状态，将以图案的方式进行填充。
- 不透明度：用于设置填充图像的不透明度。
- 容差：用于设置使用油漆桶工具填充图像时颜色的容差值。它通常以单击处的填充点的颜色为标准，容差值越大，填充的范围越广。
- 消除锯齿：选中该复选框后，可以消除填充颜色或图案的锯齿边缘。
- 连续的：选中该复选框后，一次只能填充容差值范围内的且与单击点相连的颜色区域；取消选择该复选框，可以一次填充图像中所有容差值范围内的颜色区域。
- 所有图层：选中该复选框后，填充的操作将作用于所有的图层，否则只作用于当前图层。若当前图层被隐藏，则不能进行填充。

设置完油漆桶工具属性栏中的参数后，在需要填充颜色或图案的位置单击鼠标左键，即可填充前景色或图案，效果如图 4-31 所示。

原图

填充前景色

填充图案

图 4-31　油漆桶工具填充示例

# 4.4 填充和描边图像

填充与描边操作在进行图像处理时应用非常广泛，如制作纹理效果和绘制简单的线条图案。

## 4.4.1 填充图像

“填充”命令用于对选区进行填充，若当前图像中不存在选区，则填充效果将作用于整幅图像。

单击“编辑”|“填充”命令，弹出“填充”对话框，如图 4-32 所示。该对话框的“使用”下拉列表框中包括 7 种填充类型，即前景色、背景色、图案、历史记录、黑色、50%灰色和白色，用户可以选择其中任意一种类型进行填充；在“使用”下拉列表框中选择“图案”选项时，“自定图案”下拉列表框呈可用状态，单击其右侧的下拉按钮，在弹出的下列列表中可以选择任意一种图案进行填充。

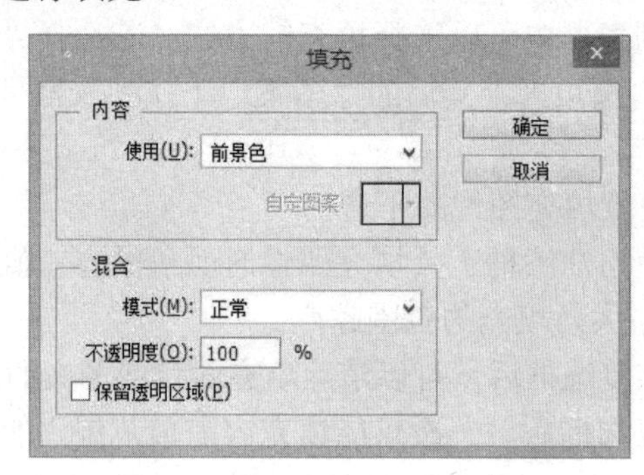


图 4-32 “填充”对话框

使用“填充”命令对图像进行填充的效果如图 4-33 所示。

填充黑色

填充 50%的灰色

填充白色

图 4-33 图像填充效果

## 4.4.2 描边图像

使用“描边”命令对图像的选择区域进行描边操作，可以得到沿选择区域的轮廓线。

描边操作的前提条件是具有一个选择区域，然后单击“编辑”|“描边”命令，弹出“描边”对话框，如图 4-34 所示。该对话框中的“宽度”文本框用于设置描边的线条宽度，数值越大线条越宽；“颜色”选项用于设置描边线条的颜色，单击该颜色块，在弹出的“拾色器”对话框中选择所需的颜色；“位置”选项区用于设置在对选择区域进行描边时描边线条的位置，其中包括 3 个单选按钮，即“内部”“居中”和“居外”。

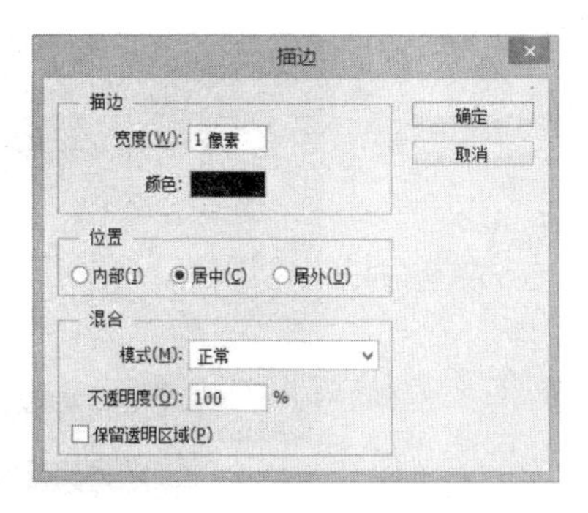


图 4-34 “描边”对话框

分别选择“内部”“居中”和“居外”单选按钮后的描边效果如图 4-35 所示。

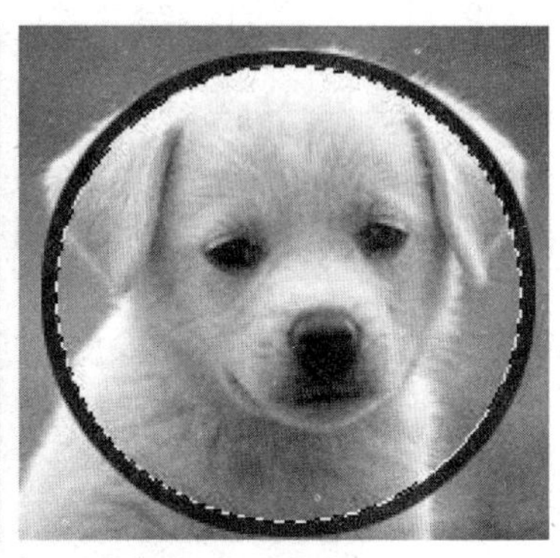

内部　　居中　　居外

图 4-35　设置不同“位置”选项后的描边效果

# 4.5 擦 除 工 具

在中文版 Photoshop CC 中，使用擦除工具可以除去图像的颜色或背景色。擦除工具包括 3 个橡皮擦工具，即橡皮擦工具、背景橡皮擦工具和魔术橡皮擦工具，分别用于不同场合，下面将详细介绍。

## 4.5.1 橡皮擦工具

橡皮擦工具的使用方法很简单，像使用画笔工具一样，只需先选中该工具，然后按住鼠标左键在图像上拖动即可（擦除颜色后会填充上背景色），如图 4-36 所示。当其作用于背景图层时，相当于使用背景色的画笔工具。

单击工具箱中的橡皮擦工具，其属性栏如图 4-37 所示。在其中可以设置橡皮擦工具的模式、不透明度和流量等属性。“模式”下拉列表框中共有三个选项，分别是画笔、铅笔和块，选择前两个选项可以将橡皮擦的擦除效果设置为画笔和铅笔的效果；若选择“块”选项，则用户只能以一种橡皮擦形状来对图像进行擦除。在该属性栏的右侧有一个“抹到历史记录”复选框，若选中该复选框，可以将图像擦除成最近一次保存时的状态。

图 4-36　使用橡皮擦工具处理图像的前后效果对比

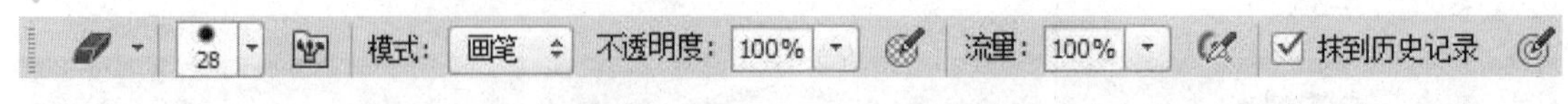


图 4-37　橡皮擦工具属性栏

## 4.5.2　背景橡皮擦工具

背景橡皮擦工具和橡皮擦工具一样，用于擦除图像中的颜色，但是两者还是有区别的，即背景橡皮擦工具在擦除颜色后不会填充上背景色，而是将擦除的内容变成透明的，其效果如图 4-38 所示。

图 4-38　使用背景橡皮擦工具处理图像的前后效果对比

单击工具箱中的背景橡皮擦工具，其属性栏如图 4-39 所示。

图 4-39　背景橡皮擦工具属性栏

该属性栏中的主要选项含义如下：

- 取样按钮：在属性栏中有三个取样按钮，分别是："连续""一次"和"背景色板"。若选择"连续"按钮，将擦除橡皮擦经过的所有区域；若选择"一次"按钮，则只擦除在颜色容差范围内的且与背景色相同的颜色区域；若选择"背景色板"按钮，则将擦除图像中的全部背景色。

● 限制：用于设置橡皮擦的擦除方式。若选择“不连续”选项，可以擦除当前图层中与背景色相似的像素；若选择“连续”选项，则可以擦除与当前图像中背景色相邻的像素；若选择“查找边缘”选项，则可以擦除背景色区域。

● 容差：用于设置橡皮擦的擦除范围。

> 由于 Photoshop 不支持背景图层有透明度的部分，而背景橡皮擦工具可以直接在背景图层上擦除，因此在进行擦除操作后，Photoshop 会自动将背景图层转换为普通图层。

## 4.5.3 魔术橡皮擦工具

魔术橡皮擦工具的工作原理与魔棒工具相似，该工具可以擦除图像中颜色相同或相似的区域，被擦除的区域以透明方式来显示。

魔术橡皮擦工具的使用方法比较简单，用户只需在图像的任意位置单击鼠标左键，即可将和该位置颜色相似的颜色区域擦除，如图 4-40 所示。

图 4-40 使用魔术橡皮擦工具处理图像的前后效果对比

单击工具箱中的魔术橡皮擦工具，其属性栏如图 4-41 所示。

容差: 32 ☑ 消除锯齿 ☑ 连续 ☐ 对所有图层取样 不透明度: 100%

图 4-41 魔术橡皮擦工具属性栏

该属性栏中的主要选项含义如下：

● 容差：用于调整颜色的相似程度。数值越大，颜色的相似程度就越大，擦除的区域也越大。

● 消除锯齿：用于消除擦除边缘的锯齿效果。

● 连续：用于控制图像中的擦除范围。

● 对所有图层取样：用于控制擦除颜色的图层。选中该复选框后，可以在所有图层中进行擦除；若取消选择该复选框，则只能在当前工作图层进行擦除。

- 不透明度：用于调整橡皮擦的擦除程度。数值越大，擦除得越彻底。

# 4.6 图 章 工 具

图章工具组提供了两个图章工具，分别是仿制图章工具和图案图章工具。下面将详细介绍这两种工具。

## 4.6.1 仿制图章工具

使用仿制图章工具可以将图像中的像素复制到当前图层或其他图层中。使用该工具与使用其他一般工具有些不一样，仿制图章工具在使用前需要从图像中取样，然后才能应用到该图像或其他图像中去，以达到复制图像的效果，这在照片修复和制作图像特效时经常用到。

其具体操作方法如下：在工具箱中单击仿制图章工具，将鼠标指针移动到图像中需要复制的位置，按住【Alt】键的同时，单击鼠标左键进行取样，如图4-42（左）所示。释放【Alt】键，将鼠标指针置于需复制图像的目标区域，按住鼠标左键并拖动，即可得到复制效果，如图4-42（右）所示。

图4-42　使用仿制图章工具复制图像的前后效果对比

单击工具箱中的仿制图章工具，其属性栏如图4-43所示。在其中选中“对齐”复选框，整个取样区域将仅应用一次；若取消选择该复选框，则每次停止操作后再重新进行时，又要重新开始复制。

图4-43　仿制图章工具属性栏

在使用仿制图章工具复制图像时，确定了复制起始点后，可以在多个图像窗口中拖曳鼠标进行复制。如果当前的窗口中存在选区，则只能将图像复制到该选区中。

### 4.6.2　图案图章工具

使用图案图章工具可以使用自定义好的图案复制图像，也可以将图像局部复制到其他的图像中。在使用该工具时，必须先定义一个图案，然后才能进行图像复制。

其操作方法为：打开需要复制的图像，单击工具箱中的矩形选框工具，创建一个矩形选区，如图 4-44 所示。单击“编辑”|“定义图案”命令，弹出“图案名称”对话框，如图 4-45 所示。在其中输入自定义图案的名称，然后单击“确定”按钮即可。

图 4-44　创建矩形选区

图 4-45　“图案名称”对话框

在工具箱中单击图案图章工具，在其属性栏的“图案”面板中选取刚才定义的图案，如图 4-46 所示。在图像中合适的位置拖曳鼠标，即可复制多个定义的图案，如图 4-47 所示。

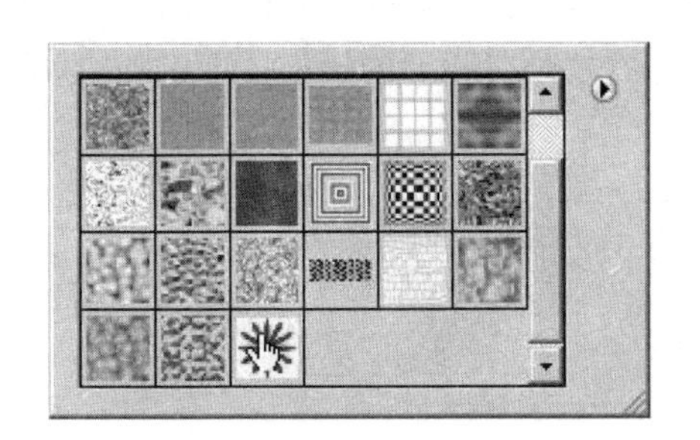

图 4-46　选取定义的图案

图 4-47　复制定义的图案

## 4.7 “历史记录”面板和历史记录工具

“历史记录”面板和历史记录工具的主要作用是恢复图像。历史记录工具提供了两种画笔工具，分别是历史记录画笔工具和历史记录艺术画笔工具，它们都需要配合“历史记录”面板来使用，但是与“历史记录”面板相比，历史记录工具的使用更加方便，而且具有画笔的性质。

### 4.7.1 “历史记录”面板

使用“历史记录”面板不仅能清楚地了解用户对图像已执行的操作步骤，如使用的工具、命令等，还可以有选择地回退到图像的某一历史状态。

单击“窗口”|“历史记录”命令，弹出“历史记录”面板，如图 4-48 所示。通过观察“历史记录”面板中的历史记录状态，可以清楚地看到对当前图像所执行的操作。“历史记录”面板最为常用的功能是回退至某个操作步骤，若要回退至以前的某个历史状态，只需要在“历史记录”面板中单击该步骤即可，如图 4-49 所示。

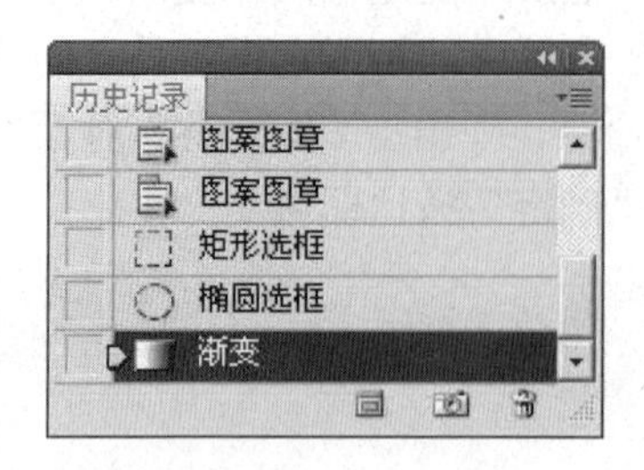


图 4-48 “历史记录”面板

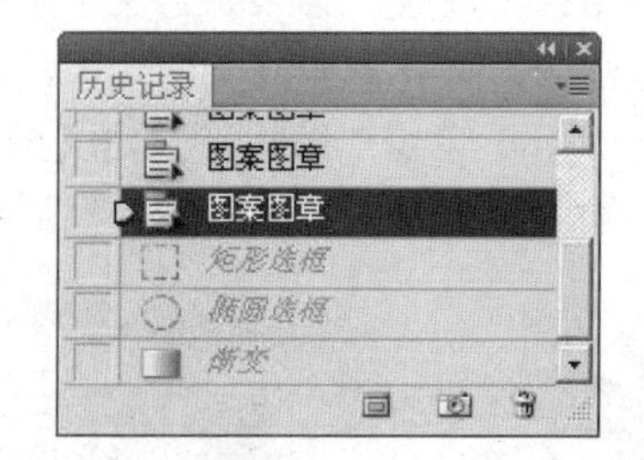


图 4-49 回退后的“历史记录”面板

### 1. 建立快照

若要创建当前图像的快照，可在按住【Alt】键的同时单击“历史记录”面板中的“创建新快照”按钮，或单击面板右上角的面板菜单按钮，在弹出的面板菜单中选择“新建快照”选项，弹出“新建快照”对话框，如图 4-50 所示。在“新建快照”对话框的“名称”文本框中输入新快照的名称；在“自”下拉列表框中有 3 个选项，若选择 “全文档”选项，则对整个文件的内容（包括所有图层、通道和路径）建立快照；若选择“合并的图层”选项，则在建立快照的同时合并除隐藏图层外的所有图层；若选择“当前图层”选项，则所建立的快照仅包含当前图层的内容。

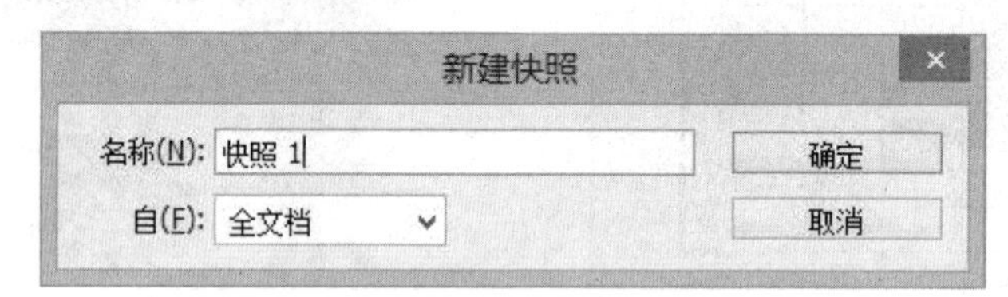


图 4-50 “新建快照”对话框

### 2. 建立新文件

在中文版 Photoshop CC 中，可以用多种方法复制当前图像，其中之一便是使用“历史记录”面板的建立新文件功能。

单击“历史记录”面板中的“从当前状态创建新文档”按钮或在面板菜单中选择“新建文档”选项，可以根据当前操作图像的当前状态创建一幅备份图像。使用该方法创建的新图像与原图像具有相同的属性，包括图层、通道、路径和选区等。

## 4.7.2 历史记录画笔工具

若使用历史记录画笔工具对图像进行恢复操作，则只需在“历史记录”面板中单击该操作记录列表左侧的“设置历史记录画笔的源”方框，使其显示为图标，以选择绘画源，然后使用历史记录画笔工具在图像需要恢复处拖动鼠标即可。

### 4.7.3　历史记录艺术画笔工具

历史记录艺术画笔工具与历史记录画笔工具的功能基本相同，区别在于在使用该工具进行绘图时，可以选择一种笔触来绘制出颇具艺术风格的作品。

## 4.8　调 整 工 具

调整工具的主要作用是改变图像的亮调和暗调，它的原理就像胶片曝光后，通过部分暗化和亮化操作，从而改善曝光效果。它包含了 3 种调整工具，分别是减淡工具、加深工具和海绵工具。

### 4.8.1　减淡工具

使用减淡工具在图像中拖动，可以将鼠标指针经过处的图像的整体色彩减淡。

单击工具箱中的减淡工具，其属性栏如图 4-51 所示。其中的“范围”下拉列表框用于指定减淡工具应用的范围，其中包括“阴影”“中间调”和“高光”3 个选项，分别用于调节图像的阴影、中间调及高光部分；“曝光度”文本框用于设置使用减淡工具进行操作时的淡化程度，数值越大，淡化效果越明显。

图 4-51　减淡工具属性栏

使用减淡工具对图像进行处理的前后效果对比如图 4-52 所示。

图 4-52　使用减淡工具处理图像的前后效果对比

在调整明暗度时，要根据图像的明暗程度随时调整减淡工具属性栏中的参数。

### 4.8.2 加深工具

加深工具和减淡工具的作用正好相反，它可以使图像中被处理的区域变暗。其属性栏及使用方法与减淡工具基本相同。使用加深工具对图像进行处理的前后效果对比如图4-53所示。

图4-53　使用加深工具处理图像的前后效果对比

### 4.8.3 海绵工具

使用海绵工具可以调整图像的色彩饱和度。

单击工具箱中的海绵工具，其属性栏如图4-54所示。该工具属性栏的“模式”下拉列表框中有两个选项，若选择“加色”选项，则增加操作区域的颜色饱和度；若选择“去色”选项，则可以降低操作区域的颜色饱和度。

图4-54　海绵工具属性栏

使用海绵工具属性栏中的“加色”模式对图像进行处理，前后效果对比如图4-55所示。

图4-55　使用海绵工具处理图像的前后效果对比

## 4.9 修图工具

在中文版Photoshop CC中，可以使用模糊工具、锐化工具、涂抹工具、修复画笔工具、

修补工具和颜色替换工具对图像的细节进行修饰，以弥补其他图像处理工具的不足。

## 4.9.1　模糊工具

使用模糊工具可以减小相邻像素间的颜色对比度，让图像变得模糊。

单击工具箱中的模糊工具，其属性栏如图 4-56 所示。其中的“强度”文本框用于设置笔刷的大小，取值范围为 0%～100%，值越大模糊效果越明显；选中“对所有图层取样”复选框，将对所有可见图层都起作用；若取消选择该复选框，则只对当前图层起作用。

图 4-56　模糊工具属性栏

使用模糊工具对图像进行处理的前后效果对比如图 4-57 所示。

图 4-57　使用模糊工具处理图像的前后效果对比

## 4.9.2　锐化工具

锐化工具的作用与模糊工具刚好相反，它用于锐化图像的部分像素，使该部分图像更清晰。锐化工具的属性栏与模糊工具属性栏完全一样，其参数的含义也一样，在此不再赘述。

使用锐化工具对图像进行处理的前后效果对比如图 4-58 所示。

图 4-58　使用锐化工具处理图像的前后效果对比

### 4.9.3 涂抹工具

使用涂抹工具可以改变图像像素的位置，破坏图像的完整结构，以得到特殊的效果。

单击工具箱中的涂抹工具，其属性栏如图4-59所示。其中的“模式”“强度”和“对所有图层取样”选项与模糊工具的含义一样，不同之处在于：若选中“手指绘画”复选框，则涂抹起始点的颜色将为前景色；若取消选择该复选框，则涂抹起始点的颜色将为该点的颜色。

图4-59 涂抹工具属性栏

使用涂抹工具在需涂抹的位置拖曳鼠标进行涂抹，得到的图像效果如图4-60所示。

图4-60 使用涂抹工具处理图像的前后效果对比

### 4.9.4 修复画笔工具

修复画笔工具可以轻松修复有皱纹、雀斑等杂点的照片或有污点、划痕的图像。该工具能够根据要修改点周围的像素及色彩将其完美无缺地复原，而不留任何痕迹。

该工具的使用方法与仿制图章工具一样，也是用来复制图像的，只是仿制图章工具所完成的是一种单纯的复制，而修复画笔工具是将复制的图像经过处理后复制到指定的位置，使复制的图像可以与底层的颜色相互融合，生成更加理想的效果。

单击工具箱中的修复画笔工具，其属性栏如图4-61所示。其中“源”选项区中有两个单选按钮，选中“取样”单选按钮，必须在按住【Alt】键的同时在需要复制图像的位置单击鼠标左键，将图像复制为样本，然后在需要复制样本的位置拖曳鼠标，才可以将样本复制到指定的位置；选中“图案”单选按钮，其右侧的“图案”下拉列表框呈可用状态，单击下拉按钮，在弹出的面板中选择需要复制的图案，然后在需要复制图案的位置拖曳鼠标，即可在图像中复制所选择的图案。

图4-61 修复画笔工具属性栏

使用修复画笔工具对图像进行“取样”修复的效果对比如图4-62所示。

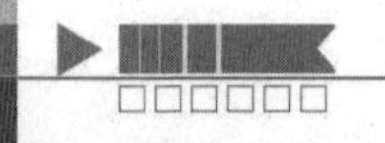

图 4-62　使用修复画笔工具修复图像的前后效果对比

## 4.9.5　修补工具

修补工具与修复画笔工具一样，也是用来修复图像的，所不同的是修复画笔工具是用画笔来进行图像修复的，而修补工具是通过选择区域来完成对图像的修复的。

单击工具箱中的修补工具，其属性栏如图 4-63 所示。其中“修补”选项区有两个单选按钮，选中“源”单选按钮后，在图像中需要修补的位置创建选区，然后将鼠标指针放置在选区内并按住鼠标左键，将其拖曳到用来修复图像的目标位置，释放鼠标后，修补工具会自动用另一个位置的图像来修复需要修补的位置；若选中“目标”单选按钮，则在图像中不需要修补的位置创建选区，然后将鼠标指针放置在选区内并按住鼠标左键，将其拖曳到需要修补的位置，释放鼠标后修补工具会自动用选区内的图像来修复需要修补位置的图像；若单击“使用图案”按钮，则将在图像中的选择区域内填充选择的图像，并与原位置的图像产生混合效果。

修补：正常　源　目标　透明　使用图案

图 4-63　修补工具属性栏

使用修补工具在需要修补的位置创建选区，如图 4-64（左）所示。将鼠标指针放置在选区中并按住鼠标左键，然后将其拖曳到用来修复图像的位置，得到的图像效果如图 4-64（右）所示。

创建选区

处理后的图像

图 4-64　使用修补工具处理图像的前后效果对比

# 4.10 变 换 图 像

在设计作品时，变换图像是一种非常重要的图像编辑操作，通过变换图像可以将图像进行放大、缩小、旋转等操作，从而使大小、角度等不符合要求的图像经编辑操作后满足用户需要。

## 4.10.1 缩放

运用“缩放”命令可以对整幅图像或选区中的图像进行缩放操作。

单击移动工具，单击“编辑”|“变换”|“缩放”命令，图像的四周出现变换控制框，如图4-65（左）所示。将鼠标指针置于控制柄上，当鼠标指针呈双向箭头形状时拖动控制柄进行缩放，得到合适的缩放效果后，按下【Enter】键，或者单击工具箱中的任意一种工具，在弹出的提示信息框中单击“应用”按钮即可，效果如图4-65（右）所示。

图像四周出现的变换控制框　　缩放后的效果

图4-65　缩放图像前后效果对比

若要在缩放过程中取消变换操作，可按【Esc】键。

若在按住【Shift】键的同时拖动控制柄，则可按比例缩放图像；若在按住【Alt】键的同时拖动控制柄，则可以中心为对称点来缩放图像。

## 4.10.2 旋转

运用“旋转”命令可以对整幅图像或选区中的图像进行旋转操作。

单击移动工具，单击“编辑”|“变换”|“旋转”命令，图像的四周将出现变换控制框，将鼠标指针放置于变换控制框外，当鼠标指针呈弯曲双向箭头形状↷时，拖动鼠标即可旋转图像，效果如图4-66所示。

鼠标指针呈弯曲双向箭头 形状　　　　旋转后的效果

图 4-66　旋转图像前后效果对比

若在按住【Shift】键的同时拖动控制柄，则可以 15 度为旋转角度的增量旋转图像。

## 4.10.3　斜切

单击“编辑”|“变换”|“斜切”命令，可以对选区中的图像进行斜切操作。该操作类似于扭曲操作，不同之处在于在扭曲操作状态下，控制柄可以沿任意方向进行变形操作；而在斜切操作状态下，控制柄只能在变换控制框边线所定义的方向上进行变形操作。图 4-67 所示为斜切前后的图像效果对比。

图 4-67　斜切操作的前后效果对比

## 4.10.4　扭曲

单击“编辑”|“变换”|“扭曲”命令，图像四周将出现变换控制框，拖动控制柄即可对图像进行扭曲变形操作。图 4-68 所示为扭曲前后的图像效果对比。

图 4-68　扭曲操作的前后效果对比

## 4.10.5　透视

单击“编辑”|“变换”|“透视”命令，或者在图像编辑窗口中单击鼠标右键，在弹出的快捷菜单中选择“透视”选项，将鼠标指针置于图像四周出现的控制柄上，然后拖动鼠标即可将图像沿某个方向进行透视变形，效果如图 4-69 所示。

图 4-69　透视操作的前后效果对比

## 4.10.6　变形

单击“编辑”|“变换”|“变形”命令，或者在图像编辑窗口中单击鼠标右键，在弹出的快捷菜单中选择“变形”选项，将鼠标指针置于图像四周出现的控制柄上，然后拖动鼠标即可将图像沿某个方向进行局部变形，效果如图 4-70 所示。

图 4-70　变形操作的前后效果对比

### 4.10.7　自由变换

除了使用上述各命令对图像进行不同的变形操作之外，用户还可以在自由变换操作状态下对图像进行各种变形操作，一次性完成旋转、缩放和透视等操作。

单击“编辑”|“自由变换”命令或按【Ctrl+T】组合键，可以对图像进行自由变换操作，在此状态下配合功能键拖动控制柄即可完成缩放、旋转和扭曲等变形操作。直接拖动变形控制框中的控制柄，可以进行旋转、缩放变形操作；在按住【Ctrl+Shift】组合键的同时拖动控制柄，可以进行斜切变形操作；在按住【Ctrl】键的同时拖动控制柄，可以进行扭曲变形操作；在按住【Ctrl+Alt+Shift】组合键的同时拖动控制柄，可以进行透视变形操作。

### 4.10.8　再次变换

在实际工作过程中，若对图像已进行过一种变换操作，则还可以单击“编辑”|“变换”|“再次”命令或按【Ctrl+Shift+T】组合键，以相同的参数再次对当前图像进行变换操作。使用该命令可以确保两次变换操作效果相同。

### 4.10.9　翻转操作

“编辑”|“变换”子菜单中的命令还包括“水平翻转”“垂直翻转”“旋转 180 度”“旋转 90 度（顺时针）”和“旋转 90 度（逆时针）”。

其中，单击“编辑”|“变换”|“水平翻转”或“垂直翻转”命令，可分别以经过图像中点的垂直线为轴水平翻转图像，或以经过图像中点的水平线为轴垂直翻转图像，效果如图 4-71 所示。

原图　　水平翻转　　垂直翻转

图 4-71　水平翻转和垂直翻转后的效果

## 4.11　裁切图像和显示全部图像

在设计作品的过程中，有时需要将多余的图像修剪掉或显示全部的图像，这时可以使用“图像”|“裁切”命令和“图像”|“显示全部”命令来实现。

### 4.11.1 裁切图像

除了使用工具箱中的裁切工具对图像进行裁切外，中文版 Photoshop CC 还提供了一种非常灵活的裁切方法，可以裁切图像的空白边缘。单击“图像”|“裁切”命令，弹出“裁切”对话框，如图 4-72 所示。

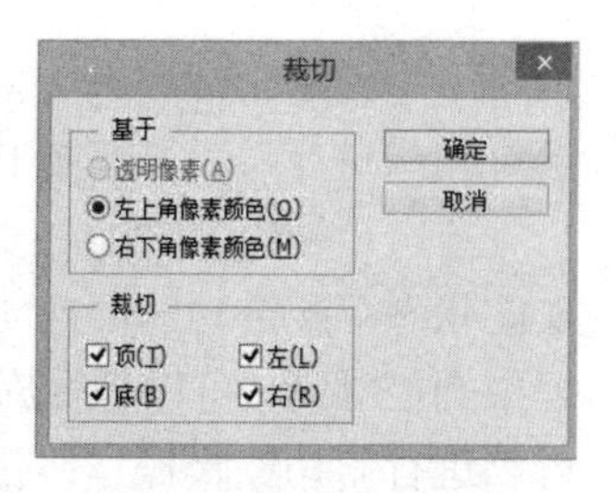


图 4-72 “裁切”对话框

要使用该命令，首先需要在弹出的“裁切”对话框的“基于”选项区中选择一种裁切方式，以确定基于某个位置进行裁切，若选中“透明像素”单选按钮，则按图像中有透明度像素的位置为基准进行裁切；若选中“左上角像素颜色”单选按钮，则以图像左上角位置为基准进行裁切；若选中“右下角像素颜色”单选按钮，则以图像右下角位置为基准进行裁切。在“裁切掉”选项区中可以选择裁切的方位，其中有“顶”“左”“底”和“右”4 个选项，若仅选中其中一个复选框，如“顶”复选框，则在裁切时从图像顶部开始向下裁切，而忽略其他方位。

### 4.11.2 显示全部图像

在某些情况下，图像不能在画布区域中完整地显示（如图 4-73 所示），此时单击“图像”|“显示全部”命令，就可以扩大画布，从而使处于画布可见区域外的图像完整地显示出来。图 4-74 所示为使用该命令后完整显示的图像。

图 4-73 未显示完整的图像

图 4-74 显示完整的图像

## 习 题

### 一、选择题

1.（ ）工具用于绘制边缘较柔和的线条。

A．铅笔　　B．画笔　　C．渐变　　D．锐化

2．下列工具中用于修复图像的工具有（ ）。

A．历史记录画笔工具　　B．历史记录艺术画笔工具

C．修补工具　　　　　　　　D．图章工具

E．修复画笔工具

## 二、填空题

1．渐变工具提供了五种渐变类型，分别是__________、__________、__________、对称渐变和__________。

2．图章工具组提供了两种图章工具，它们分别是__________工具和__________工具。

## 三、简答题

1．历史记录画笔工具与历史记录艺术画笔工具有何区别？

2．使用变换命令可以对图像进行哪些操作？将分别产生怎样的效果？

# 上 机 指 导

1．制作如图 4-75 所示的彩虹效果。

图 4-75　彩虹效果

关键提示：

（1）使用渐变工具，设置渐变色分别为洋红、蓝色、青色、绿色、洋红，并调整其色标的位置数值。

（2）新建一个图层，然后在图像编辑窗口的中心位置按住鼠标左键并向下拖动，以径向渐变填充所设置的渐变色。

（3）创建一个矩形选区，羽化 80 个像素，并删除羽化选择区域内的图像，然后使用“自由变换”命令缩放其形状，并设置图层混合模式为“滤色”。

2．修改图片，消除人物眼袋，其效果如图 4-76 所示。

图 4-76 消除人物眼袋

关键提示：使用仿制图章工具，按住【Alt】键，同时单击鼠标左键进行取样，然后释放【Alt】键，将鼠标指针置于需复制图像的目标区域，按住鼠标左键并多次拖动即可。

# 第 5 章　绘制和编辑路径及形状

**本章学习目标**

本章主要讲述路径和形状工具的应用，包括路径工具、路径编辑、“路径”面板、形状工具，以及路径的运算等内容。通过本章的学习，读者应学会使用路径工具来绘制图形，使用形状工具绘制各种形状的路径，以及通过使用“路径”面板创建一些较为精确的选取范围。

**学习重点和难点**

- 路径的含义
- 绘制与编辑路径
- 路径的运用
- 绘制几何形状

## 5.1　路径工具组

在某种程度上，路径可以说是创建选区的有效补充，但路径所具有的功能并不仅仅限于创建选区，还可以进行描边、剪切路径等操作。大多数情况下，在中文版 Photoshop CC 中使用和编辑路径时需要用户自己绘制与调整，因此掌握使用路径工具组中的工具绘制不同形状的路径就显得非常重要。

所谓路径，就是用一系列的点连接起来的线段或曲线，用户可以沿着这些线段或曲线进行描边或填充，还可以将其转换为选区。图 5-1 所示为一条典型的路径。

在中文版 Photoshop CC 中，绘制路径最常用的方法是使用工具箱中的路径工具组（如图 5-2 所示），其中包括钢笔工具、自由钢笔工具、添加锚点工具、删除锚点工具及转换点工具。下面将分别介绍这些工具的使用方法。

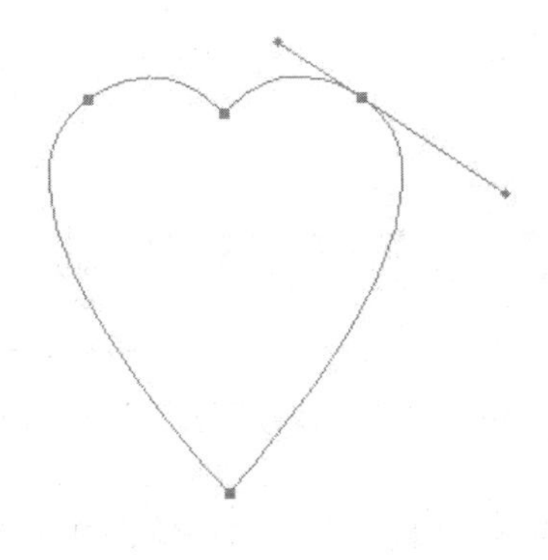

图 5-1　路径示例

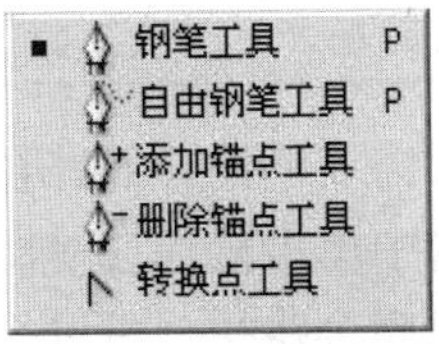

钢笔工具　P
自由钢笔工具　P
添加锚点工具
删除锚点工具
转换点工具

图 5-2　路径工具组

### 5.1.1 钢笔工具

钢笔工具是所有路径工具中最精确的，利用它可以绘制光滑而复杂的路径。默认状态下，工具组中钢笔工具处于选取状态，单击钢笔工具属性栏中的 下拉按钮，弹出“橡皮带”复选框，如图5-3所示。

图5-3 “钢笔选项”调板

选中“橡皮带”复选框，在绘制路径时可以依据节点与钢笔指针间的线段标识出下一段路径线的走向（如图5-4所示）；取消选择“橡皮带”复选框，将没有任何标识，如图5-5所示。

图5-4 选中“橡皮带”复选框所绘制的路径　　图5-5 取消选择“橡皮带”复选框所绘制的路径

使用钢笔工具绘制路径时，单击可得到直角点（如图5-6所示）；若单击节点并拖动鼠标，将得到光滑节点，并绘制一条曲线，如图5-7所示。

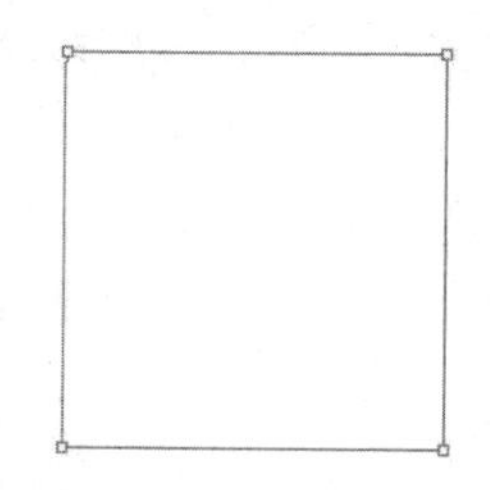

图5-6 绘制直角点路径

图5-7 绘制曲线路径

在绘制路径时，按住【Shift】键的同时单击鼠标左键，可以沿水平、垂直和45度角的方向绘制直线路径。

若在绘制时需要创建开放路径，可以在工具箱中单击直接选择工具或按【Esc】键，然后在图像编辑窗口中单击鼠标左键即可。

若需要创建闭合路径，可以将鼠标指针放置于起始点上，当钢笔指针下面出现一个小圆圈时单击鼠标左键，即可闭合路径。

自由钢笔工具类似于铅笔工具，与铅笔工具不同的是，使用自由钢笔工具绘制图形时得到的是路径。

单击工具箱中的自由钢笔工具，在其属性栏中单击⚙下拉按钮▾，弹出调板，如图 5-8 所示。在其中可以设置自由钢笔工具的参数。

该调板中的主要选项含义如下：

● 曲线拟合：用于控制绘制路径时对鼠标移动的敏感度。数值越高，所绘制路径的节点越少，路径也越光滑。

● 磁性的：选中该复选框后，可以激活磁性钢笔工具。此时，“宽度”文本框、“对比”文本框、“频率”文本框和“钢笔压力”复选框均呈可用状态，可以设置磁性钢笔工具的相关参数，如图 5-9 所示。

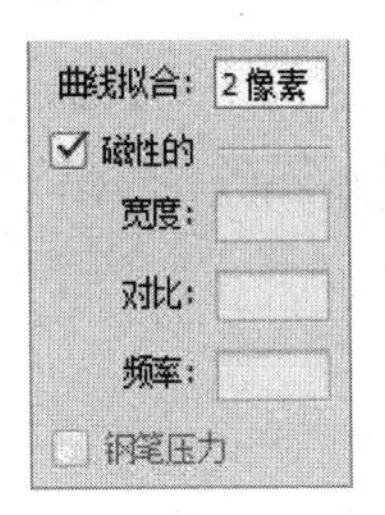


图 5-8 “自由钢笔选项”调板

图 5-9 设置磁性钢笔工具的参数

● 宽度：用于设置磁性钢笔探测的距离。数值越大磁性钢笔探测的距离越大。

● 对比：用于设置边缘像素间的对比度，取值范围为 0%～100%。

● 频率：用于设置磁性钢笔在绘制路径时节点的密度，数值越大，得到的路径上的节点数越多。

使用自由钢笔工具可直接在图像编辑窗口中创建需要的路径形状。若要创建闭合路径，可在结束绘制路径时将鼠标指针放置于起始点上，当鼠标指针下面显示一个小圆圈时单击即可，也可以在图像编辑窗口中双击鼠标左键以闭合路径。

## 5.1.2 添加和删除锚点工具

添加和删除锚点工具用于在已创建的路径上添加或删除节点。在路径被激活的状态下，选择添加锚点工具，直接在路径上单击要添加节点的位置，即可添加一个节点，如图 5-10 所示。

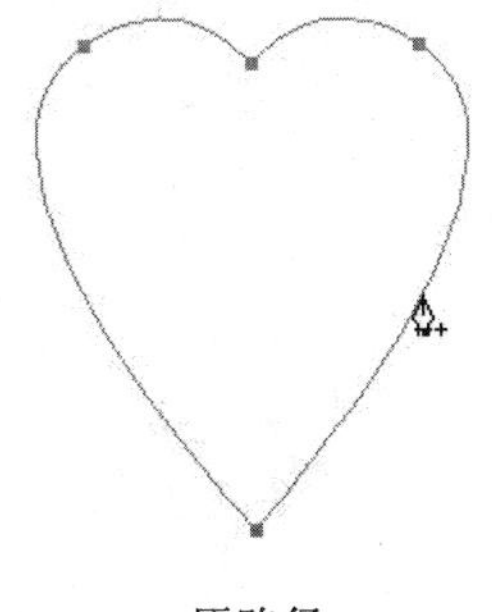

原路径

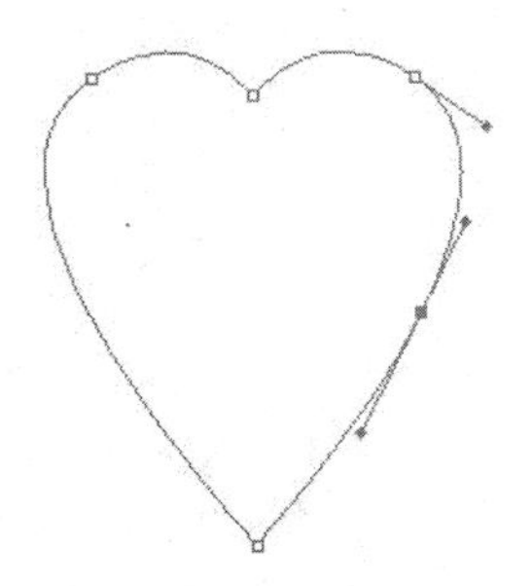

添加节点后的路径

图 5-10 添加节点前后的路径

在路径被激活的状态下选择删除锚点工具，将鼠标指针放置于需删除的路径节点上，单击即可将其删除，如图 5-11 所示。

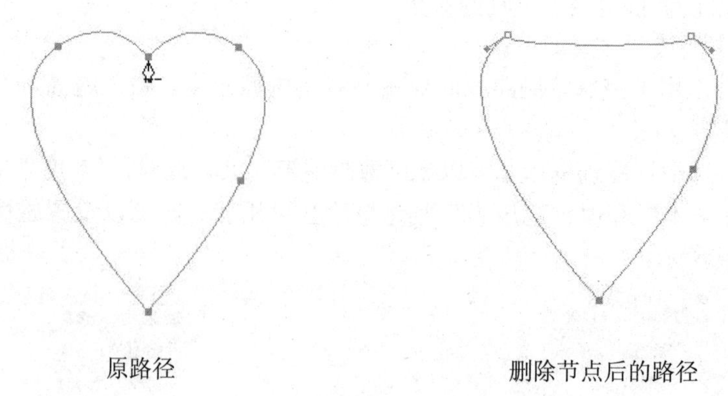


图 5-11 删除节点前后的路径

### 5.1.3 转换点工具

对节点进行编辑时，经常需要将一个两侧没有控制柄的直线型节点转换为两侧具有控制柄的平滑型节点，或将平滑型节点转换为直线型节点，要完成此类操作需要使用转换点工具。

使用该工具在直线型节点上单击并拖曳鼠标，可以将该节点转换为平滑型节点，如图 5-12 所示。

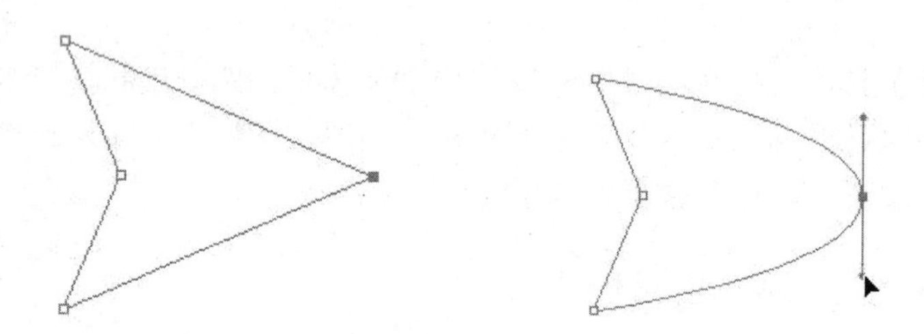

图 5-12 直线型节点转换为平滑型节点

使用该工具单击平滑型节点，可以将该节点转换为直线型节点，如图 5-13 所示。

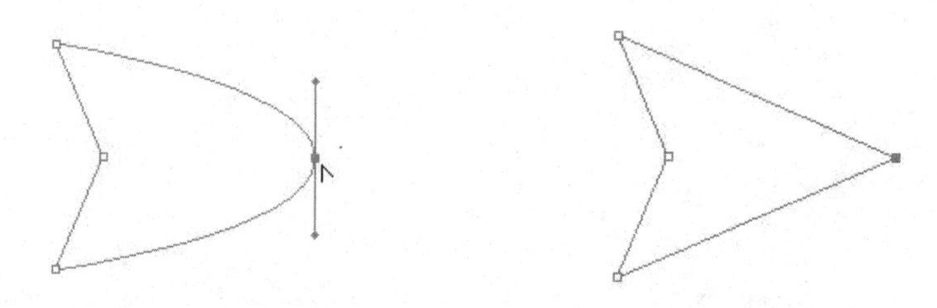

图 5-13 平滑型节点转换为直线型节点

当使用钢笔工具时，按住【Alt】键的同时将鼠标指针移至路径上的节点处，可以转换为转换点工具；若按住【Ctrl】键，则转换为直接选择工具。

# 5.2　选择、移动和变换路径

初步绘制的路径往往不符合要求，如路径的大小、位置不合适等，这时就需要对路径做进一步地调整和编辑。

## 5.2.1　选择路径

对已绘制完成的路径做进一步编辑操作时，往往需要选择路径节点或整条路径。执行选择操作时，需要使用工具箱中的选择工具组，其中包括路径选择工具和直接选择工具，如图 5-14 所示。

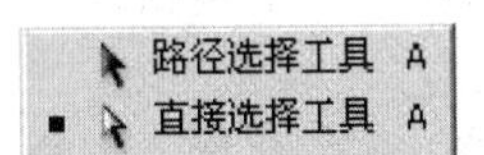


图 5-14　选择工具组

若在编辑过程中需要选择整条路径，可以单击工具箱中的路径选择工具或按【A】键，在路径上单击鼠标左键即可将整条路径选中，路径上的节点全部显示为黑色小正方形（如图 5-15 所示）；若要选择路径中的节点，可以单击工具箱中的直接选择工具或按【Shift+A】组合键，单击路径上需要选择的节点，被选中的节点呈黑色小正方形，未选中的节点呈空心小正方形，如图 5-16 所示。

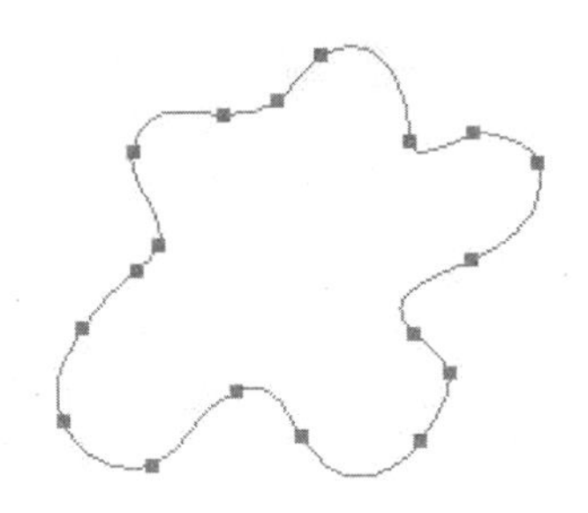

图 5-15　选择整条路径操作示例

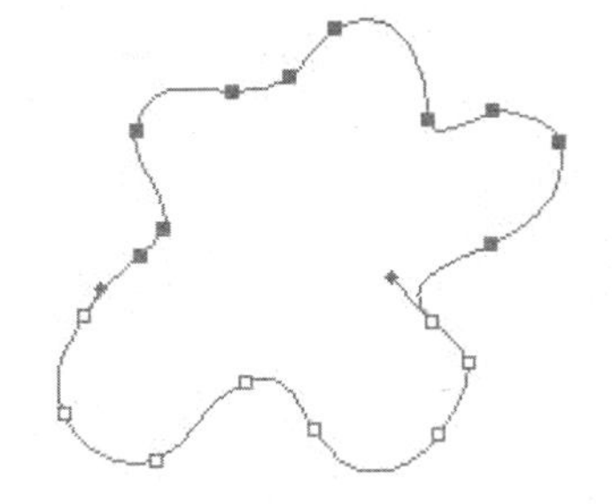

图 5-16　选择路径节点操作示例

专家指点

> 在选择路径节点时，在图像编辑窗口中按住鼠标左键并拖动，可框选多个节点；按住【Shift】键的同时单击节点，可以选中多个节点。
>
> 若使用的工具是直接选择工具，无需切换至路径选择工具，只需在按住【Alt】键的同时单击路径，即可将整条路径选中。

## 5.2.2　移动路径和节点

在路径被选中的状态下，使用直接选择工具单击并拖动路径，即可将路径移动到指定的位置。与移动路径相同，移动节点同样需要使用直接选择工具。使用直接选择工具单击需要移动的节点并拖动节点，即可将选中的节点移动到指定的位置。

> 在使用路径选择工具或直接选择工具时，还可以进行路径复制操作。若当前使用的工具是直接选择工具或路径选择工具，则在按住【Alt】键的同时，单击并拖动路径可以复制路径；若当前使用的工具是钢笔工具，则在按住【Ctrl+Alt】组合键的同时，单击并拖动路径也可以复制路径。

### 5.2.3 变换路径

在当前图像编辑窗口中已有操作路径的状态下，单击“编辑”|“自由变换路径”命令或按【Ctrl+T】组合键，或者单击“编辑”|“变换路径”子菜单中的命令，可以对当前路径进行变换操作。

变换路径的操作和变换选区一样，其中包括“缩放”、“旋转”和“扭曲”等变形操作。在单击变换命令后，工具属性栏显示如图5-17所示。用户可以重新定义其中的参数，以改变路径的形状。

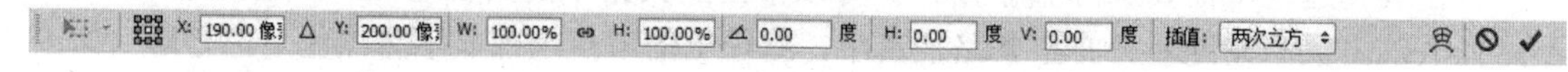


图5-17 变换路径工具属性栏

若需要对路径的部分节点做变换操作，可以使用直接选择工具选中需要变换的节点，然后单击“编辑”|“自由变换路径”命令或按【Ctrl+T】组合键，此时被选中的节点四周出现变换控制框，如图5-18（中）所示。最后拖动控制柄即可完成变换操作，如图5-18（右）所示。

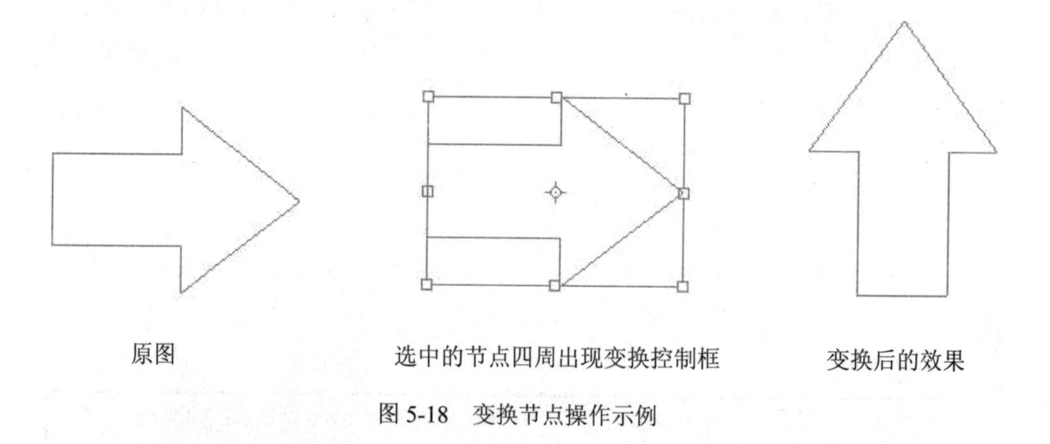


图5-18 变换节点操作示例

## 5.3 “路径”面板

“路径”面板可以用来新建、填充和描边路径，以及进行路径与选区的转换操作。所有绘制的路径都保存在面板中，通过使用该面板中的相关功能，可以快速完成复制、删除和选择路径等操作。

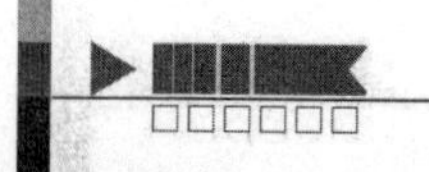

## 5.3.1　新建路径

单击“窗口”|“路径”命令，弹出“路径”面板，如图 5-19 所示。在“路径”面板的底部单击“创建新路径”按钮，或者单击“路径”面板右上角的面板菜单按钮，在弹出的面板菜单中选择“新建路径”选项，弹出“新建路径”对话框，单击“确定”按钮，即可创建一条路径。

通常新建的路径依次被命名为“路径 1”“路径 2”等。若需要在新建路径时为其命名，可以在按住【Alt】键的同时单击“路径”面板底部的“创建新路径”按钮，或单击“路径”面板右上角的面板菜单按钮，弹出面板菜单，从中选择“新建路径”选项，弹出“新建路径”对话框（如图 5-20 所示），在“名称”文本框中输入文字，即可为路径命名。

图 5-19　“路径”面板

图 5-20　“新建路径”对话框

专家指点

当新建的路径需要重新命名时，只需在“路径”面板的“路径”图层名称上双击鼠标左键，然后在“名称”文本框中输入文字，即可为路径重新命名。

## 5.3.2　填充路径

填充路径的操作方法是：首先绘制一条路径，如图 5-21 所示。设置好前景色，然后单击“路径”面板底部的“用前景色填充路径”按钮，即可为当前路径填充前景色，如图 5-22 所示。

图 5-21　绘制一条路径

图 5-22　填充路径



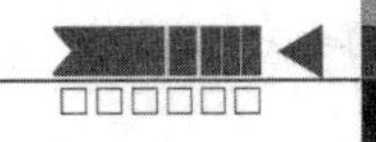

从以上操作可以看出，若要为路径填充内部颜色或图案，使用的功能是填充路径；若要设置填充路径的样式等参数，则可单击该面板右上角的面板菜单按钮，在弹出的面板菜单中选择“填充路径”选项，弹出“填充路径”对话框，如图5-23所示。

该对话框中的主要选项含义如下：

- 使用：用于选择填充路径的方式，其中包括“前景色”“背景色”“颜色”“图案”“历史记录”“黑色”“50%灰色”和“白色”8个选项。若选择“颜色”选项，将弹出“选取一种颜色：”对话框，在其中可以自定义填充的颜色；若选择“图案”选项，则“自定图案”选项呈可用状态，在其下拉列表框中可以选择需要填充的图案。
- 羽化半径：可以设置填充，使其具有柔和效果。数值越大，柔和效果越明显，如图5-24所示。

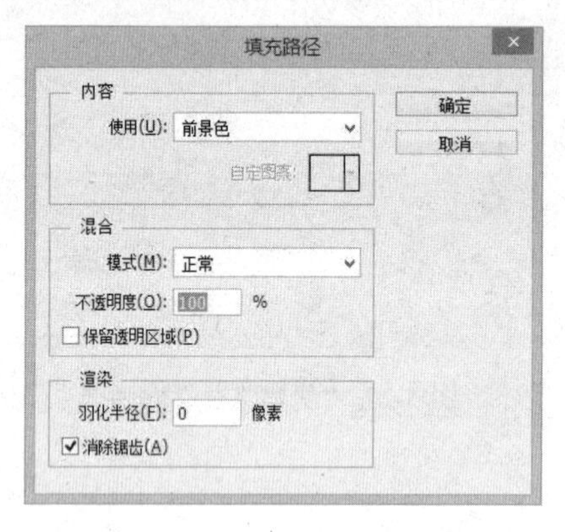

图5-23 “填充路径”对话框　　图5-24 设置羽化值的填充路径效果

- 消除锯齿：选中该复选框后，可以消除填充时产生的锯齿。

专家指点

填充路径时，若当前图层处于隐藏状态，则“填充路径”按钮及命令不可用。

## 5.3.3 描边路径

需要为路径描边时，可以用当前使用的工具沿当前路径的轮廓进行描边，若使用的是绘图类工具，则可以得到丰富的图像效果；若使用的是擦除类工具，则可以沿路径的轮廓进行擦除操作。

描边路径的操作很简单，方法是：首先绘制一条路径，设置好前景色，然后在画笔工具属性栏中设置画笔的各项参数，再单击“路径”面板中的“用画笔描边路径”按钮，即可描边路径，如图5-25所示。

除了使用画笔工具对路径进行描边外，也可以使用其他工具对路径进行描边，如橡皮擦、涂抹等工具。在按住【Alt】键的同时单击“路径”面板底部的“用画笔描边路径”按钮，弹出“描边路径”对话框，在其中可以选择用来描边路径的工具，如图5-26所示。

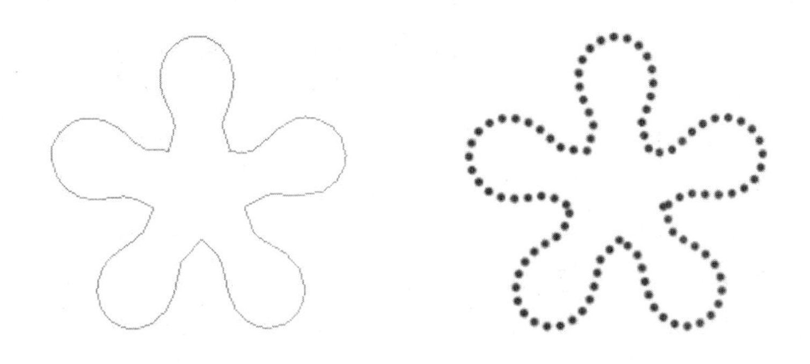

图 5-25　描边路径效果

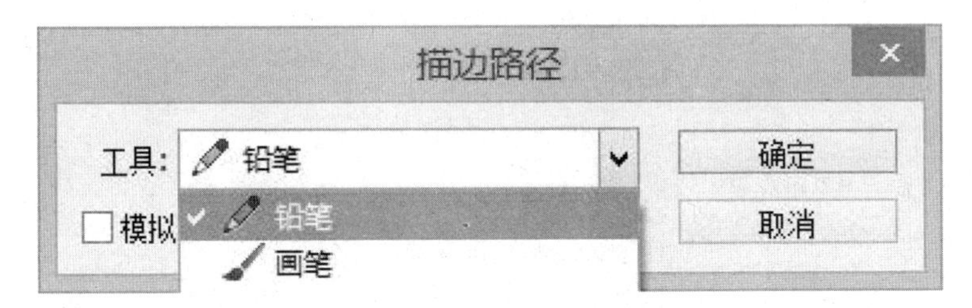


图 5-26　选择用于描边路径的工具

## 5.3.4　路径与选区的转换

路径与选区存在着相互转换的关系，即路径可以转换为选区，选区也可以转换为路径。下面将介绍它们之间相互转换的方法。

### 1. 将路径转换为选区

在“路径”面板中单击需要转换为选区的路径，然后单击“路径”面板底部的“将路径作为选区载入”按钮，即可将路径转换为选区，如图 5-27 所示。用户也可以按【Ctrl+Enter】组合键，直接将路径转换为选区。

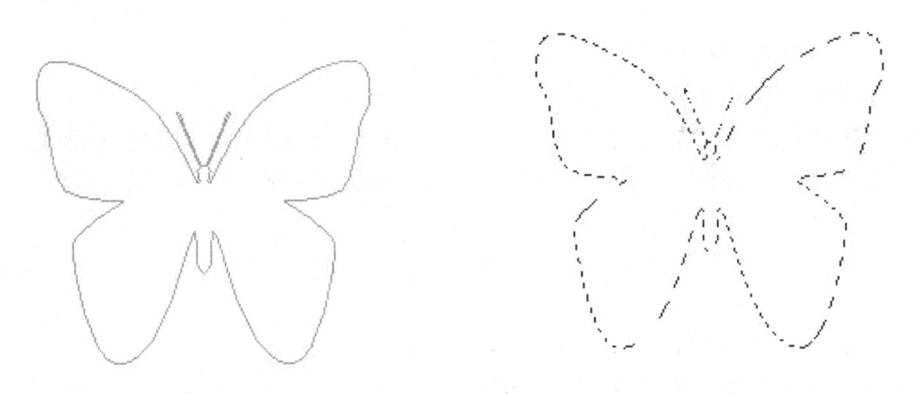

图 5-27　将路径转换为选区

### 2. 将选区转换为路径

在当前图像编辑窗口中已有选区的状态下，单击“路径”面板底部的“从选区生成工作路径”按钮 ，即可将选区转换为相同形状的路径，如图5-28所示。

图5-28 将选区转换为路径

## 5.3.5 删除路径

选中“路径”面板中需要删除的路径，然后单击“路径”面板底部的“删除当前路径”按钮，或者单击该面板右上角的面板菜单按钮，在弹出的面板菜单中选择“删除路径”选项，即可删除该路径。

使用路径选择工具或直接选择工具选中需要删除的路径，然后按【Delete】键，也可以删除该路径。

# 5.4 运算路径

在绘制路径的过程中，除了需要熟练掌握各类路径的绘制方法外，还应该掌握如何在工具属性栏中单击相应的按钮，进行路径的运算。

对路径进行相关运算的4个按钮的含义如下：

- “添加到路径区域”按钮：单击该按钮，可向原有路径中添加新路径所定义的区域。
- “从路径区域减去”按钮：单击该按钮，可从原有路径中删除新路径与原有路径的重叠区域。
- “交叉路径区域”按钮：单击该按钮，生成的新区域被定义为新路径与原有路径的交叉区域。
- “重叠路径区域除外”按钮：单击该按钮，定义生成新路径和原有路径非重叠区域。

当一条路径中包含两条或两条以上的路径时，可将它们以不同的方式进行组合，方法是：单击路径选择工具，选择一条路径，然后选择一种路径组合方式，单击“组合”按钮即可。图5-29所示为选择不同的路径组合方式所产生的不同运算结果。

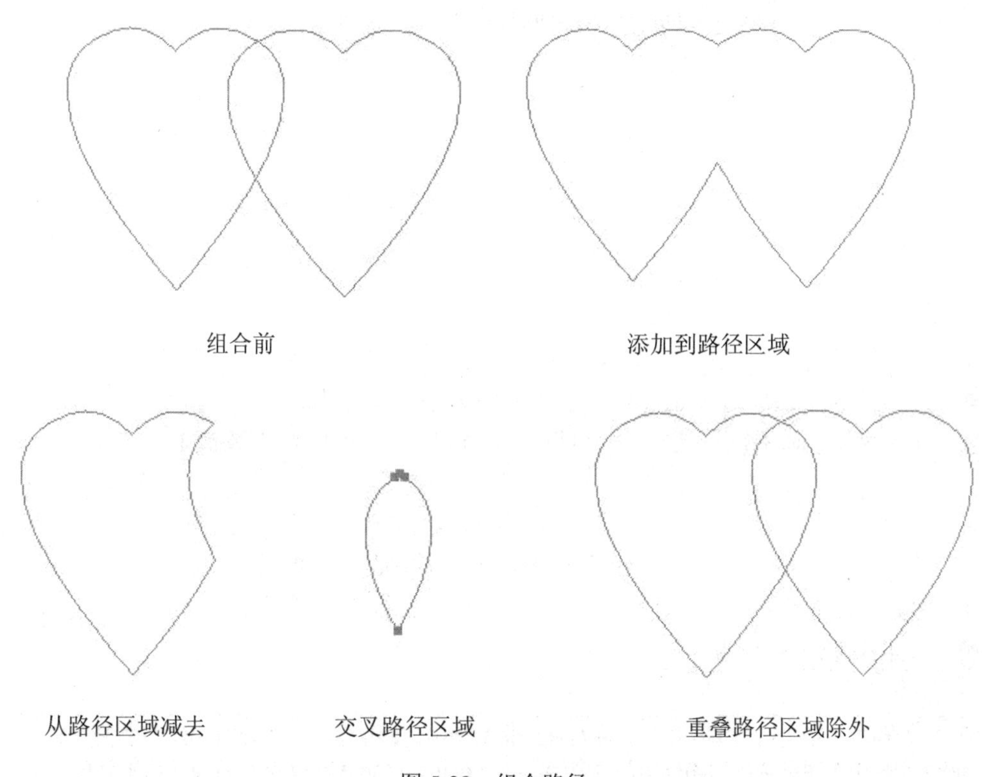


图 5-29　组合路径

# 5.5　绘制几何形状

使用工具箱中的形状工具组可以很方便地绘制出各种形状的路径，如矩形、圆角矩形、椭圆形、多边形、直线及各种自定形状的图形。在工具箱的矩形工具上按住鼠标左键不放，将弹出形状工具组，如图 5-30 所示。

随便选择其中哪一种形状工具，将显示如图 5-31 所示的工具属性栏。

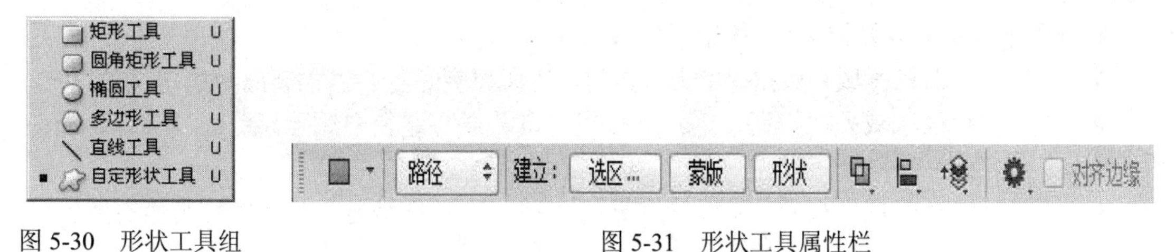


图 5-30　形状工具组　　　　图 5-31　形状工具属性栏

下面将分别介绍这 6 个工具的使用方法。

## 5.5.1　矩形工具

矩形工具是用来绘制矩形或正方形的工具。单击工具箱中的矩形工具或按【U】键，在其属性栏中单击⚙下拉按钮，弹出调板，如图 5-32 所示。

不受约束
方形
固定大小 W: H:
比例 W: H:
从中心

图 5-32 “矩形选项”调板

该调板中各选项的含义如下：

- 不受约束：选中该单选按钮，可以绘制任意长宽比的矩形。
- 方形：选中该单选按钮，可以绘制不同大小的正方形。
- 固定大小：选中该单选按钮，可以在 W 和 H 文本框中输入数值来固定矩形的宽度与高度。
- 比例：选中该单选按钮，可以在 W 和 H 文本框中输入数值来固定矩形宽、高比例。
- 从中心：选中该复选框，可使绘制的矩形从中心向外扩展。
- 对齐边缘：选中该复选框，可以使矩形的边缘无混淆现象。

专家指点

在使用矩形工具绘制图形时，按住【Shift】键的同时拖动鼠标可以直接绘制出正方形，而无需选中“矩形选项”调板中的“方形”单选按钮；按住【Alt】键的同时拖动鼠标可以绘制由中心开始向四周扩展等比例的矩形；按住【Shift+Alt】组合键的同时拖动鼠标可以以中心绘制正方形。

## 5.5.2 圆角矩形工具

使用圆角矩形工具可以绘制出带有圆角的矩形。其属性栏与矩形工具属性栏基本相同，不同之处是其中多了一个“半径”文本框，用来设置圆角的半径值，数值越大角度越圆滑，当该数值为 0 像素时，可创建矩形。设置半径值分别为 10 和 30 像素时的圆角矩形效果如图 5-33 所示。

图 5-33 设置半径值分别为 10 和 30 像素的圆角矩形

## 5.5.3 椭圆工具

利用椭圆工具可以绘制圆和椭圆，其使用方法与矩形工具类似，不同之处是几何选项略有区别。在其属性栏中单击 下拉按钮，弹出的调板如图 5-34 所示。在其中选中“圆（绘制直径或半径）”单选按钮，可以绘制正圆，其他选项与“矩形选项”调板中的选项相同，在此不再赘述。

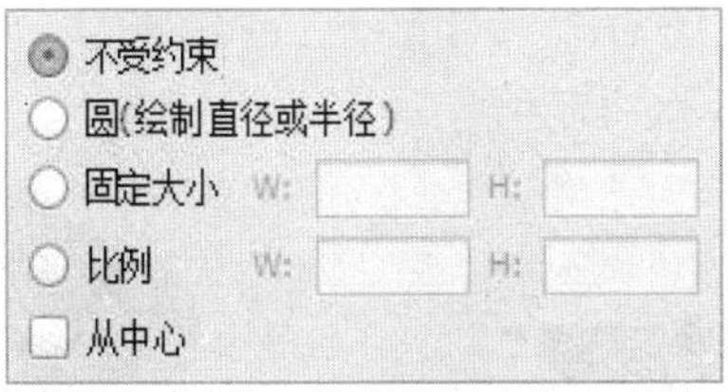

不受约束
圆(绘制直径或半径)
固定大小 W: H:
比例 W: H:
从中心

图 5-34 “椭圆选项”调板

## 5.5.4　多边形工具

利用多边形工具可以绘制不同边数的多边形。单击工具箱中的多边形工具或按【Shift+U】组合键，其工具属性栏如图 5-35 所示。在其中的“边”文本框中输入数值，可以设置多边形的边数。

路径
建立：
选区...
蒙版
形状
边：5
对齐边缘

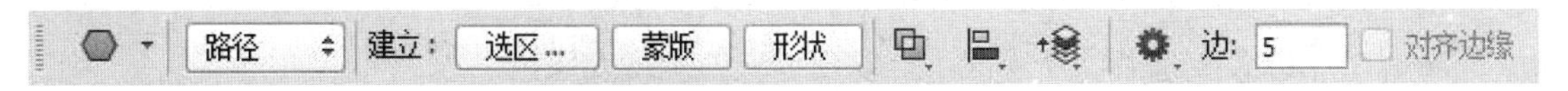

图 5-35　多边形工具属性栏

在该工具属性栏中单击下拉按钮，弹出调板，如图 5-36 所示。

该调板中各选项的含义如下：

半径：
平滑拐角
星形
缩进边依据：
平滑缩进

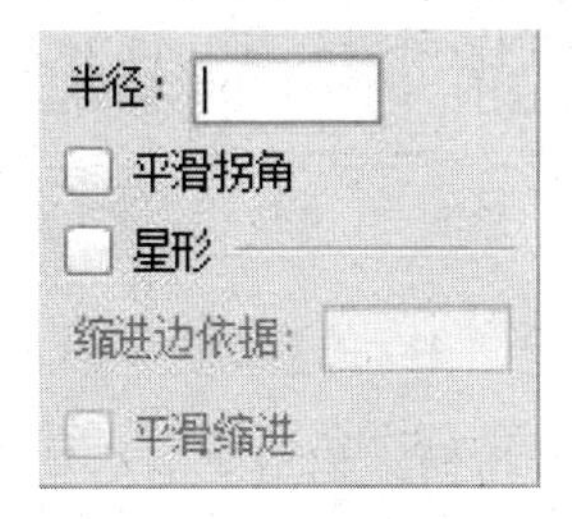

图 5-36 “多边形选项”调板

- 半径：用于定义多边形的半径值。
- 平滑拐角：选中该复选框，可以使绘制的多边形具有圆滑型拐角（如图 5-37 所示）；若取消选择该复选框，则所绘制的多边形将具有尖突型的拐角，如图 5-38 所示。

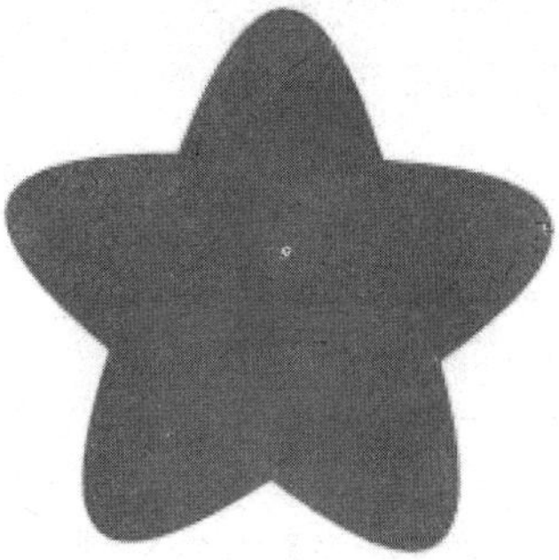

图 5-37　圆滑型拐角的多边形

图 5-38　尖突型拐角的多边形

● 星形：选中该复选框，可以绘制出星形（如图5-39所示）；若取消选择该复选框，则绘制的是多边形，如图5-40所示。

图5-39 星形　　　　图5-40 多边形

● 缩进边依据：在该文本中可以设置星形缩进量，取值范围为1%～99%。数值越大，星形的缩进效果越明显，所绘制的对象类似于放射状星形线条。

● 平滑缩进：选中该复选框，可以使星形两边平滑地向中心缩进。

### 5.5.5 直线工具

使用直线工具可以绘制不同粗细的直线，还可以根据需要为直线添加箭头。单击工具箱中的直线工具或按【Shift+U】组合键，打开工具属性栏，如图5-41所示。其中，在“粗细”文本框中可以设置直线宽度，取值范围为1～1000像素。

图5-41 直线工具属性栏

在该工具属性栏中单击下拉按钮，弹出“箭头”调板，如图5-42所示。

该调板中的主要选项含义如下：

● 起点：用于指定线段起始端箭头的方向。若要使线段的两端均有箭头，可同时选中“起点”和“终点”复选框。

● 终点：用于给线段终点加箭头。

● 宽度和长度：分别用于指定箭头的宽度和长度的比例。其中，宽度的取值范围为10%～1000%，长度的取值范围为10%～5000%。

● 凹度：用于设置箭头的尖锐程度，取值范围为－50%～50%。

使用直线工具绘制的箭头效果如图5-43所示。

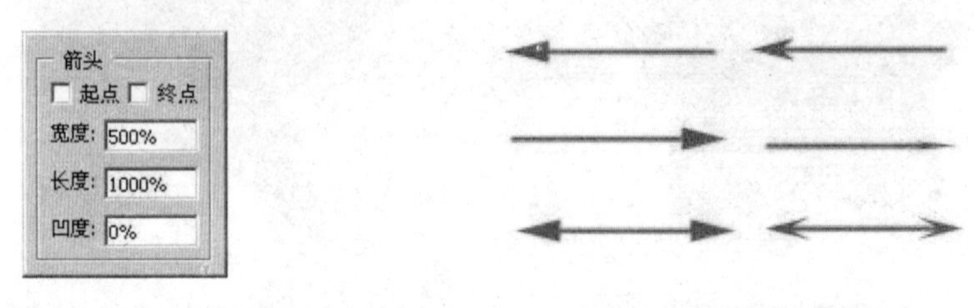


图5-42 “箭头”调板　　　　图5-43 多种箭头形状

## 5.5.6　自定形状工具

运用自定形状工具可以绘制形状多变的图形，该工具的属性栏如图 5-44 所示。

图 5-44　自定形状工具属性栏

该工具属性栏与前面所述的形状工具属性栏基本相同，不同之处是单击该工具属性栏中的“形状”下拉按钮，将弹出“形状”调板，如图 5-45 所示。在该调板中选择任意图形后在图像编辑窗口中拖动鼠标，即可绘制相应形状的图形。

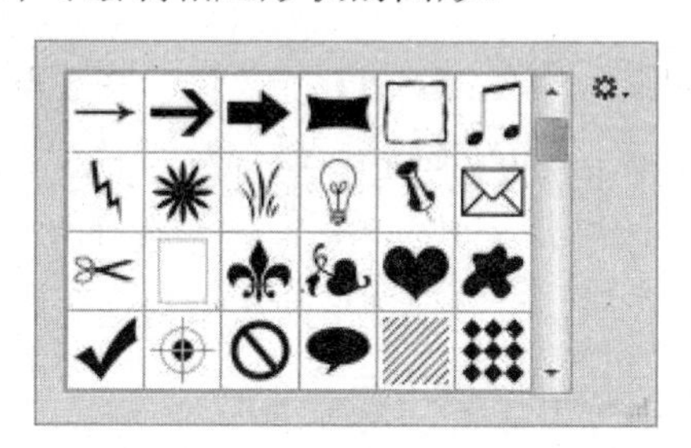

图 5-45　“形状”调板

图 5-45 所示为默认状态下的“形状”调板。在实际工作中，若需要更多 Photoshop 预置形状，可以单击“形状”调板右侧的调板菜单按钮，弹出调板菜单，从中选择“全部”选项，将弹出提示信息框，如图 5-46 所示。

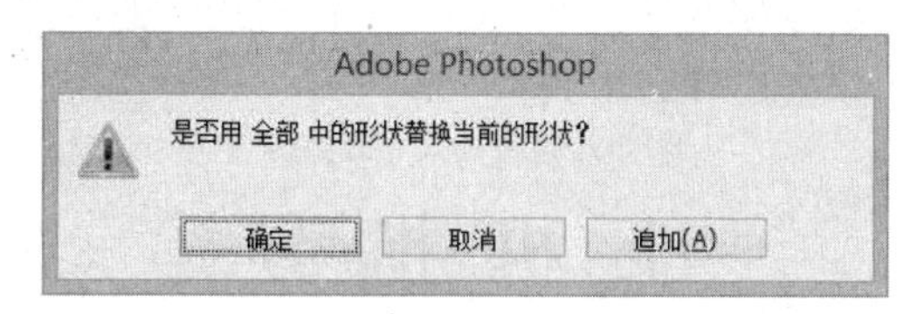


图 5-46　提示信息框

单击“追加”按钮，即可添加多种新形状，此时的调板如图 5-47 所示。

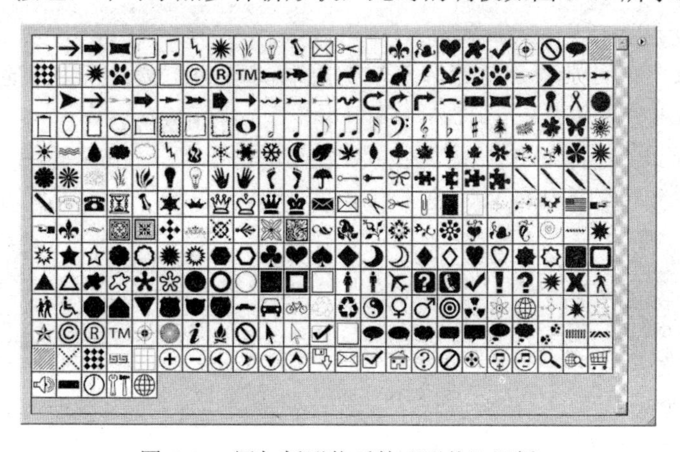

图 5-47　添加新形状后的“形状”调板

# 习　题

## 一、选择题

1．要在平滑型节点和直线型节点之间进行相互转换，可以使用（　　）工具。

A．添加锚点　　B．删除锚点

C．自由钢笔　　D．转换点

2．在选择直接选取工具的情况下，若要一次性选中整个路径，可以按下（　　）键进行选取。

A．【Alt】　　B．【Ctrl】

C．【Shift】　　D．【Ctrl+A】

## 二、填空题

1．路径就是______________________________，可以沿着这些线段或曲线进行描边或填充，还可以将其转换为选区。

2. 形状工具主要包括__________工具、__________工具、__________工具、__________工具、__________工具和__________工具。

## 三、简答题

1．使用钢笔工具可以绘制哪两种类型的路径？如何绘制曲线路径？

2．选取和移动路径可以使用什么工具？

# 上 机 指 导

1．制作如图 5-48 所示的移形换景效果。

图 5-48　移形换景效果

关键提示：

（1）使用钢笔工具将飞机轮廓勾选出来，然后将路径转换为选区。

（2）按【Ctrl+Alt+D】组合键，将飞机选区羽化 2 像素，然后用移动工具将飞机移至另一幅素材图像中。

2．制作如图 5-49 所示的企业形象标识。

图 5-49　企业形象标识

关键提示：

（1）使用椭圆选框工具创建选区，并填充渐变色。

（2）使用文字工具创建文字选区，转换为路径，并进行编辑，最后填充渐变色。

# 第6章 应用文字

本章学习目标

文字是图像处理中不可缺少的部分，有时在图像中加入少量经过处理的文字会起到画龙点睛的作用。本章主要介绍如何使用文字工具输入文字，运用“字符”和“段落”面板设置文字格式，以及编辑变形文字效果和将文字转换为图层或路径等内容。通过本章的学习，读者应掌握如何使用文字工具创建和编辑文本，并在此基础上结合其他工具制作出漂亮的图文效果。

学习重点与难点

- 输入文字
- 设置文字格式
- 编辑变形文字效果
- 文字图层的转换

## 6.1 输入文字

在Photoshop中，文字的输入主要是通过工具箱中的文字工具组来实现的。文字工具组（如图6-1所示）中包括横排文字工具、直排文字工具、横排文字蒙版工具和直排文字蒙版工具。下面将分别介绍使用这些工具输入文字的方法。

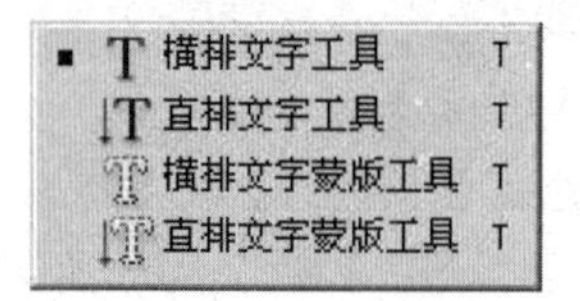


图6-1 文字工具组

### 6.1.1 输入横排或直排文字

为图像添加横排文字和直排文字很简单，可以使用工具箱中的横排文字工具和直排文字工具，在需要输入文字的图像中的适当位置单击鼠标左键，当出现闪动的光标时输入文字，然后单击文字工具属性栏中的“提交所有当前编辑”按钮✔，或单击工具箱中的移动工具，确定输入的文字。若单击“取消所有当前编辑”按钮⊘，则取消文字的输入。

文字工具属性栏如图6-2所示。

在文字工具属性栏中设置相应的选项，然后在图像编辑窗口中的适当位置输入横排文字和直排文字，效果分别如图6-3、图6-4所示。

图 6-2　文字工具属性栏

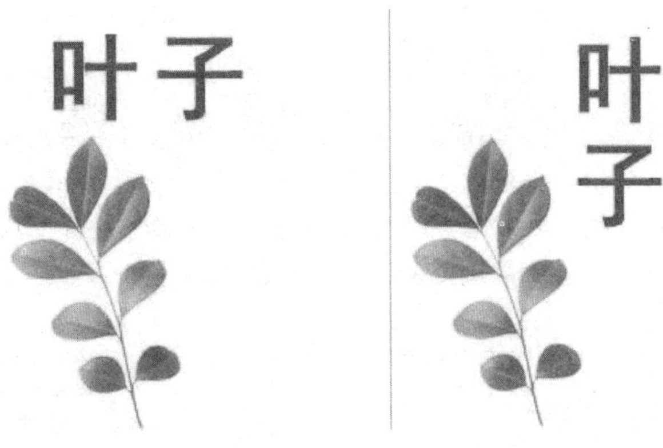


图 6-3　输入横排文字　　　　图 6-4　输入直排文字

单击“图层”|“文字”|“水平/垂直”命令，可以改变文字的输入方向；单击文字工具属性栏中的“更改文字方向”按钮，也可以改变文字的输入方向。

## 6.1.2　输入点或段落文字

无论使用哪一种文字工具创建的文本都有两种形式，即点文字和段落文字。

点文字的文字行是独立的，即文字行的长度随文本的增加而变长，不会自动换行。若在输入点文字时需要换行，必须按【Enter】键来实现。

段落文字与点文字的不同之处在于，输入的文字长度到达段落控制框的边缘时文字会自动换行，而且段落文字的控制框由一个文本框定义，当文本框大小发生变化时，每行或每列的文字数量也将发生变化。

### 1. 输入点文字

输入点文字的方法是：单击工具箱中的文字工具，在图像编辑窗口中的合适位置单击鼠标左键，出现一个闪动的光标，如图 6-5（左）所示。在光标后面输入所需的文字，单击文字工具属性栏中的“提交所有当前编辑”按钮或工具箱中的移动工具，确定输入的文字，如图 6-5（右）所示。

### 2. 输入段落文字

输入段落文字的方法是：单击工具箱中的文字工具，在图像编辑窗口中的合适位置拖曳鼠标，拖出一个文本框，如图 6-6（左）所示。在文本框中输入文字，若在输入文字的过程中需要换行，可按【Enter】键。输完所需的文字后，单击文字工具属性栏中的“提交所有当前编辑”按钮或按【Ctrl+Enter】组合键即可，效果如图 6-6（右）所示。

图 6-5 输入点文字

图 6-6 输入段落文字

单击“图层”|“文字”|“转换为点文字”或“转换为段落文字”命令，可以将点文字与段落文字进行相互转换。

## 6.1.3 设置文字选区

设置文字选区与输入文字的方法基本相同，只是确认输入文字得到文字选区后，便无法再对文字属性进行设置，因此在确认之前需要先确定是否已经设置好所有的文字属性。

使用横排文字蒙版工具创建文字选区，如图 6-7（左）所示。按【Ctrl+Shift+I】组合键反选选区，并按【Delete】键删除多余选区，即可得到如图 6-7（右）所示的图案文字效果。

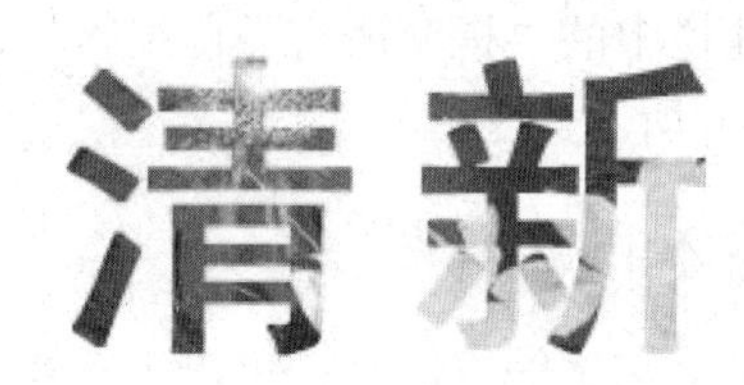


图 6-7 文字选区及设置后的效果

# 6.2　设置文字格式

使用“字符”面板与“段落”面板可对文字与段落的格式进行设置。下面将介绍使用这两个面板设置文字格式的方法。

## 6.2.1　“字符”面板

使用“字符”面板设置文字格式的方法是：选中相应的文字工具，双击图像编辑窗口中需要设置格式的文字，选中当前文字图层中的所有文字，然后单击该文字工具属性栏中的“切换字符和段落面板”按钮，或者单击“窗口”|“字符”命令，弹出“字符”面板，如图 6-8 所示。在“字符”面板中设置相应的选项，单击该文字工具属性栏中的“提交所有当前编辑”按钮，确认设置的文字格式，即可改变文字格式。

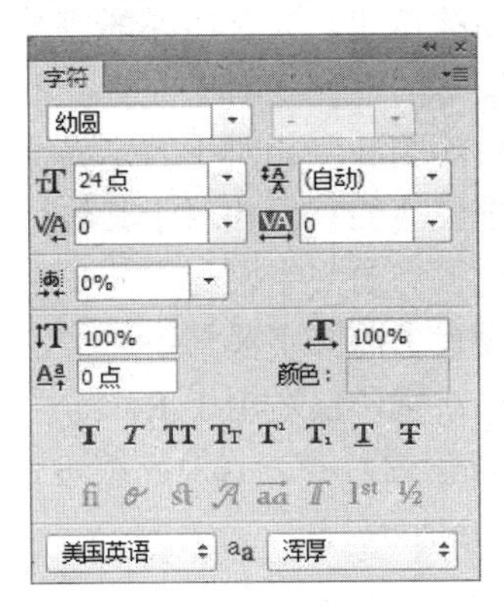


图 6-8　“字符”面板

该面板中的主要选项含义如下：

- 设置行距：用于设置两行文字之间的距离。数值越大，行距就越大。
- 设置所选字符的字距调整：用于设置所选中的文字的间距。数值越大，间距就越大。
- 设置基线偏移：用于设置选中的文字的基线值，正数表示向上偏移，负数表示向下偏移。
- 面板菜单按钮：用于设置字体的特殊样式。单击该按钮，可以在弹出的面板菜单中选择相应选项来改变选中文字的显示形式，其中包括“仿粗体”“仿斜体”“全部大写字母”和“小型大写字母”等选项。
- 设置消除锯齿的方法：在该下拉列表框中可选择一种消除锯齿的方法，如“锐利”“犀利”“浑厚”和“平滑”等选项。

## 6.2.2　“段落”面板

“段落”面板用于设置整段文本的格式。其设置方法是：选中相应的文字工具，在需要设置格式的段落文本中单击鼠标左键，并选中段落中需要设置格式的文本，单击该文字工具属性栏中的“切换字符和段落面板”按钮，或者单击“窗口”|“段落”命令，弹出“段落”

面板，如图 6-9 所示。在“段落”面板中设置相应的选项，然后单击该文字工具属性栏中的“提交所有当前编辑”按钮，确认设置的文字格式，即可改变文字格式。

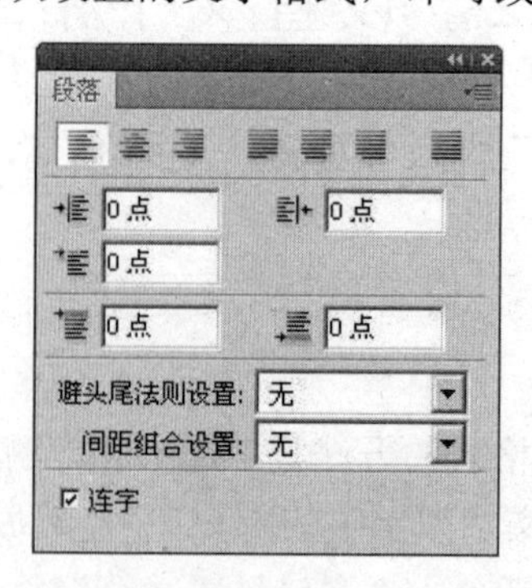


图 6-9 “段落”面板

该面板中主要选项的含义如下：

- 文本对齐方式：单击其中的按钮，光标所在的段落以相应的方式对齐。
- 左缩进：用于设置文字段落的左侧相对于左定界框的缩进值。
- 右缩进：用于设置文字段落的右侧相对于右定界框的缩进值。
- 首行缩进：用于设置选中段落的首行相对于其他行的缩进值。
- 段落前添加空格：用于设置当前文字段与上一文字段之间的垂直间距。
- 段落后添加空格：用于设置当前文字段与下一文字段之间的垂直间距。
- 连字：用于确定是否可以断字，仅适用于 Roman 字符。

使用“段落”面板改变文字段落的对齐方式及左缩进、右缩进、首行缩进、段前间距和段后间距的前后效果对比如图 6-10 所示。

一碗喉吻润。
二碗破孤闷。
三碗搜枯肠，惟有文字五千卷。
四碗发轻汗，平生不平事，尽向毛孔散。
五碗肌骨清，六碗通仙灵。
七碗吃不得也，唯觉两腋习习清风生。

一碗喉吻润。
二碗破孤闷。
三碗搜枯肠，惟有文字五千卷。
四碗发轻汗，平生不平事，尽向毛孔散。
五碗肌骨清，六碗通仙灵。
七碗吃不得也，唯觉两腋习习清风生。

图 6-10 改变文字段落属性的前后效果对比

# 6.3 编辑变形文字效果

Photoshop 具有文字变形的功能，在文字被选中的状态下，单击文字工具属性栏中的“创建变形文本”按钮，弹出“变形文字”对话框，在“样式”下拉列表框中，用户可以选择一种变形方式，以对文字进行变形，如图 6-11 所示。

该对话框中主要选项的含义如下：

- 样式：用于选择 Photoshop CC 预设的各种文字变形效果。

- 水平/垂直：用于设置在水平方向上扭曲，还是在垂直方向上扭曲。
- 弯曲：用于设置文字的弯曲程度。数值越大，则弯曲的程度也越大。
- 水平扭曲：用于设置文字在水平方向上扭曲的程度。数值越大，则文字在水平方向上扭曲的程度越大。
- 垂直扭曲：用于设置文字在垂直方向上扭曲的程度。数值越大，则文字在垂直方向上扭曲的程度越大。

选择“变形文字”对话框的“样式”下拉列表框中的部分选项，对文字进行变形的效果如图 6-12 所示。

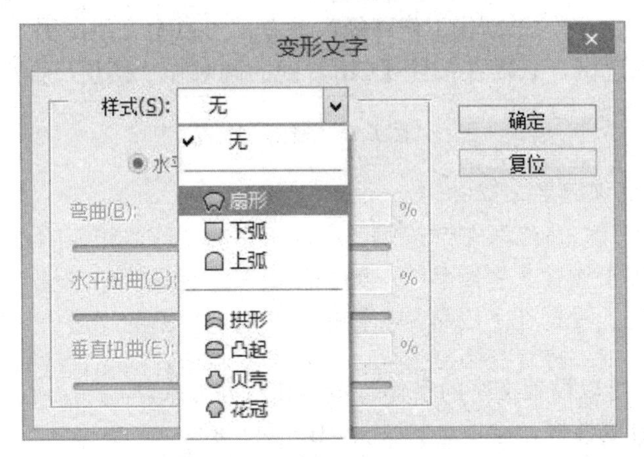


图 6-11　“变形文字”对话框

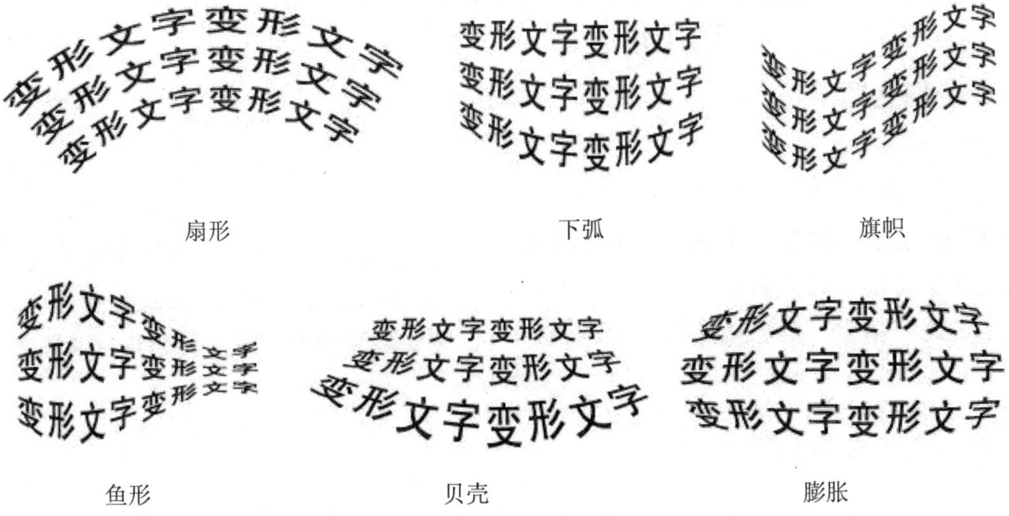

扇形　　下弧　　旗帜

鱼形　　贝壳　　膨胀

图 6-12　部分变形文字效果

# 6.4　文 字 图 层

在实际工作中，有时需要将文字图层转换为普通图层或路径，下面将分别进行介绍。

### 6.4.1 文字图层转换为普通图层

若需要使用工具箱中的工具或“滤镜”子菜单中的命令对文字图层中的文字进行操作，可单击“图层”|“栅格化”|“文字”命令，或在“图层”面板中的文字图层上单击鼠标右键，在弹出的快捷菜单中选择“栅格化文字”选项，即可将文字图层转换为普通图层。

### 6.4.2 文字图层转换为路径

单击“图层”|“文字”|“创建工作路径”命令，可以由文字图层生成工作路径。

若要将文字载入选区，只需在按住【Ctrl】键的同时在“图层”面板中的文字图层上单击鼠标左键即可。

## 习　题

### 一、选择题

1．使用（　　）可以设置文字的字体、字号和对齐方式。

A．文字工具属性栏　　B．菜单栏

C．“段落”面板　　D．“字符”面板

2．下面（　　）是文字图层中消除锯齿的方法。

A．明晰　　B．锐化　　C．加粗　　D．平滑　　E．强

### 二、填空题

1．文字工具主要包括__________工具、__________工具、__________工具和__________工具。

2．在对文字图层执行滤镜操作时，首先应使用__________命令将文字图层转换为普通图层。

### 三、简答题

1．如何改变文字方向？

2．如何将文字图层转换为路径？

## 上 机 指 导

1．制作一种如图6-13所示的图案文字效果。

关键提示：

（1）创建横排文字选区。

（2）置入素材图像，自由变换其大小并调整到合适位置。

（3）设置“描边”图层样式。

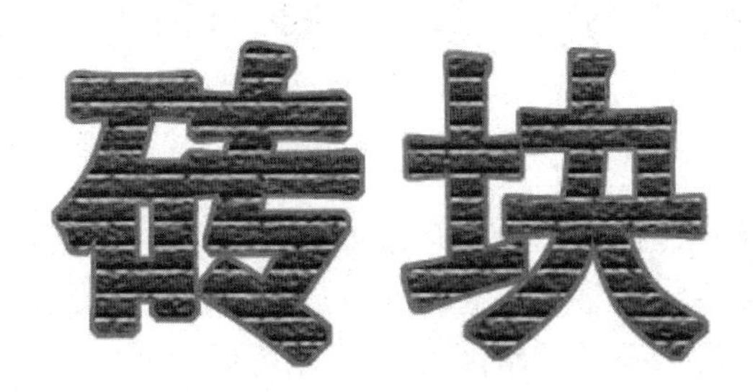


图 6-13　图案文字效果

2．制作如图 6-14 所示的光盘盘面效果。

图 6-14　光盘盘面效果

关键提示：使用椭圆选框工具、“路径”面板、文字工具。

# 第 7 章 应 用 图 层

## 本章学习目标

本章从“图层”面板的功能讲起，依次介绍新建和编辑各种类型图层的操作方法，包括新建、复制、移动和删除图层，调整图层叠放顺序，以及图层的合并、链接、对齐和分布，最后介绍添加图层样式及设置混合模式的方法。

通过本章的学习，读者要对图层的基本概念有一定的了解，学会新建和使用图层，了解各种类型图层的特点，认识图层的重要性和应用的普遍性，熟悉各种图层样式的功能和特性，掌握图层混合模式的应用。

## 学习重点和难点

- 图层的概念
- 图层的基本操作
- 图层样式及其应用
- 图层混合模式的设置

## 7.1 图层的概念

通俗地讲，图层可以理解为透明胶片，在不同的图层上绘制图像，类似于在不同的透明胶片上绘图。上面图层上的图像将遮住下一个图层同一位置的图像，而在其透明区域则可以看见下面图层的图像，将这些绘制有图像的图层叠加起来，即可得到合成后的图像效果，如图 7-1 所示。

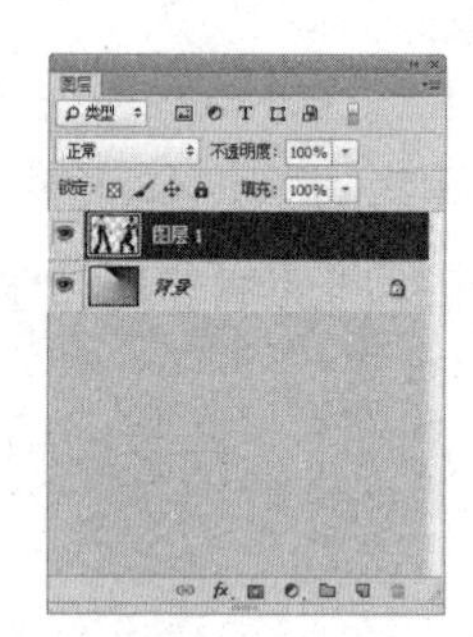


图 7-1 合成图像效果及“图层”面板

使用图层的优点在于，在相对独立的情况下可以非常方便地对图像进行编辑或修改，可以为不同的图层设置混合模式及透明度。

除了上述优点外，使用图层还可以根据需要隐藏或删除某一个或几个图层中的图像，从而得到不同的效果。图 7-2 所示为将人物图层隐藏后的图像效果。

由于每个图层相对独立，所以可以向上或向下调整图层的顺序，从而达到改变图层相互覆盖的目的，最终得到各种不同效果的图像。

单击“窗口”|“图层”命令或按【F7】键，将弹出“图层”面板，如图 7-3 所示。

图 7-2　隐藏一个图层后的效果及“图层”面板

图 7-3　“图层”面板

该面板中的主要选项含义如下：

- 设置图层的混合模式：在该下拉列表框中可以选择相应选项为当前图层设置一种混合模式，如“溶解”“正片叠底”“变暗”和“正常”等。
- 不透明度：用于调整当前图层的不透明度。
- 锁定：单击该选项中的各个按钮，可以锁定图层的“透明像素”“图像像素”“移动位置”和“所有属性”等参数。
- 填充：用于设置图层中绘图笔画的不透明度。
- “指示图层可见性”图标：用于设置当前图层是否处于显示状态。单击该图标使其消失，则可以隐藏图层中的内容；再次单击该图标，则可以显示该图标及图层内容。
- “链接图层”按钮：单击该按钮可将所选图层进行链接。
- “添加图层样式”按钮 fx：单击该按钮，在弹出的下拉菜单中选择一种样式，可以为当前工作图层添加相应的图层样式。
- “添加图层蒙版”按钮：单击该按钮，可以为当前工作图层添加蒙版。
- “创建新的填充或调整图层”按钮：单击该按钮，在弹出的下拉菜单中选择相应的选项，可以在当前工作图层的上面添加一个调整图层。
- “创建新组”按钮：单击该按钮，可以创建一个图层组。
- “创建新图层”按钮：单击该按钮，可以在当前工作图层的上面创建一个新的图层。
- “删除图层”按钮：单击该按钮，可以删除当前选择的图层。

# 7.2　图层的基本操作

图层的基本操作包括新建、复制、删除图层，以及对齐和分布链接图层及合并图层等，熟练掌握图层的基本操作方法将有助于更好地处理图像。下面将介绍图层的基本操作知识。

## 7.2.1　新建普通图层

下面将介绍创建新图层，以及通过复制操作新建图层的方法。

### 1. 创建新图层

在中文版 Photoshop CC 中，创建图层的方法有很多种，具体方法如下：

● 单击“图层”面板底部的“创建新图层”按钮，可以直接在当前工作图层的上方创建一个新图层，并自动命名为“图层 1”“图层 2”……以此类推。它是创建新图层最常用的方法。

● 按住【Alt】键的同时单击“图层”面板底部的“创建新图层”按钮，或按【Ctrl+Shift+N】组合键，将弹出“新建图层”对话框，如图 7-4 所示。在该对话框的“名称”文本框中输入图层名，单击“确定”按钮，即可创建一个新图层。

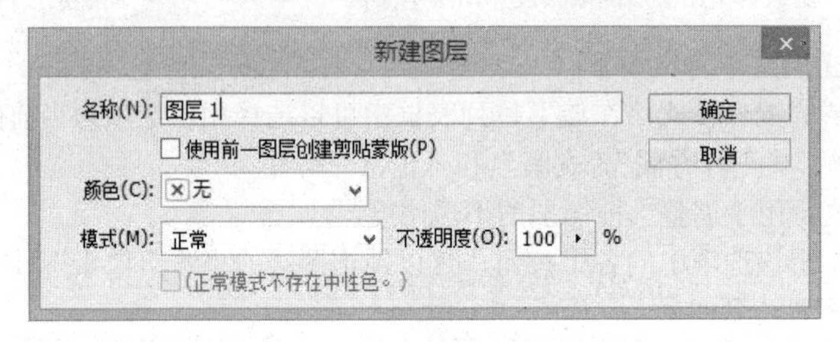


图 7-4 “新建图层”对话框

● 单击“图层”|“新建”|“图层”命令，即可创建一个新图层。

● 单击“图层”面板右上角的面板菜单按钮，在弹出的面板菜单中选择“新建图层”选项，弹出“新建图层”对话框，单击“确定”按钮，即可创建新图层。

● 按住【Ctrl】键的同时单击“创建新图层”按钮，可以在当前工作图层的下方创建新图层。

### 2. 通过复制操作新建图层

通过当前存在的选区也可以创建新图层，其方法如下：

● 在当前工作图层存在选区的状态下，单击“图层”|“新建”|“通过拷贝的图层”命令或按【Ctrl+J】组合键，即可将当前选区中的图像复制到一个新图层中。

● 在当前工作图层存在选区的状态下，单击“图层”|“新建”|“通过剪切的图层”命令或按【Ctrl+Shift+J】组合键，即可将当前选区中的图像剪切到一个新图层中。

当使用文本工具输入文字时，会自动创建一个新的文本图层；使用形状工具时，也会自动创建一个新的形状图层。

## 7.2.2 新建调整图层

调整图层是一种能够同时调整多个图层颜色的特殊图层。虽然表现为图层，但调整图层的本质是一种能同时调整若干个图层颜色与饱和度的工具。调整图层的优点是可以对图像的颜色或色调进行调整，且不会修改图像中的像素。

要创建调整图层，可单击“图层”面板底部的“创建新的填充或调整图层”按钮，在弹出的下拉菜单中选择需要创建的调整图层的类型。用户也可以单击“图层”|“新建调整图层”子菜单中的命令来选择要创建的调整图层的类型。

图 7-5 所示为原图像及“图层”面板（由 2 个图层合成），单击“图层”面板底部的“创建新的填充或调整图层”按钮，在弹出的下拉菜单中选择“色相/饱和度”选项，这时将打开“调整”面板，在面板中调整“色相/饱和度”参数，效果如图 7-6 所示。

新建调整图层后的“图层”面板如图 7-7 所示。

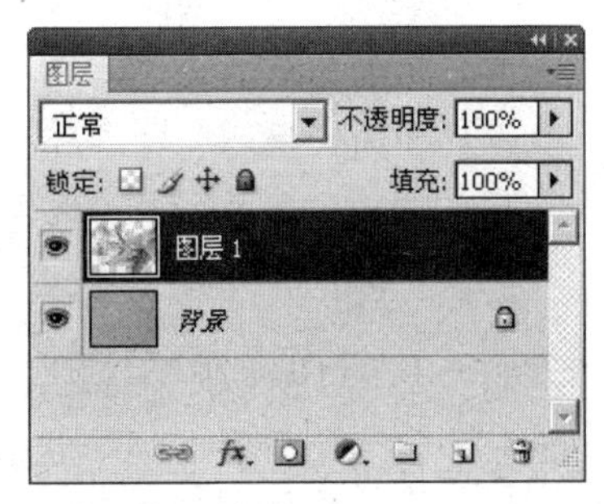


图 7-5　原图像及对应的“图层”面板

图 7-6　在“调整”面板中调整参数及调整后的效果

图 7-7　新建的调整图层

可以看出，创建调整图层的过程中最重要的是设置相关颜色调整命令的参数，因此，若要使调整图层发挥较好的作用，关键在于设置面板中的参数。

由于调整图层会影响其下方的所有可见图层，因此在增加调整图层时，图层位置的选择非常重要。在默认情况下，调整图层创建于当前工作图层的上方。

## 7.2.3　新建填充图层

填充图层是一类非常简单的图层，使用该类图层可以创建填充有“纯色”“渐变”和“图案”3 类内容的图层。

单击“图层”面板底部的“创建新的填充或调整图层”按钮，在弹出的下拉菜单中选择一种填充类型，在弹出的对话框中进行参数设置，即可在目标图层上方创建一个填充图层。

● 若选择“纯色”选项，则在弹出的“拾取实色:”对话框中选择一种颜色，单击“确定”按钮，即可创建一个纯色填充图层。

● 若选择“渐变”选项，将弹出“渐变填充”对话框，如图7-8所示。

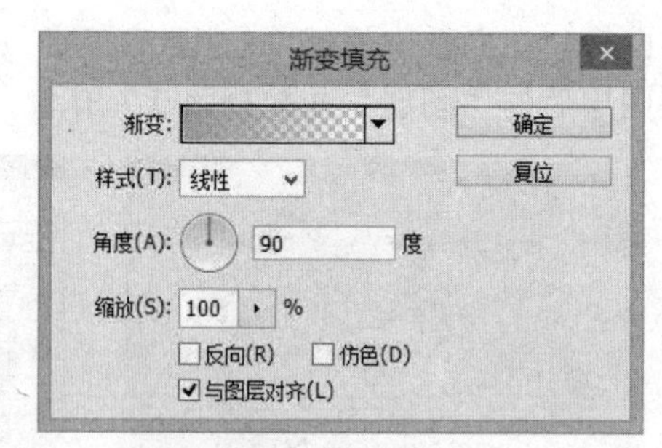


图7-8 原图像及“渐变填充”对话框

在该对话框中设置填充图层的渐变效果，单击“确定”按钮，即可在目标图层上方创建一个渐变填充图层，效果如图7-9所示。

● 若选择“图案”选项，将弹出“图案填充”对话框，如图7-10所示。

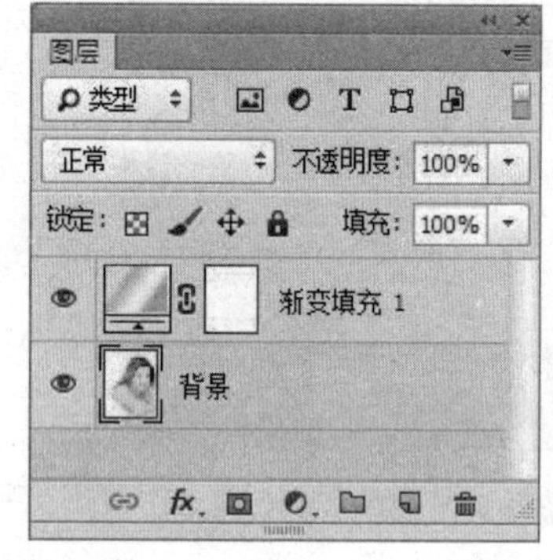


图7-9 创建渐变填充图层

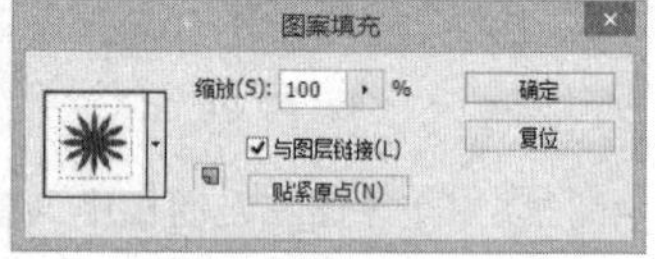


图7-10 “图案填充”对话框

在该对话框中选择图案并设置相关参数后，单击“确定”按钮，即可在目标图层上方创建一个图案填充图层，在“图层”面板的“填充”文本框中输入20%，效果如图7-11所示。

图7-11 创建图案填充图层

## 7.2.4　新建形状图层

在工具箱中选择形状工具可以绘制几何形状、几何形状路径，还可以创建形状图层。若要创建形状图层，必须在工具箱中选择形状工具，然后单击该工具属性栏中的“形状图层”按钮。

当使用形状工具绘图时，得到的是形状图层，如图 7-12 所示。

图 7-12 绘制的形状及“图层”面板

该面板中主要选项的含义如下：

- 编辑形状图层：形状图层具有灵活的可编辑性，用户可以根据需要对其填充的颜色及图层中的形状进行编辑。双击“图层缩览图”图标，在弹出的“拾取实色：”对话框中选择另一种颜色，即可改变形状图层所填充的颜色。
- 将形状图层栅格化：由于形状图层具有矢量特性，因此在图层中无法使用对像素进行处理的各种工具与命令，从而限制了用户对其进行进一步处理的可能性。要除去形状图层的矢量特性使其像素化，可单击“图层”|“栅格化”|“形状”命令，将形状图层转换为普通图层。

当在一个形状图层上绘制多个形状时，用户根据需要在该工具属性栏中选择的绘图模式不同，得到的效果也不相同。

## 7.2.5　复制和删除图层

下面将介绍复制和删除图层的操作方法。

### 1. 复制图层

要复制某个图层，其方法如下：

- 在图层被选中的情况下（如图 7-13 所示），单击“图层”|“复制图层”命令，或单击“图层”面板右上角的面板菜单按钮，在弹出的面板菜单中选择“复制图层”选项，将弹出“复制图层”对话框，如图 7-14 所示。单击“确定”按钮，即可复制图层，复制图层后的“图层”面板和图像效果分别如图 7-15 和图 7-16 所示。
- 在“图层”面板中要复制的图层上按住鼠标左键不放，将其拖曳至“图层”面板底部的“创建新图层”按钮上，释放鼠标左键即可复制图层。



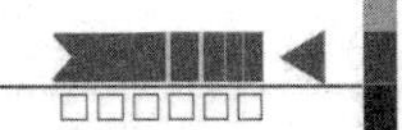

图 7-13　原图像及“图层”面板

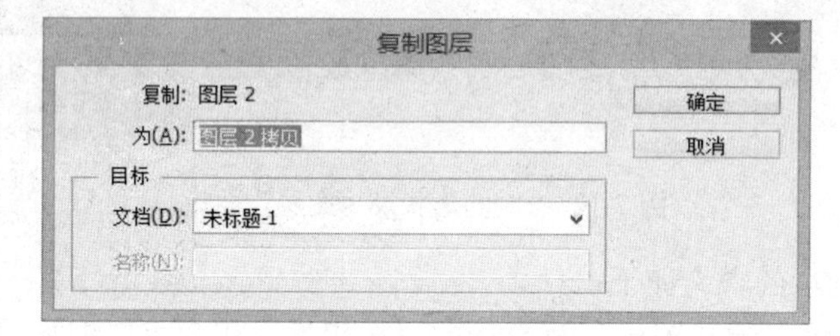


图 7-14　“复制图层”对话框

图 7-15　复制图层后的“图层”面板

图 7-16　复制图层内容后的图像

● 在“图层”面板中要复制的图层上单击鼠标右键，在弹出的快捷菜单中选择“复制图层”选项，将弹出“复制图层”对话框，在其中单击“确定”按钮，即可复制图层。

### 2. 删除图层

要删除某个图层，方法如下：

● 单击“图层”|“删除”|“图层”命令，或者单击“图层”面板右上角的面板菜单按钮，在弹出的面板菜单中选择“删除图层”选项，并在弹出的提示信息框中单击“是”按钮，即可删除当前选择的图层。

● 在“图层”面板中的图层上按住鼠标左键不放，拖曳图层至“图层”面板底部的“删除图层”按钮上，释放鼠标左键，即可删除当前选择的图层。

● 在“图层”面板中的图层上单击鼠标右键，在弹出的快捷菜单中选择“删除图层”选项，即可删除当前选择的图层。

## 7.2.6　移动图层

由于 Photoshop 中的图层具有遮罩的特性，因此在某些情况下需要移动图层，改变其上下顺序，以取得不同的效果。

在“图层”面板中选择需要移动的图层，然后在按住鼠标左键的同时向上或向下拖动图层至所需要的位置，释放鼠标左键，即可移动该图层。

除此之外，用户还可以在“图层”面板中选择需要移动的图层，然后使用“图层”|“排列”子菜单中的命令来移动图层。其中：

- 单击“图层”|“排列”|“置为顶层”命令或按【Ctrl+Shift+]】组合键，可以将图层置于最顶层。
- 单击“图层”|“排列”|“前移一层”命令或按【Ctrl+]】组合键，可以将图层按堆叠顺序上移一层。
- 单击“图层”|“排列”|“后移一层”命令或按【Ctrl+[】组合键，可以将图层按堆叠顺序下移一层。
- 单击“图层”|“排列”|“置为底层”命令或按【Ctrl+Shift+[】组合键，可以将图层置于图像的最底层（背景图层除外）。

## 7.2.7　链接图层

链接图层的优点在于可以同时移动、缩放和旋转被链接的图层。

要链接图层，可以在按下【Ctrl】键的同时单击多个图层，选择需要链接的图层后，单击“图层”面板底部的“链接图层”按钮，或者单击“图层”|“链接图层”命令，即可将图层链接起来，此时“图层”面板如图 7-17 所示。如果要解除图层间的链接关系，选择图层后单击“链接图层”按钮或者单击“图层”|“取消图层链接”命令即可。

图 7-17　链接图层前后的“图层”面板

在删除链接图层中的一个图层时，或改变当前工作图层的“混合模式”“不透明度”“锁定”等属性时，其他与之保持链接关系的图层不受影响。

## 7.2.8 对齐和分布链接图层

使用中文版Photoshop CC提供的“对齐”命令，可以将链接图层的内容与当前图层或者选择区域边框对齐。而“分布”命令则可以均匀间隔排列链接图层中的内容。

若需要完全对齐几个图层中的图像，或者将几个图层中的对象均匀分布，可以使用“对齐”命令或“分布”命令。

### 1. 对齐链接图层

要完成对齐多个图层的操作，首先要将这些图层链接起来，然后执行“图层”|“对齐”子菜单中的命令：

- 单击“图层”|“对齐”|“顶边”命令，可得到顶边对齐效果。
- 单击“图层”|“对齐”|“垂直居中”命令，可得到垂直居中对齐效果。
- 单击“图层”|“对齐”|“底边”命令，可得到底边对齐效果。
- 单击“图层”|“对齐”|“左边”命令，可得到左对齐效果。
- 单击“图层”|“对齐”|“水平居中”命令，可得到水平居中对齐效果。
- 单击“图层”|“对齐”|“右边”命令，可得到右对齐效果。

当将几个图层链接起来后，除了使用上述命令对齐链接图层外，也可以使用工具属性栏中的对齐按钮来分别对齐链接图层。

### 2. 分布链接图层

只有当“图层”面板中存在链接图层时，“图层”|“分布”子菜单中的命令才可使用。单击其中的命令，可以将链接图层中的对象按特定的条件进行分布。“图层”|“分布”子菜单中的命令的功能如下：

- 单击“图层”|“分布”|“顶边”命令，将按图层顶部分布链接图层。
- 单击“图层”|“分布”|“垂直居中”命令，将依据每个图层的垂直中心像素分布链接图层。
- 单击“图层”|“分布”|“底边”命令，将按图层底部分布链接图层。
- 单击“图层”|“分布”|“左边”命令，将按图层左侧分布链接图层。
- 单击“图层”|“分布”|“水平居中”命令，将依据每个图层的水平中心像素分布链接图层。
- 单击“图层”|“分布”|“右边”命令，将按图层右侧分布链接图层。

当将几个图层链接起来后，除了使用上述命令分布链接图层外，也可以使用工具属性栏中的分布按钮来分别分布链接图层。

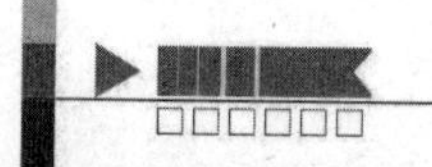

## 7.2.9　合并图层

合并图层功能可以将多个图层合并到一个工作图层，这样不但可以节约磁盘空间、提高系统运行速度，还可以整体修改这几个合并图层。

在中文版 Photoshop CC 中，根据不同的需要可以选择以下 4 种不同的合并图层的方法：

### 1．向下合并

若需要将当前工作图层与其下方的图层合并，可以单击“图层”面板右上角的面板菜单按钮，在弹出的面板菜单中选择“向下合并”选项，或者单击“图层”|“向下合并”命令，或按【Ctrl+E】组合键。

> 合并图层时应确保所有需要合并的图层都处于显示状态。

### 2．合并图层

选择需要合并的图层，然后单击“图层”|“合并图层”命令，或按【Ctrl+E】组合键，或者单击“图层”面板右上角的面板菜单按钮，在弹出的面板菜单中选择“合并图层”选项，即可合并所选的图层，如图 7-18 所示。

图 7-18　合并图层前后的“图层”面板

### 3．合并可见图层

若要一次性合并“图层”面板中所有的可见图层，可以单击“图层”|“合并可见图层”命令，或者选择面板菜单中的“合并可见图层”选项。

### 4．拼合图像

单击“图层”|“拼合图像”命令，或选择面板菜单中的“拼合图像”选项，可合并所有图层。

图 7-19　提示信息框

若在使用“拼合图像”命令时，当前“图层”面板中有隐藏图层，将弹出提示信息框，如图 7-19 所示。单击“确定”按钮，将删除隐藏图层，并合并所有图层。

# 7.3 应用图层样式

使用图层样式可以快速制作阴影、发光、浮雕等多种效果；而通过组合样式，可以得到更为丰富的金属、玻璃、雕刻等效果。图 7-20 所示为图像添加了图层样式所得到的浮雕效果。

中文版 Photoshop CC 中的图层样式共有 10 种，其中包括“斜面和浮雕”“描边”“内阴影”“内发光”“光泽”“颜色叠加”“渐变叠加”“图案叠加”“外发光”和“投影”。

应用每一种图层样式后得到的效果是不同的，但其使用方法基本相同。其操作方法如下：

（1）在“图层”面板中选择需要添加图层样式的图层。

（2）单击“图层”面板底部的“添加图层样式”按钮 fx，在弹出的下拉菜单中选择需要的图层样式，或者在图层上双击鼠标左键，或者单击“图层”|“图层样式”子菜单中的命令。

（3）在弹出的“图层样式”对话框中设置其参数，然后单击“确定”按钮，即可得到需要的效果。

运用以上方法对各图层样式命令执行相关操作，并适当设置好参数，即可得到满意的效果。下面将介绍各种图层样式的功能与效果。

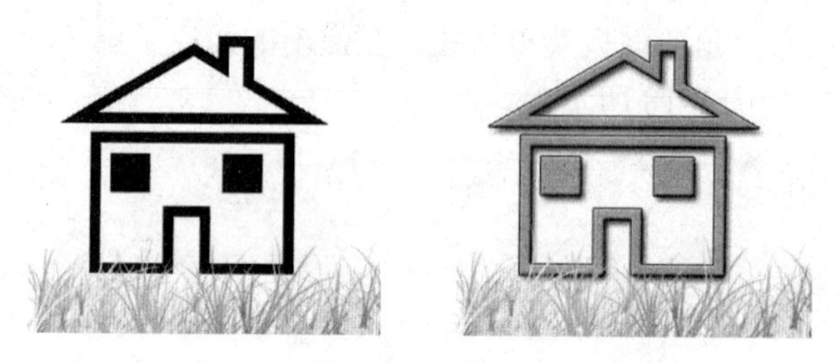

图 7-20 应用图层样式前后的效果

## 7.3.1 斜面和浮雕

应用“斜面和浮雕”图层样式将使当前图层中的图像产生一种斜面和浮雕的效果。

在“图层”面板中的某一图层上双击鼠标左键，在弹出的“图层样式”对话框左侧的“样式”选项框中选中“斜面和浮雕”复选框，然后在中间的选项区中设置相应的参数，如图 7-21 所示。

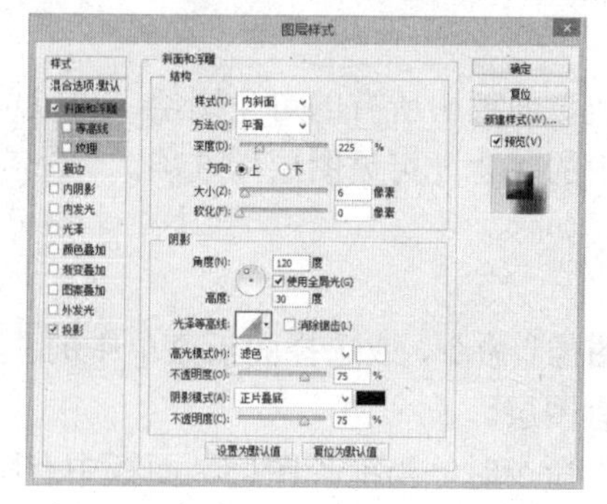


图 7-21 “斜面和浮雕”参数设置

执行“斜面和浮雕”命令前后的图像效果如图 7-22 所示。

图 7-22　添加斜面和浮雕效果

## 7.3.2　描边

应用“描边”图层样式可以在图像的边缘描绘纯色或渐变线条。

单击“图层”|“图层样式”|“描边”命令，在弹出的“图层样式”对话框中设置相应的参数，如图 7-23 所示。

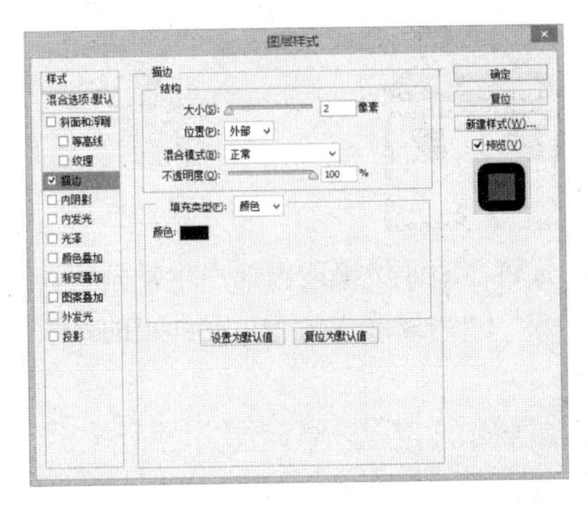


图 7-23 “描边”参数设置

图 7-24　添加描边效果

## 7.3.3 内阴影

应用“内阴影”图层样式将在图像边缘的内部添加一层阴影，以产生一种立体感和凹陷感。

单击“图层”面板底部的“添加图层样式”按钮，在弹出的下拉菜单中选择“内阴影”选项，在弹出的“图层样式”对话框中设置相应的参数，如图 7-25 所示。

执行“内阴影”命令前后的图像效果如图 7-26 所示。

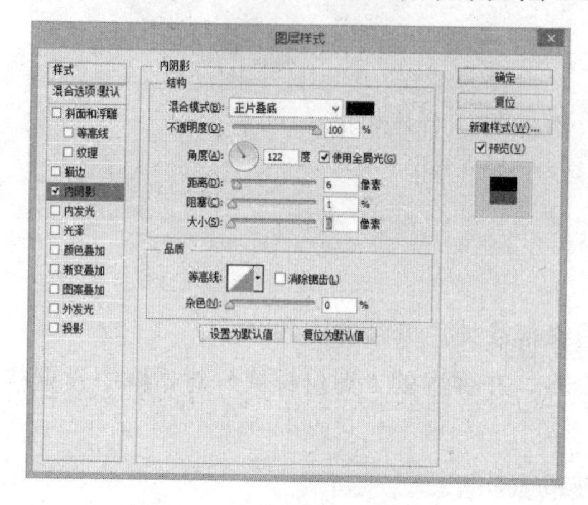


图 7-25 “内阴影”参数设置

图 7-26 添加内阴影效果

## 7.3.4 内发光

应用“内发光”图层样式将在图像边缘或内部产生发光的效果。

单击“图层”|“图层样式”|“内发光”命令，在弹出的“图层样式”对话框中设置相应的参数，如图 7-27 所示。

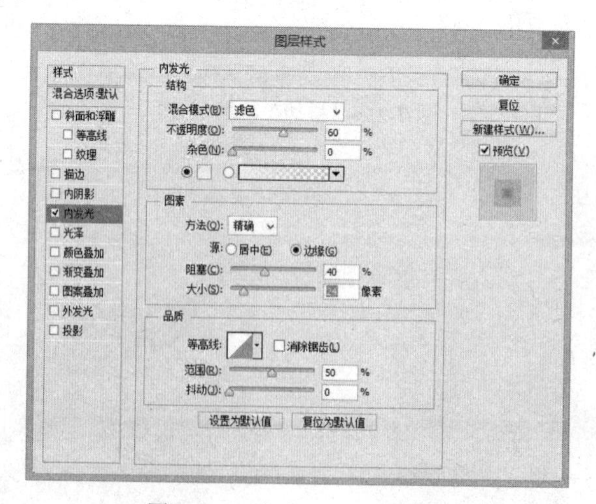


图 7-27 “内发光”参数设置

执行“内发光”命令前后的图像效果如图 7-28 所示。

图 7-28　添加内发光效果

## 7.3.5　光泽

应用“光泽”图层样式将使图像具有光泽效果。

单击“图层”|“图层样式”|“光泽”命令，在弹出的“图层样式”对话框中设置相应的参数，如图 7-29 所示。

执行“光泽”命令前后的图像效果如图 7-30 所示。

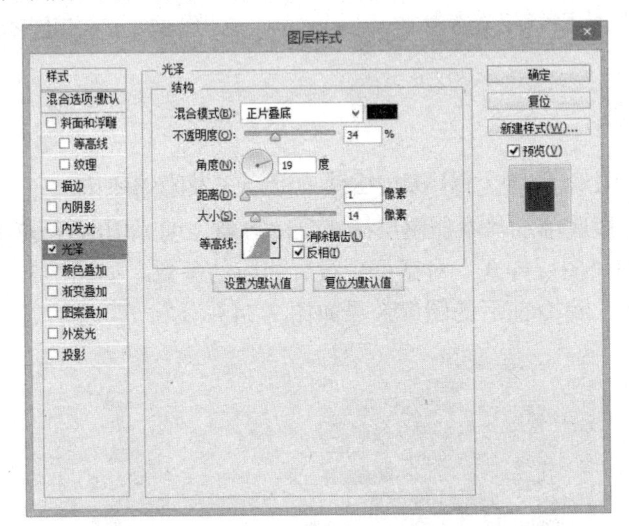


图 7-29 “光泽”参数设置

图 7-30　添加光泽效果

## 7.3.6 颜色叠加

应用“颜色叠加”图层样式将在当前图层的图像中添加一种单一的颜色。

单击“图层”面板底部的“添加图层样式”按钮，在弹出的下拉菜单中选择“颜色叠加”选项，在弹出的“图层样式”对话框中设置相应的参数，如图 7-31 所示。

执行“颜色叠加”命令前后的图像效果如图 7-32 所示。

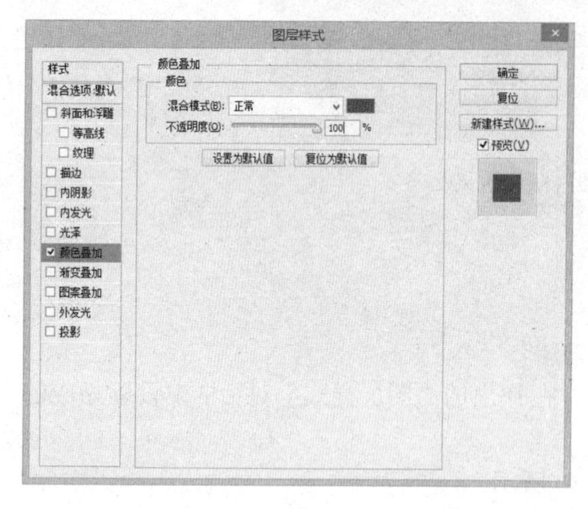


图 7-31 “颜色叠加”参数设置图

7-32 添加颜色叠加效果

## 7.3.7 渐变叠加

应用“渐变叠加”图层样式将用渐变填充的方式为图像添加渐变色。

单击“图层”面板底部的“添加图层样式”按钮，在弹出的下拉菜单中选择“渐变叠加”选项，在弹出的“图层样式”对话框中设置相应的参数，如图 7-33 所示。

执行“渐变叠加”命令前后的图像效果如图 7-34 所示。

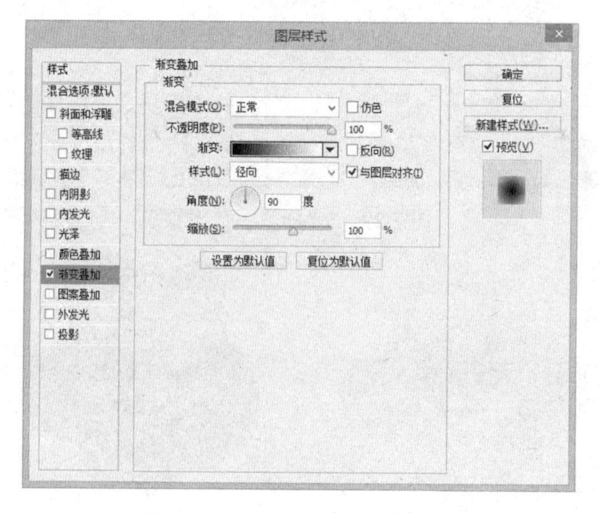


图 7-33 “渐变叠加”参数设置

图 7-34 添加渐变叠加效果

## 7.3.8 图案叠加

应用“图案叠加”图层样式可以用图案填充的方式为图像添加图案。

单击“图层”|“图层样式”|“图案叠加”命令，在弹出的“图层样式”对话框中设置相应的参数，如图 7-35 所示。

执行“图案叠加”命令前后的图像效果如图 7-36 所示。

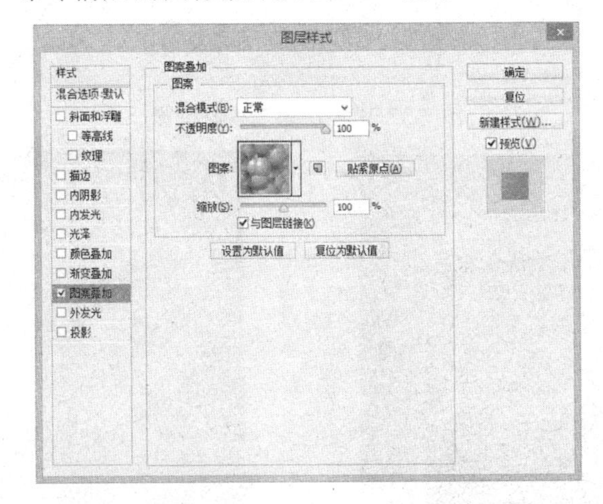


图 7-35 “图案叠加”参数设置

图 7-36 添加图案叠加效果

## 7.3.9 外发光

应用“外发光”图层样式可以使当前图层中的图像边缘产生发光效果。

单击“图层”面板底部的“添加图层样式”按钮，在弹出的下拉菜单中选择“外发光”选项，在弹出的“图层样式”对话框中设置相应的参数，如图 7-37 所示。

执行“外发光”命令前后的图像效果如图 7-38 所示。

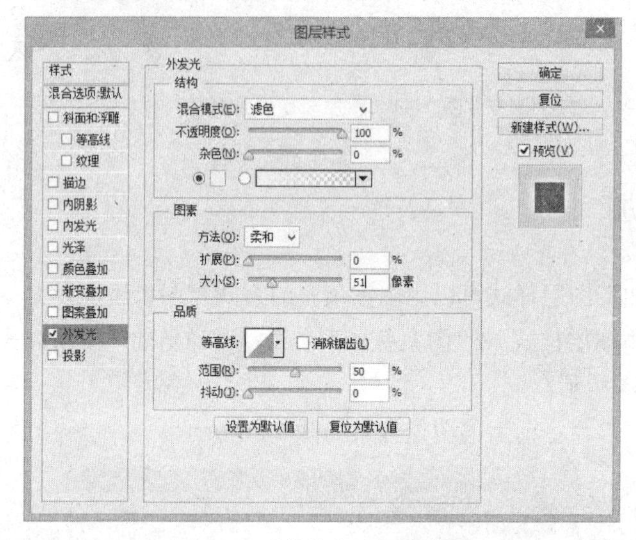


图 7-37 “外发光”参数设置

图 7-38 添加外发光效果

## 7.3.10 投影

应用“投影”图层样式将在图像的后面添加一层阴影，使图像产生投影效果。

单击“图层”面板底部的“添加图层样式”按钮，在弹出的下拉菜单中选择“投影”选项，在弹出的“图层样式”对话框中设置相应的参数，如图 7-39 所示。

执行“投影”命令前后的图像效果如图 7-40 所示。

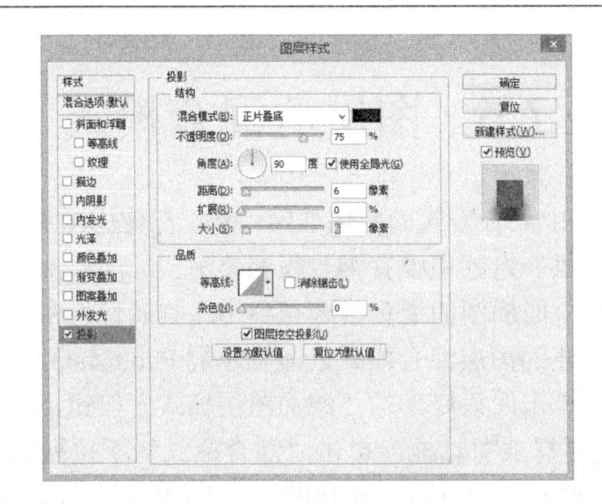


图 7-39 “投影”参数设置

图 7-40　添加投影效果

# 7.4　复制、粘贴及删除图层样式

用户可以将某个图层中已应用的图层样式复制到另一个图层中，这样就省去了重复设置图层样式参数的麻烦，同时也提高工作效率。用户也可以将图层样式从图层中删除。

## 7.4.1　复制和粘贴图层样式

将应用了图层样式的图层选中，然后单击“图层”|“图层样式”|“拷贝图层样式”命令，选中需要应用该图层样式的图层，然后单击“图层”|“图层样式”|“粘贴图层样式”命令，即可将该图层样式粘贴到相应的图层中。

用户也可以在“图层”面板中的应用了图层样式的图层上单击鼠标右键，在弹出的快捷菜单中选择“拷贝图层样式”选项，然后在需要应用该图层样式的图层上单击鼠标右键，在弹出的快捷菜单中选择“粘贴图层样式”选项，即可将该图层样式粘贴到相应的图层中。

## 7.4.2　删除图层样式

若要将图层样式删除，需在“图层”面板中图层样式所在的图层上按住鼠标左键不放，将其拖曳至“图层”面板底部的“删除图层”按钮 上，或单击“图层”|“图层样式”|“清除图层样式”命令。该操作不影响其他图层的样式。

# 7.5 图层的混合模式

中文版Photoshop CC中混合模式的应用非常广泛，在使用画笔、渐变和图章等工具进行工作时，均需要在各个工具属性栏中设置混合模式。

下面所讲述的“图层”面板中的混合模式与各个工具属性栏中的混合模式并没有本质的不同，因此掌握下面所讲述的图层混合模式，即可掌握Photoshop中混合模式的共性。

在“图层”面板中，单击面板底部的“添加图层样式”按钮，在弹出的下拉菜单中选择“混合选项”，将弹出图层样式对话框，单击“混合模式”下拉列表框右侧的下拉按钮，将弹出混合模式下拉列表，如图7-41所示。在其中选择不同的选项，即可得到不同的混合效果。

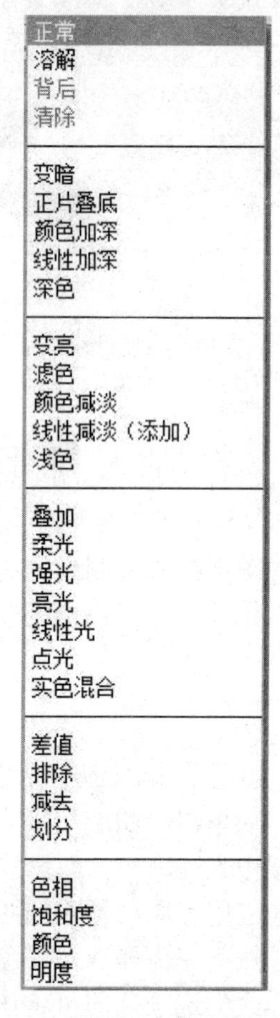


图7-41　图层混合模式下拉列表

各种混合模式的含义如下：

- 正常：选择该选项后，上方的图层完全遮盖下方的图层。
- 溶解：选择该选项后，将创建像素点状效果。
- 变暗：选择该选项后，将显示上方图层与其下方图层相比较暗的色调处。
- 正片叠底：选择该选项后，将显示上方图层与其下方图层的像素值中较暗的像素合成效果。

- 颜色加深：选择该选项后，将创建非常暗的阴影效果。
- 线性加深：选择该选项后，Photoshop 将对比查看上下图层的每一个颜色通道的颜色信息，加暗所有通道的原色，并通过增加其他颜色的亮度来反映混合色。
- 变亮：选择该选项后，以较亮的像素代替下方图层中与之相对应的较暗像素，且下方图层中的较亮区域将代替画笔中的较暗区域，叠加后整体图像呈亮色色调。
- 滤色：选择该选项后，将在整体上显示由上方图层及下方图层的像素值中较亮的像素合成的图像效果。
- 颜色减淡：选择该选项后，可以将上方图层的像素值与下方图层的像素值用一定的算法相加，生成非常亮的合成效果。该模式通常用于创建极亮的效果。
- 线性减淡：选择该选项后，将查看每一个颜色通道的颜色信息，加亮所有通道的原色，并通过降低其他颜色的亮度来反映混合色。该模式对黑色无效。
- 浅色：此模式通常用于比较混合色和基色的所有通道值的总和并显示值较大的颜色。
- 叠加：选择该选项后，图像最终的效果取决于下方图层。但上方图层的明暗对比效果也将直接影响到整体效果，叠加后下方图层的亮度与阴影区域仍被保留。
- 柔光：选择该选项后，可使颜色变亮或变暗，具体效果取决于上下两个图层的像素亮度值。若上方图层的像素比 50%灰度亮，则图像变亮；反之，则图像变暗。
- 强光：选择该选项后，叠加效果与柔光类似，但其加亮与变暗的程度较柔光模式更大。
- 亮光：此模式通过增加或降低图像的对比度来加深或减淡颜色，具体效果取决于混合色。
- 线性光：选择该选项后，若混合色比 50%灰度亮，将通过提高对比度来加亮图像；反之，将通过降低对比度来使图像变暗。
- 点光：选择该选项后，可通过置换颜色像素来混合图像。若混合色比 50%灰度亮，比源图像暗的像素将会被置换，而比源图像亮的像素将无变化。
- 实色混合：此模式通常用于将混合像素的红色、绿色和蓝色通道值添加到基色的 RGB 值。如果通道值的总和大于或等于 255，则值为 255；如果小于 255，则值为 0。因此，所有混合像素的红色、绿色和蓝色通道的值要么为 0，要么为 255，这会将所有像素更改为原色：红色、绿色、蓝色、青色、黄色、洋红、白色或黑色。
- 差值：选择该选项后，可从上方图层中减去下方图层相应处像素的颜色值。该模式通常使图像变暗并取得反相效果。
- 排除：选择该选项后，可创建一种与差值相似但对比度较低的效果。
- 减去：选择该选项后，可以从目标通道中相应的像素减去源通道中的像素值。
- 划分：选择该选项后，查看每个通道中的颜色信息，从基色中划分混合色。
- 色相：选择该选项后，图像的最终像素值由下方图层的亮度与饱和度值及上方图层的色相值构成。
- 饱和度：选择该选项后，图像的最终像素值由下方图层的亮度与色相值及上方图层的饱和度值构成。
- 颜色：选择该选项后，图像的最终像素值由下方图层的亮度值与上方图层的色相和饱和度值构成。

● 明度：选择该选项后，图像的最终像素值由下方图层的色相和饱和度值及上方图层的亮度值构成。

图 7-42 所示为将图层混合模式设为“变暗”时的效果。

图 7-42　设置混合模式为“变暗”的前后效果对比

# 习　题

## 一、选择题

1．要将一个图层置为最顶层，可以按（　　）组合键。

A．【Ctrl+]】　　B．【Ctrl+Shift+[】

C．【Ctrl+Shift+]】　　D．【Ctrl+[】

2．要将当前图层与下方图层合并，可以按（　　）组合键。

A．【Ctrl+E】　　B．【Ctrl+F】

C．【Ctrl+G】　　D．【Ctrl+Shift+E】

## 二、填空题

1．__________图层是一种能够同时调整多个图层颜色的特殊图层。

2．中文版 Photoshop CC 中的图层样式共有 10 种，包括__________、__________、__________、__________、“光泽”、__________、__________、__________、__________和__________。

## 三、简答题

1．使用图层有哪些优点？

2．新建图层有哪几种方法？

# 上 机 指 导

1．制作一张如图 7-43 所示的新年贺卡。

图 7-43　新年贺卡

关键提示：

（1）填充背景颜色，移至迎春素材图像中，并调整其色相/饱和度，然后添加“斜面和浮雕”与“描边”图层样式。

（2）置入动物素材图像，并添加“外发光”和“内发光”图层样式。

2．制作一种如图 7-44 所示的贴图效果。

图 7-44　贴图效果

关键提示：

（1）复制并粘贴蝴蝶素材图像到人物素材图像中，然后使用“自由变换”命令将其调整至合适大小及位置。

（2）执行“高斯模糊”命令，然后调整其色阶。

（3）设置图层混合模式为“正片叠底”，并设置其不透明度。

# 第8章　应用通道和蒙版

本章学习目标

通道和蒙版与图层一样，都是Photoshop的重要功能。本章主要介绍通道与蒙版的基本功能与操作。通过本章的学习，读者要了解通道和蒙版的概念及主要功能，掌握通道的运算及通道和蒙版的编辑等。

学习重点和难点

- 通道和蒙版的含义
- “通道”面板的使用方法
- 新建、复制、删除通道
- 使用通道抠取图像
- 创建、删除图层蒙版
- 编辑图层蒙版合成图像

## 8.1　认识通道和蒙版

在中文版Photoshop CC中，通道和蒙版都是很重要的图像处理工具。通道的主要功能是保存图像的颜色信息，也可以存放图像中的选区，并通过对通道的各种运算来合成具有特殊效果的图像。而蒙版的使用则使得修改图像和创建复杂选区变得更加方便。在Photoshop中，蒙版是以通道的形式存在的。

### 8.1.1　认识通道

众所周知，一幅精美的图像是由成千上万个像素组成的，在图像的各个通道中保存了每个像素的颜色信息。当通道中的某些像素被组合到一起时，就形成了颜色的变化，这些变化体现在色彩斑斓的图像中。

所有的图像都是由一定的通道组成的，这些通道不能被删除，但是在单色模式下，用户可以对通道进行任意修改，并且可以通过改变通道的部分内容来实现对图像的修改。例如，可以在一幅图像中改变RGB通道中的内容，然后重新合并通道来编辑图像。

通道有4种类型，分别是颜色通道、单色通道、Alpha通道和专色通道。

存储图像色彩信息的通道，称为颜色通道。根据图像色彩模式的不同，图像的颜色通道数量也不同。例如，CMYK模式的图像有4个通道，即青色、洋红、黄色和黑色通道，以及由4个通道合成的复合通道。RGB模式图像则有3个通道，即红、绿、蓝色通道和一个合成通道即RGB通道，如图8-1所示。

这些不同的通道保存了图像的不同颜色信息，如在RGB模式图像中，“红”通道保存了图像中红色像素的分布信息，“蓝”通道保存了图像中蓝色像素的分布信息。正是由于这些原色通道的存在（每个单色通道中都只存储单色的灰度资料），所有的原色通道合成在一起时，才会得到具有彩色效果的图像。

图8-2所示为RGB模式图像中3个颜色通道中的图像。

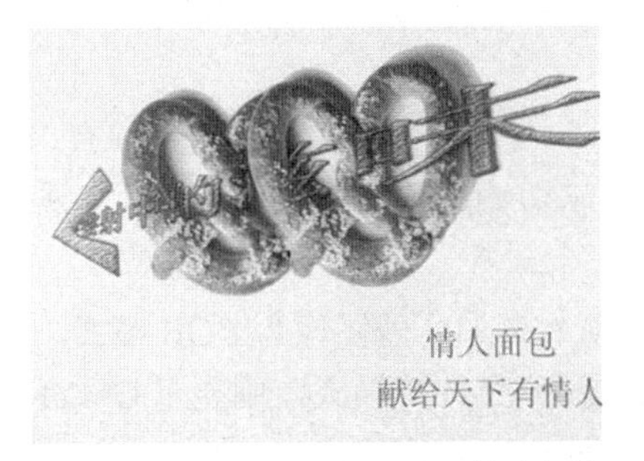


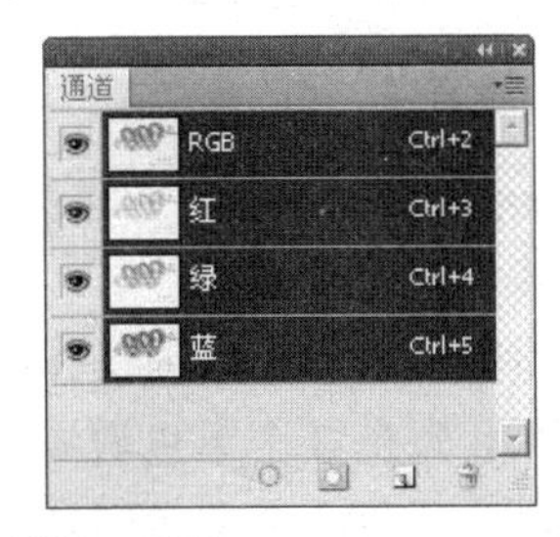


图 8-1　RGB 模式图像及其“通道”面板

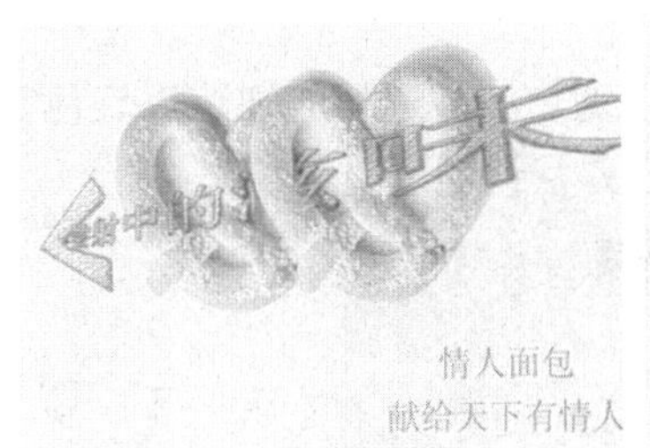


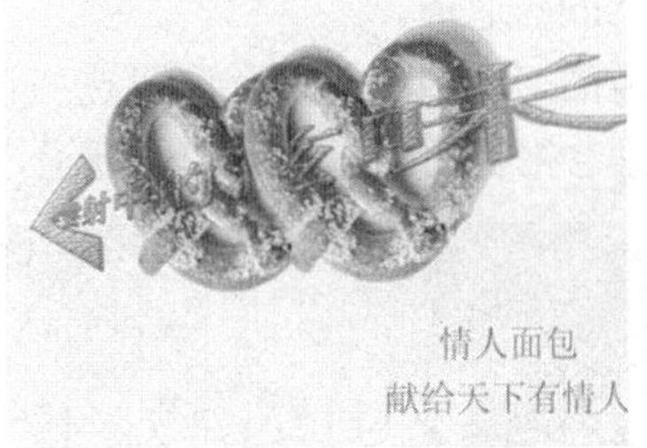

红通道　　绿通道　　蓝通道

图 8-2　RGB 模式图像的 3 个颜色通道

### 8.1.2　认识蒙版

蒙版主要用来保护被屏蔽的图像区域。当为图像添加蒙版后，对图像进行编辑操作时，所使用的命令对被屏蔽的区域不产生任何影响。

蒙版的作用和选区类似，区别在于，选区是一个透明且无色的虚线框，在图像中可以看到它的虚线形状，但不能看出经过羽化边缘后的选区效果；而蒙版则是以实实在在的形状出现在“通道”面板中，用户可以对它进行修改和编辑（如旋转、变形和添加滤镜效果等），然后转换为选区，应用到图像中。

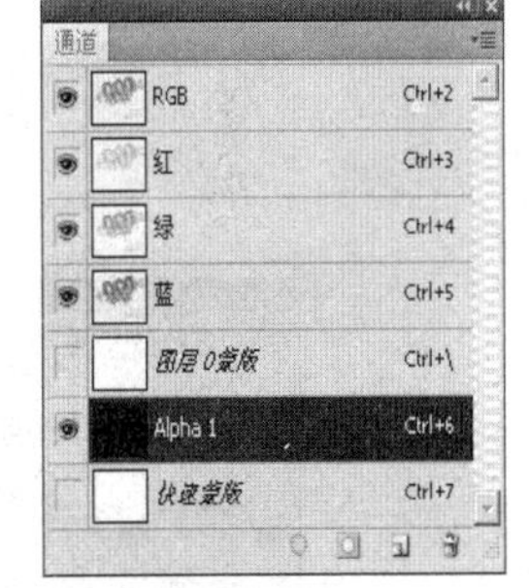


图 8-3　各种蒙版

蒙版可分为 3 种类型，分别是永久性的蒙版 Alpha 通道；临时性的蒙版（又称快速蒙版），主要用于快速选择图像；蒙版图层，它是一种特殊的蒙版，总是和一个图层链接在一起，而且只对此图层起作用。通常情况下，在“通道”面板中，这几种蒙版的排列顺序自下至上依次是快速蒙版、Alpha 通道、蒙版图层，如图 8-3 所示。

## 8.2　编 辑 通 道

在 Photoshop CC 中，通道是一个比较抽象的概念，但它也是最有用的功能之一。当用户需要对某一个通道进行单独处理，或是把一幅图像中的通道复制到另一幅图像的通道中时，就要用到通道的复制。若某一通道不再需要时，用户可以将它删除。完成这些操作都需要使用“通道”面板，其中包括新建、删除和复制等几项操作。

## 8.2.1 “通道”面板

在 Photoshop CC 中，要对通道进行操作必须使用“通道”面板，单击“窗口”|“通道”命令，即可打开“通道”面板。

“通道”面板中显示了当前操作图像的所有通道。若图像为 RGB 模式，则显示 RGB 混合通道与红、绿和蓝色 3 个单色通道；若图像为 CMYK 模式，则显示 CMYK 混合通道与青色、洋红、黄色、黑色 4 个单色通道。

除了上述的 R、G、B 与 C、M、Y、K 通道外，其他的通道称为 Alpha 通道，如图 8-4 所示的“通道”面板中有一个 Alpha 通道。

在“通道”面板中单击通道的名称或缩览图，即可选择该通道。被选择的通道以底色显示，如图 8-5 所示。此时，图像也相应的显示被选择的通道，并且该通道呈黑色。

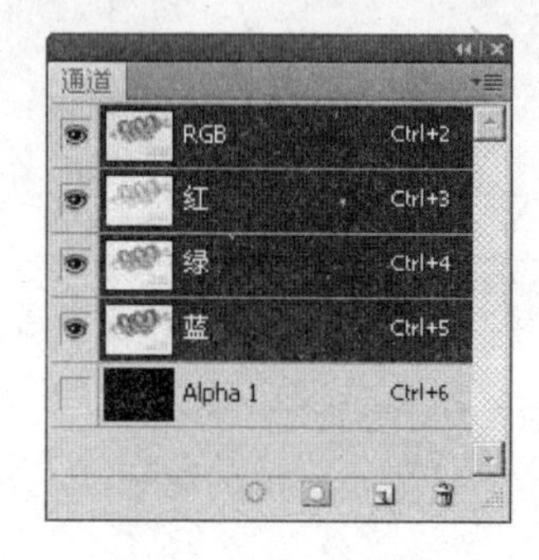


图 8-4 Alpha 通道

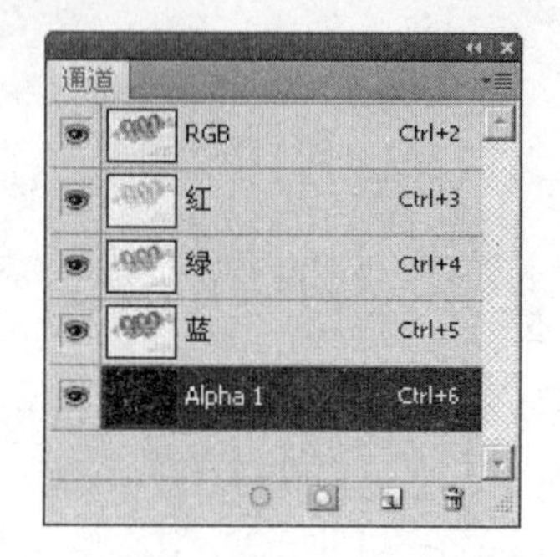


图 8-5 被选中的 Alpha 通道

单击“通道”面板左侧的“指示通道可见性”图标，可以显示或隐藏通道。图 8-6 所示为同时显示 Alpha 通道与“绿”通道的状态。

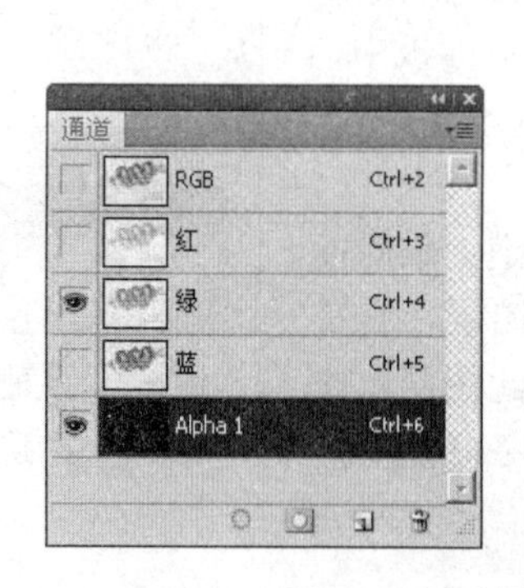


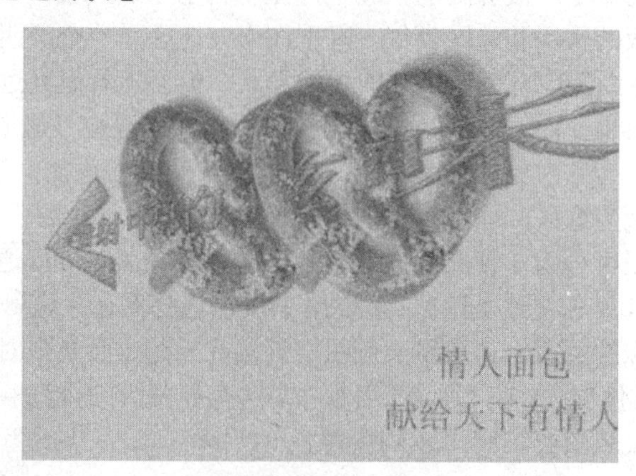


图 8-6 同时显示 Alpha 通道与“绿”通道的状态及图像

同样，若要观察 RGB 模式下的图像中红色通道与蓝色通道复合后的效果，可以单击红色通道与蓝色通道左侧的“指示通道可见性”图标，使这两个通道均处于显示状态。

## 8.2.2 新建通道

新建的通道主要有两种，分别为 Alpha 通道和专色通道。

新建 Alpha 通道的方法是：单击“通道”面板右上角的面板菜单按钮，在弹出的面板菜单中选择“新建通道”选项，或者在按住【Alt】键的同时单击“通道”面板底部的“创建新通道”按钮，在弹出的“新建通道”对话框中设置相应的参数，然后单击“确定”按钮，即可创建出新的 Alpha 通道。用户也可以直接单击“通道”面板底部的“创建新通道”按钮，来创建 Alpha 通道。

新建专色通道的方法是：单击“通道”面板右上角的面板菜单按钮，在弹出的面板菜单中选择“新建专色通道”选项，或者在按住【Ctrl】键的同时单击“通道”面板底部的“创建新通道”按钮，在弹出的“新建专色通道”对话框中设置相应的参数，然后单击“确定”按钮，即可在“通道”面板中创建新专色通道。

## 8.2.3 复制和删除通道

在“通道”面板中，除了使用“创建新通道”按钮新建通道外，还可以使用以下方法对通道进行复制或删除操作。

复制通道的方法是：在“通道”面板中将需要复制的通道设置为当前通道，然后在通道上单击鼠标右键，在弹出的快捷菜单中选择“复制通道”选项；或者单击“通道”面板右上角的面板菜单按钮，在弹出的面板菜单中选择“复制通道”选项，在弹出的“复制通道”对话框中设置相应的参数，然后单击“确定”按钮，即可完成通道的复制。

删除通道的方法是：在“通道”面板中将需要删除的通道设置为当前通道，然后在通道上单击鼠标右键，在弹出的快捷菜单中选择“删除通道”选项；或者单击“通道”面板右上角的面板菜单按钮，在弹出的面板菜单中选择“删除通道”选项；或者在“通道”面板中单击需要删除的通道并将其拖动至面板底部的“删除当前通道”按钮上，然后释放鼠标左键，即可完成通道的删除。

专家指点

除 Alpha 通道及专色通道外，图像的颜色通道，如红通道、蓝通道等也可以被删除。但这些通道被删除后，当前图像的颜色模式自动转换为多通道模式。图 8-7 所示为一幅 CMYK 模式的图像中青色通道、黑色通道删除前后的“通道”面板。

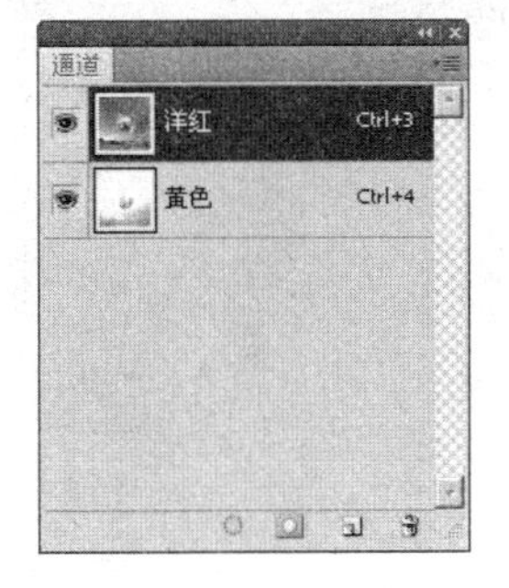


图 8-7 删除颜色通道

## 8.2.4 分离和合并通道

当图像中只有一个背景图层时，可将通道分离为单独的图像，单击“通道”面板右上角的面板菜单按钮，在弹出的面板菜单中选择“分离通道”选项，可将每个通道独立地分离为单个文件，原文件被关闭，单个通道出现在单独的灰度图像窗口中。新窗口中的标题栏显示原文件名以及通道。图 8-8 所示为原图像及其执行分离通道操作后得到的 3 个图像文件。

图 8-8 原图像及执行分离通道操作后的图像

对于分离通道产生的图像文件，在未改变这些图像文件尺寸的情况下，可以在“通道”面板菜单中选择“合并通道”选项将其合并，此时将弹出“合并通道”对话框，在“模式”下拉列表框中选择“RGB 颜色”选项（如图 8-9 所示），单击“确定”按钮，将弹出“合并 RGB 通道”对话框，如图 8-10 所示。

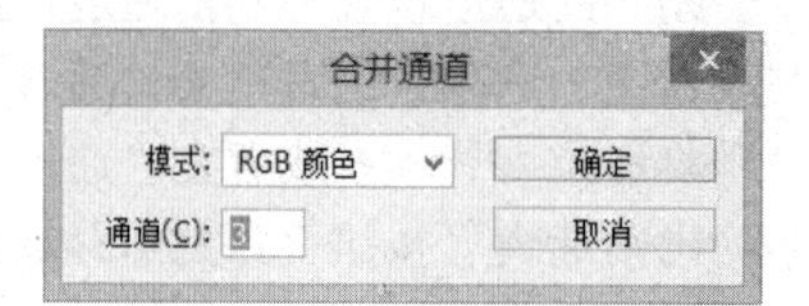


图 8-9 “合并通道”对话框

图 8-10 “合并 RGB 通道”对话框

在每个颜色通道的下拉列表框中选择该通道图像的名称，然后单击“确定”按钮，选中的通道合并为指定类型的新图像，原图像则在不做任何更改的情况下关闭，新图像将出现在未命名的窗口中，如图 8-11 所示。

图 8-11 合并通道操作示例

## 8.2.5　通道运算

使用“计算”命令可以将两个通道通过各种混合模式复合成为一个通道。单击“图像”|“计算”命令，弹出的“计算”对话框如图 8-12 所示。

该对话框中的主要选项含义如下：

- 源 1：在该下拉列表框中可以选择用于计算的第一个源图像文件。
- 图层：在该下拉列表框中可以选择要使用的图像所在的图层。

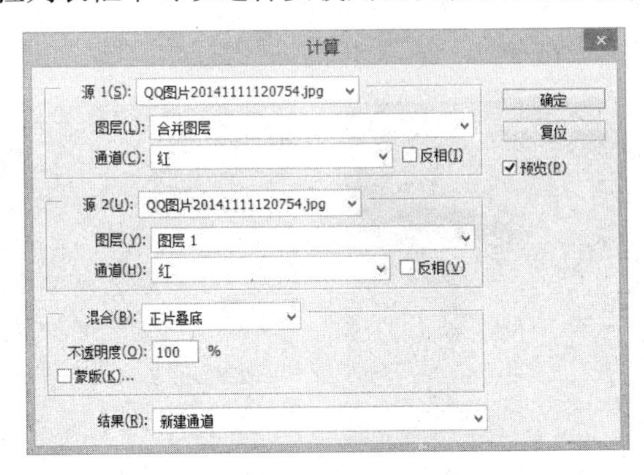


图 8-12　“计算”对话框

- 通道：在该下拉列表框中可以选择需要进行计算的通道名称。
- 源 2：在该下拉列表框中可以选择需要进行运算的第二幅源图像。
- 混合：在该下拉列表框中可以选择两个通道进行计算时运用的混合模式，并设置“不透明度”值。
- 蒙版：选中该复选框后，可以通过蒙版应用混合效果，如图 8-13 所示。此时，可以设置用作蒙版的文件名、图层与通道。
- 结果：在该下拉列表框中可以选择经过计算后通道的显示方式。若选择“新建文档”选项，将生成一个仅有一个通道的多通道模式图像；若选择“新建通道”选项，则在当前图像文件中生成一个新通道；若选择“选区”选项，则生成一个选择区域。

打开一幅图像，如图 8-14 所示。使用“计算”命令，在弹出的“计算”对话框中设置相应的参数，得到的图像效果如图 8-15 所示。

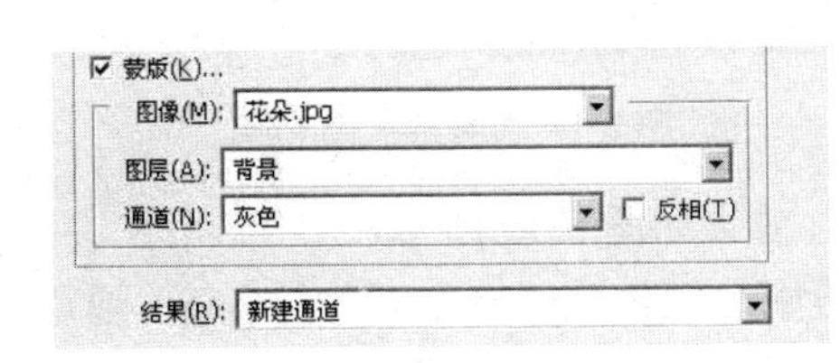


图 8-13　选中“蒙版”复选框后增加的选项

图 8-14　打开的图像

图 8-15　图像效果

专家指点

若在不同的图像间进行通道计算，这些图像的尺寸必须相同。

# 8.3 使用通道抠取图像

对于抠取一些边缘复杂、色调与背景简单的图像，用户可以考虑使用“计算”命令来完成，效果如图 8-16 所示。

图 8-16　抠取图像前后效果

抠取图像的具体操作步骤如下：

（1）按【Ctrl+O】组合键或单击“文件”|“打开”命令，打开一幅素材图像，如图 8-17 所示。

（2）单击“图像”|“计算”命令，弹出“计算”对话框，在该对话框的“混合”下拉列表框中选择“相加”选项，如图 8-18 所示。

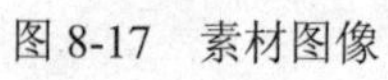

图 8-17　素材图像

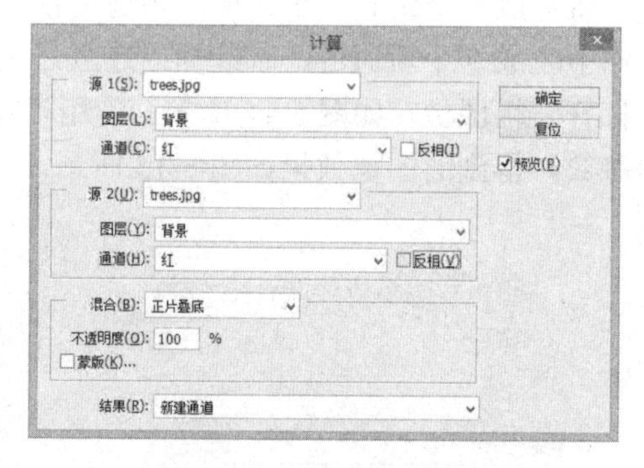


图 8-18　“计算”对话框

（3）单击“确定”按钮，执行“计算”命令，效果如图 8-19 所示。

（4）切换至“通道”面板，此时“通道”面板中自动生成了一个新的 Alpha 1 通道，如图 8-20 所示。

（5）确定 Alpha 1 通道为当前通道，按【Ctrl+I】组合键或单击“图像”|“调整”|“反

相”命令，此时的图像效果如图 8-21 所示。

图 8-19　计算后的效果

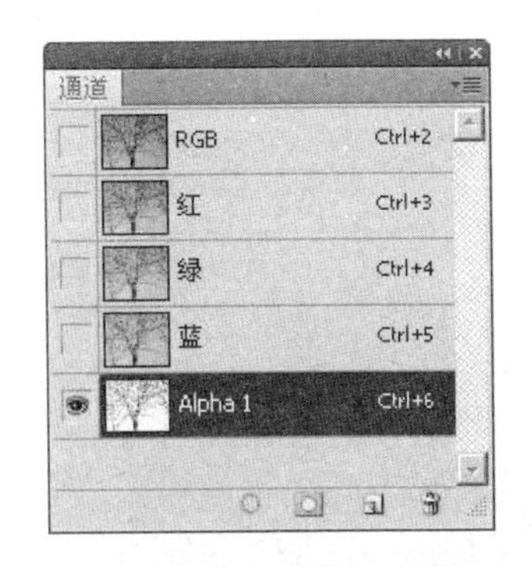


图 8-20　“通道”面板

（6）在按住【Ctrl】键的同时单击“通道”面板中的 Alpha 1 通道，载入该通道中的选区，然后切换至“图层”面板，并选中“背景”图层，创建的选区范围如图 8-22 所示。

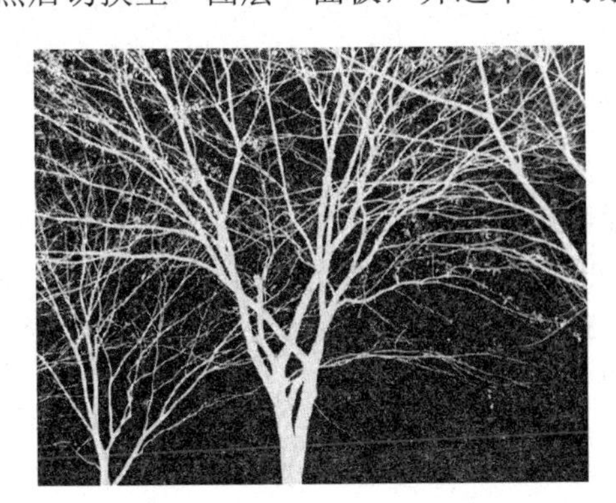

图 8-21　“反相”后的图像效果

图 8-22　载入选区

（7）按【Ctrl+J】组合键拷贝选区中的图像区域，“图层”面板中自动生成一个新的图层——“图层 1”，如图 8-23 所示。

（8）单击“图层”面板中“背景”图层前面的“指示图层可见性”图标，将“背景”图层隐藏，此时在图像窗口中观察到的图像抠出效果如图 8-24 所示。

（9）此时会发现抠出的图像有点儿模糊，按【Ctrl+J】组合键将“图层 1”多次拷贝，如图 8-25 所示。

图 8-23　生成新图层

图 8-24　图像抠出效果

（10）复制多个图层后，得到的最终图像效果如图 8-26 所示。

图 8-25　多次拷贝图层

图 8-26　最终效果

# 8.4　创建、删除和编辑图层蒙版

图层蒙版与通道有许多相似之处，图层蒙版可用于为图层添加屏蔽效果，其优点在于可以通过改变图层蒙版不同区域的黑白程度，控制图像对应区域的显示或隐藏状态，从而为图像设置特殊效果。下面将介绍图层蒙版的创建、删除及编辑等各项操作。

## 8.4.1　创建和删除图层蒙版

下面将介绍创建和删除图层蒙版的方法。

### 1. 创建图层蒙版

创建图层蒙版的方法很多，具体分为以下 3 种：

- 在图像存在选区的状态下，单击“图层”面板底部的“添加图层蒙版”按钮，可以为选区外的图像部分添加蒙版。若图像中没有选区，单击“添加图层蒙版”按钮，可以为整幅图像添加蒙版。
- 在图像存在选区的状态下，单击“图层”面板底部的“添加图层蒙版”按钮，可以将选区保存在通道中，产生一个具有蒙版性质的通道。若图像中没有选区，则单击“添加图层蒙版”按钮，新建一个 Alpha 通道，然后使用绘图工具，在新建的 Alpha 通道中绘制白色区域也会在通道上产生一个蒙版通道。
- 单击工具箱中的“以快速蒙版模式编辑”工具，会在图像中产生一个快捷蒙版。

为图层中的图像添加蒙版后，图层蒙版中各图标的含义如图 8-27 所示。

蒙版只能在图层上新建或在通道中生成，在图像的背景图层上是无法建立的。若需要给一个背景图层添加蒙版，可以先将背景图层转换为普通图层，然后再创建蒙版。

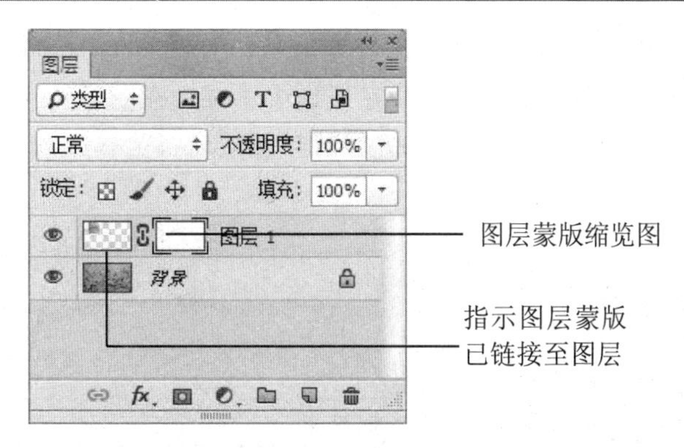


图 8-27　图层蒙版中各图标的含义

### 2. 删除图层蒙版

在图像文件中，为某一图层添加蒙版然后将其选中，单击“图层”|“图层蒙版”|“删除”或“应用”命令，或者在图层蒙版上按住鼠标左键不放，将其拖曳至“图层”面板底部的“删除图层”按钮上，即可删除蒙版；单击“应用”按钮，则蒙版中白色区域对应的图层图像将保留，而黑色区域对应的图层图像将被删除，灰色过渡区域所对应的图层图像部分（含像素）也将被删除。

## 8.4.2　编辑图层蒙版

由于添加蒙版的作用在于隐藏部分当前图层，因此掌握如何编辑图层蒙版就显得非常重要了。要编辑图层蒙版，首先必须单击图层蒙版缩览图将其选中。

在蒙版被选中的情况下，用户即可使用任何一种编辑或绘图工具对蒙版进行编辑。若要通过编辑蒙版显示当前图层，则设置前景色为白色，然后在要显示的区域用白色进行绘制；若要隐藏当前图层，则设置前景色为黑色，然后在要隐藏的区域用黑色绘制。若要通过编辑蒙版，将当前图层以透明的方式显示，则设置前景色为灰色，然后在要显示的透明区域用灰色进行绘制。使用画笔工具，分别设置前景色为黑色、白色和灰色，并在该工具属性栏中设置不透明度，然后在图像中进行绘制，得到的图像效果如图 8-28 所示。

图 8-28　添加蒙版后使用画笔进行绘制的前后效果对比图

# 习　题

## 一、选择题

1. 通道的主要功能是（　　）。

A．复制图像　　　　B．存储选区



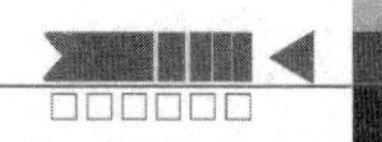

C．通道的作用已经被图层完全取代　　　　　　　D．记录颜色信息

2．蒙版只能在图层上新建或在通道中生成，在图像的（　　）上是无法创建的，若需要给一个背景图层添加蒙版，可以先将背景图层转换为（　　），然后创建蒙版。

A．普通图层　　　　　　　　　B．背景图层

C．文字图层　　　　　　　　　D．调整图层

## 二、填空题

1．通道有4种类型，分别是＿＿＿＿＿＿、＿＿＿＿＿＿、＿＿＿＿＿＿和＿＿＿＿＿＿。

2．蒙版可分为3种类型，分别是＿＿＿＿＿＿、＿＿＿＿＿＿和＿＿＿＿＿＿。

## 三、简答题

1．新建通道有哪两种方法？

2．创建图层蒙版有哪几种方法？

# 上 机 指 导

1．制作如图8-29所示的图像合成效果。

关键提示：

（1）执行“计算”命令，合并图像。切换至“通道”面板，并确定新生成的Alpha 1通道为当前通道，最后执行反相操作。

（2）载入该通道的选区，然后切换至“图层”面板，并激活“背景”图层，创建选区范围，并拷贝选区中的图像，然后将人物素材图像置于“天空”图层，并将人物素材图像调至选区中的图像下方。最后输入文字，并添加“描边”和“投影”图层样式。

2．制作如图8-30所示的婚纱合成效果。

关键提示：应用图层蒙版，并设置画笔及前景色，然后进行处理。

图8-29　图像合成效果

图8-30　婚纱合成效果

# 第 9 章　调整图像色彩与色调

本章学习目标

Photoshop 最强大的功能就是可以将未臻完美的图像用各种工具加以修改，改善图像的色彩、明亮度或曝光程度，从而尽可能使图像达到接近完美的地步。通过本章的学习，读者要掌握使用调整工具调整图像的方法，学会使用“变化”“色彩平衡”“亮度/对比度”“色相/饱和度”“曲线”等命令来改变图像色彩及色调。

学习重点和难点

- 色彩平衡和色相/饱和度的设置方法
- 亮度/对比度和替换颜色的设置方法
- 变化和渐变映射的设置方法
- 色阶和自动对比度的设置方法
- 曲线和反相的设置方法
- 阈值和去色的设置方法
- 阴影/高光和匹配颜色的设置方法

## 9.1　调整图像色彩

图像色彩调整包括色彩平衡、亮度/对比度、色相/饱和度和渐变映射等命令的应用，通过这些调整命令可以制作出多种图像色彩的效果。

### 9.1.1　色彩平衡

使用“色彩平衡”命令可以增加或减少处于高亮色、中间色及暗部色区域中的特定颜色，从而改变图像的整体色调。该命令不能像“曲线”和“色阶”命令一样对图像进行较准确的调整，而只是进行粗略的调整。

单击“图像”|“调整”|“色彩平衡”命令或按【Ctrl+B】组合键，将弹出“色彩平衡”对话框，如图 9-1 所示。

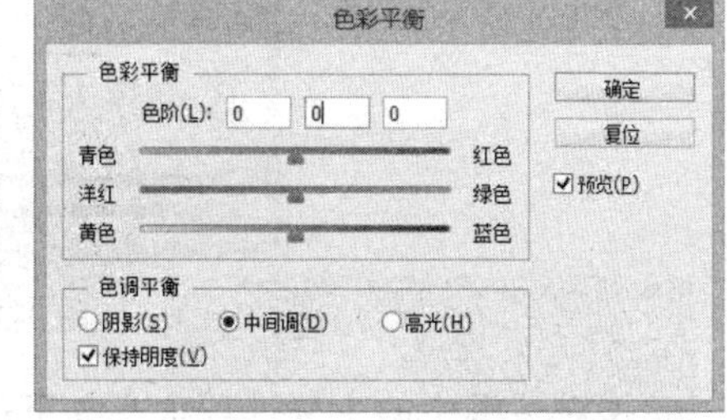


图 9-1 “色彩平衡”对话框

该对话框中的主要选项含义如下：

- 色彩平衡：该选项区中有三个颜色滑块，分别是青色—红色、洋红—绿色、黄色—蓝色，每个颜色滑块可以控制两个主要颜色的增减，将滑块拖向一种颜色，该颜色就会增加；反之，该颜色就会减少。
- 色调平衡：该选项区中有三个单选按钮，分别是“阴影”、“中间调”和“高光”。选中其中一个单选按钮，就可以调整相对应的图像颜色范围。

使用“色彩平衡”命令调整图像颜色的前后效果如图 9-2 所示。

图 9-2 使用“色彩平衡”命令调整图像颜色的前后效果

## 9.1.2 色相/饱和度

使用“色相/饱和度”命令不仅可以对一幅图像的色相、饱和度和亮度进行调整，还可以调整特定颜色成分的色相、饱和度和亮度。通过“色相/饱和度”命令调整后的图像，会给人一种颜色饱满、色调明亮的感觉。

单击“图像”|“调整”|“色相/饱和度”命令或按【Ctrl+U】组合键，将弹出“色相/饱和度”对话框，如图 9-3 所示。

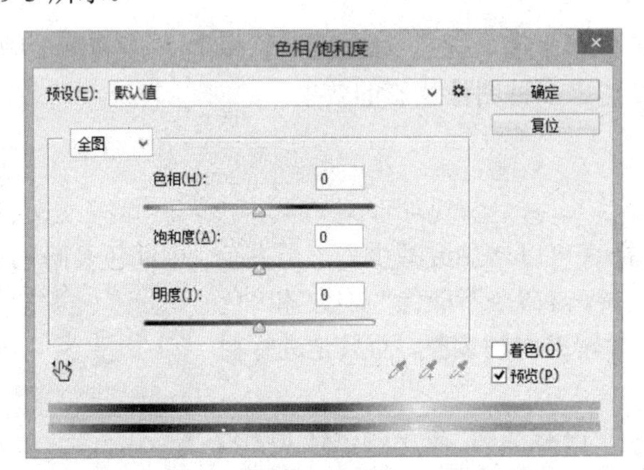


图 9-3 “色相/饱和度”对话框

该对话框中的主要选项含义如下：

- “色相”“饱和度”“明度”滑块：拖动该对话框中的色相（取值范围为：-180～180）、饱和度（取值范围为：-100～100）和明度（取值范围为：-100～100）滑块，或在其文本框中输入数值，可以分别调整图像的色相、饱和度及亮度。
- 吸管：单击吸管工具按钮，然后在图像中单击鼠标左键，可选定一种颜色作为调整的范围；若单击“添加到取样”吸管工具按钮，在图像中单击鼠标左键，可以在原有颜色范围上增加当前单击的颜色范围；若单击“从取样中减去”吸管工具按钮，在图像中单击鼠标左键，可以在原有颜色范围上减去当前单击的颜色范围。
- 着色：选中该复选框，可以将一幅灰度或黑白的图像着色为某种颜色。

使用“色相/饱和度”命令调整图像颜色的前后效果如图 9-4 所示。

图 9-4　使用“色相/饱和度”命令调整图像颜色的前后效果

## 9.1.3　亮度/对比度

使用“亮度/对比度”命令可以对图像的色调范围进行简单的调整。与“曲线”和“色阶”命令不同，该命令可对图像中的每个像素进行同样的调整。

单击“图像”|“调整”|“亮度/对比度”命令，将弹出“亮度/对比度”对话框，如图 9-5 所示。

该对话框中的主要选项含义如下：

- 亮度：若要增加图像亮度，则将该滑块向右侧拖动，反之则向左侧拖动。
- 对比度：若要增加图像的对比度，则将该滑块向右侧拖动，反之则向左侧拖动。

使用“亮度/对比度”命令调整图像颜色的前后效果如图 9-6 所示。

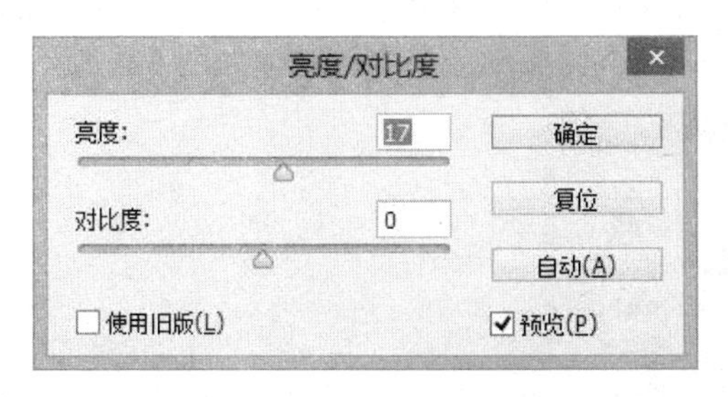


图 9-5　“亮度/对比度”对话框

图 9-6　使用“亮度/对比度”命令调整图像颜色的前后效果

## 9.1.4　可选颜色

使用“可选颜色”命令可以调整选定颜色的 C、M、Y、K 的比例，以达到改变颜色和色偏的目的。

单击“图像”|“调整”|“可选颜色”命令，将弹出“可选颜色”对话框，如图 9-7 所示。

该对话框中的主要选项含义如下：

- 颜色：在该下拉列表框中可以选择需要调整的颜色。
- “青色”“洋红”“黄色”和“黑色”滑块：使用这 4 个滑块可以针对选定的颜色调

整其C、M、Y和K的比例，从而达到修正颜色的网点增益和色偏的目的。滑块的变化范围值是-100%～100%。

- 相对：选中该单选按钮后，变化的数值按CMYK四色总数的百分比计算。例如，一个像素占有红色的百分比是25%，若改变了10%，则改变的数值是25%×10%，改变后像素占有红色的百分比是25%+25%×10%=27.5%。
- 绝对：选中该单选按钮后，变化的数值按绝对值计算。例如，一个像素占有红色为25%，若改变了10%，则改变的数值就是10%，改变后像素占有红色的百分比是25%+10%=35%。

使用“可选颜色”命令调整图像颜色的前后效果如图9-8所示。

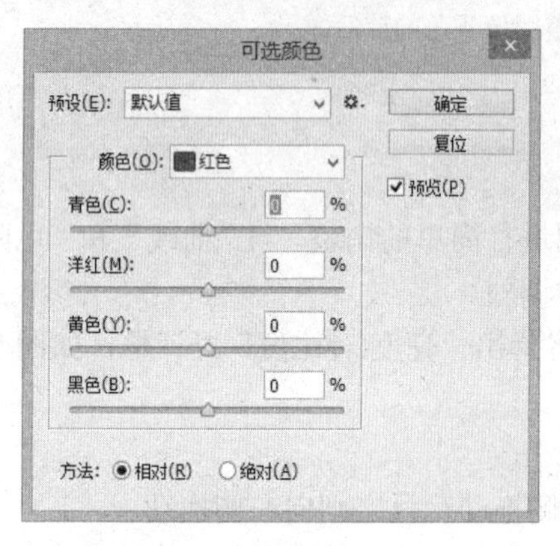


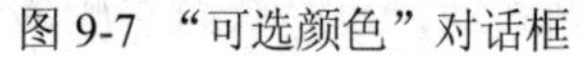

图9-7 “可选颜色”对话框

图9-8 使用“可选颜色”命令调整图像颜色的前后效果

## 9.1.5 替换颜色

使用“替换颜色”命令可以用一种颜色替换图像中的另一种颜色。

单击“图像”|“调整”|“替换颜色”命令，将弹出“替换颜色”对话框，如图9-9所示。

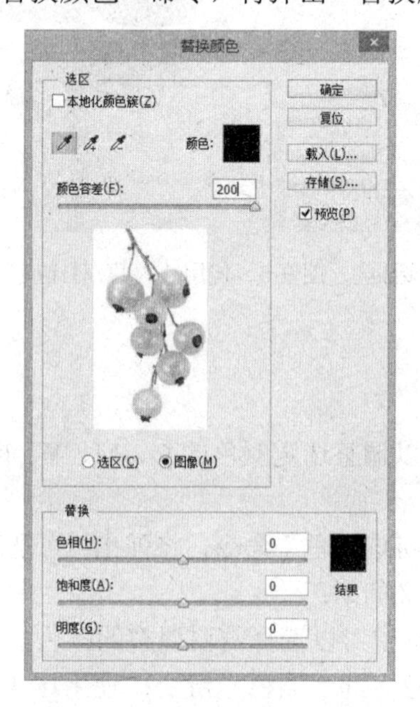


图9-9 “替换颜色”对话框

该对话框中的主要选项含义如下：

- 颜色容差：该滑块用于控制要替换的颜色区域。
- “色相”“饱和度”和“明度”滑块：这三个滑块用于调整所选颜色的色相、饱和度和亮度。

使用“替换颜色”命令调整图像颜色的前后效果如图 9-10 所示。

图 9-10　使用“替换颜色”命令调整图像颜色的前后效果

## 9.1.6　变化

使用“变化”命令可以直观地调整图像或选区的色彩、对比度、亮度和饱和度。

单击“图像”|“调整”|“变化”命令，将弹出“变化”对话框，如图 9-11 所示。

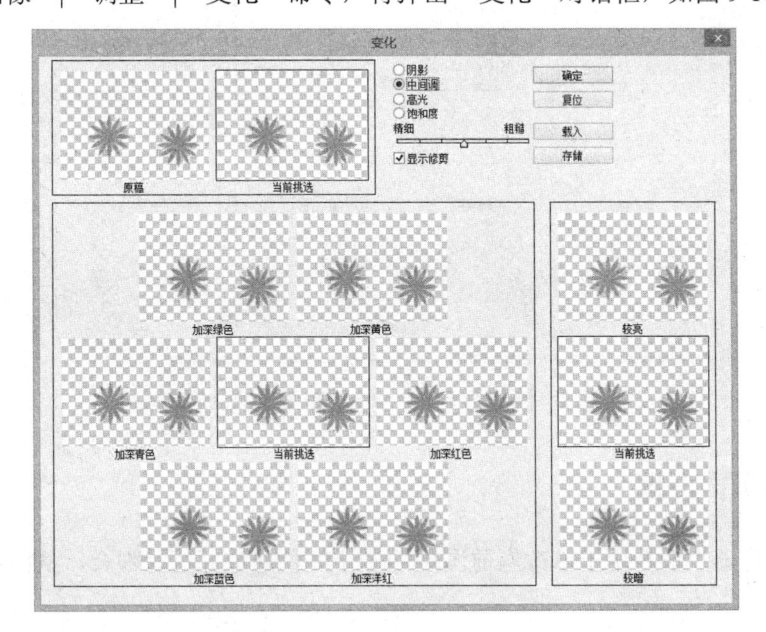


图 9-11　“变化”对话框

该对话框中的主要选项含义如下：

● 原稿、当前挑选：在第一次弹出该对话框时，这两幅缩览图完全相同，经过调整后，“当前挑选”缩览图显示为调整后的状态。

● 较亮、当前挑选、较暗：分别单击“较亮”“较暗”两幅缩览图，可以增亮或加暗图像，“当前挑选”缩览图显示当前调整的效果。

● “阴影”“中间调”“高光”和“饱和度”单选按钮：选中相应的单选按钮，可分别调整图像中对应区域的色相、亮度和饱和度。

● 精细/粗糙：拖动该滑块可确定每次调整的数量，将滑块向右侧移动一格，可使调整度双倍增加。

● 调整色相：对话框左下方有7幅缩览图，中间的“当前挑选”缩览图与左上角的“当前挑选”缩览图的作用相同，用于显示调整后的图像效果。另外6幅缩览图可以分别用来改变图像的R、G、B和C、M、Y、K 6种颜色，单击其中任意一幅缩览图，均可增加与该缩览图对应的颜色。

● 存储/载入：单击“存储”按钮，可以将当前对话框的设置保存为一个*.AVA文件。若在以后的工作中遇到需要这样设置的图像，可以在该对话框中单击“载入”按钮，调出该文件，以快速设置此图像。

使用“变化”命令调整图像颜色的效果如图9-12所示。

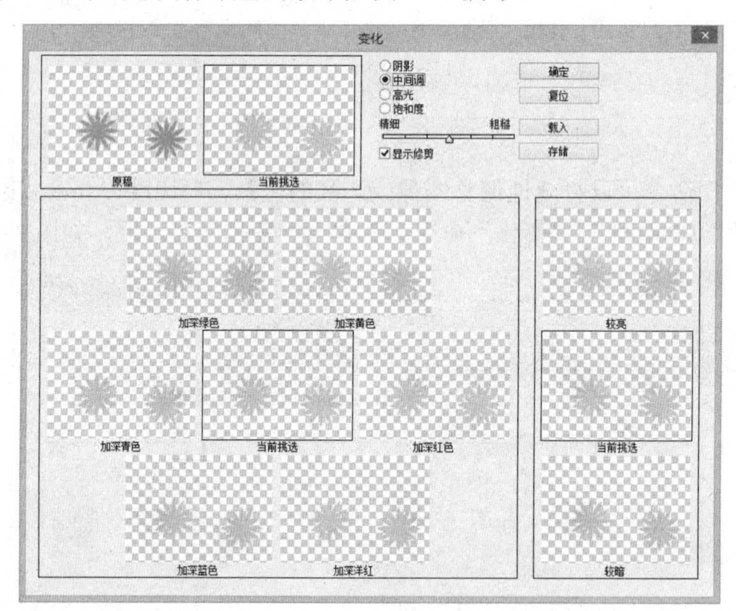


图9-12 使用“变化”命令调整图像颜色的效果

## 9.1.7 通道混合器

“通道混合器”命令用于修改当前图层的多个颜色通道并进行混合，从而制作出具有创造性的效果。

单击“图像”|“调整”|“通道混合器”命令，弹出“通道混合器”对话框，如图9-13所示。

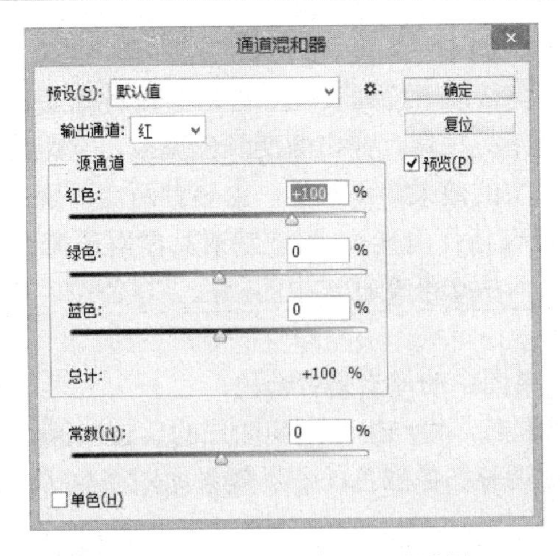


图 9-13 “通道混合器”对话框

该对话框中的主要选项含义如下：

● 源通道：拖动该选项区中的任一滑块至左侧，可减少该通道的色值；反之，拖动滑块至右侧，可增加该通道的色值。用户也可以在各通道文本框中输入数值来决定增减的色值。

● 单色：选中该复选框，可以对所有输出通道作相同设置，可创建仅有灰色模式的图像。该选项在将图像转换为灰色模式时很有用。

使用“通道混合器”命令调整图像颜色的前后效果如图 9-14 所示。

图 9-14 使用“通道混合器”命令调整图像颜色的前后效果

## 9.1.8 渐变映射

使用“渐变映射”命令可以将指定的渐变色映射到图像的全部色阶中，从而得到一种具有色彩渐变的图像效果。

单击“图像”|“调整”|“渐变映射”命令，弹出“渐变映射”对话框，如图 9-15 所示。

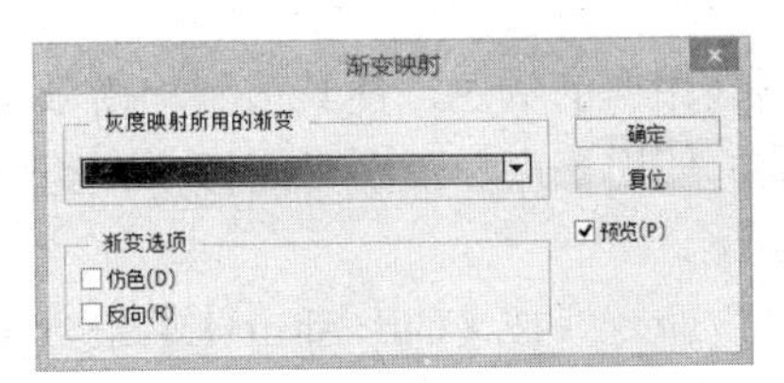


图 9-15 “渐变映射”对话框

该对话框中各选项的含义如下：

- 灰度映射所用的渐变：该下拉列表框中提供了多种渐变样式，它的默认样式为由黑到白的渐变。单击其右侧的下拉按钮，弹出渐变颜色调板，它跟前面所讲的渐变工具的渐变模式一样。不过，两者所产生的效果却不一样，主要有两点区别：渐变映射功能不能应用于完全透明的图层（图层中没有任何像素）；渐变映射功能对所处理的图像进行分析，然后根据图像中各个像素的亮度，对所选渐变样式中的颜色进行替换。这样，从最终图像中往往仍然能够看出原图像的轮廓。
- 仿色：用于控制效果图中的像素是否仿色。
- 反向：选中该复选框后，将产生原渐变图像的反转图像。

使用“渐变映射”命令调整图像颜色的前后效果如图9-16所示。

图9-16　使用“渐变映射”命令调整图像颜色的前后效果

# 9.2　调整图像色调

图像色调调整主要是对图像进行明暗度的调整，比如将一幅显得较暗的图像变得亮一些，将一幅显得较亮的图像变得暗一些。只有熟练掌握色调的调整和控制方法，才能制作出高水平的作品来。

## 9.2.1　自动色调

“自动色调”命令用于调整图像的颜色，使其达到均衡效果。该命令相当于“色阶”对话框中的“自动”按钮的功能。使用该命令便于对图像中不正常的高光或阴影区域进行初步处理，而不用通过对话框来实现。

单击“图像”|“自动色调”命令或按【Ctrl+Shift+L】组合键，对图像进行调整的效果如图9-17所示。

图 9-17　使用“自动色调”命令调整图像的效果

## 9.2.2　自动对比度

使用“自动对比度”命令可以让系统自动调整图像亮部和暗部的对比度。其原理是该命令可以将图像中最暗的像素变成黑色、最亮的像素变成白色，从而使看上去较暗的部分变得更暗、较亮的部分变得更亮。

单击“图像”|“自动对比度”命令或按【Ctrl+Alt+Shift+L】组合键，对图像进行调整的效果如图 9-18 所示。

图 9-18　使用“自动对比度”命令调整图像的效果

## 9.2.3　自动颜色

“自动颜色”命令通过搜索图像来标识阴影、中间调和高光，从而调整图像的对比度和颜色。默认情况下，“自动颜色”命令使用 RGB 128 灰色这一目标颜色来中和中间调，并将阴影和高光像素各剪切 0.5%。

单击“图像”|“自动颜色”命令或按【Ctrl+Shift+B】组合键，对图像进行调整的效果如图 9-19 所示。

图 9-19　使用“自动颜色”命令调整图像的效果

## 9.2.4 色阶

使用“色阶”命令可以调整图像的明暗度。调整明暗度时，可以对整个图像进行，也可以对图像的选区范围、某一图层图像或某一个颜色通道进行。

单击“图像”|“调整”|“色阶”命令或按【Ctrl+L】组合键，弹出“色阶”对话框，如图 9-20 所示。

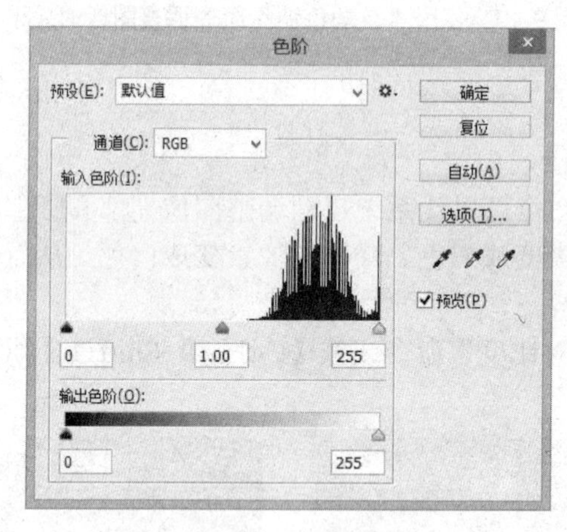


图 9-20 “色阶”对话框

该对话框中的主要选项含义如下：

- 通道：在该下拉列表框中可以选择一种通道，从而使调整好的色阶参数应用于该通道。其中显示的通道名称依据图像颜色模式而定，RGB 模式下显示红、绿和蓝，CMYK 模式下显示青色、洋红、黄色和黑色。
- 输入色阶：在该选项区的文本框中输入数值或拖动其中的滑块，可以对图像的暗色调、高亮色和中间色的数值分别进行调节。若向右侧拖动黑色滑块，可以增加图像的暗色调，使图像整体偏暗；若向左侧拖动白色滑块，可以提高图像的亮度，使图像整体偏亮。
- 输出色阶：在该选项区的文本框中输入数值或拖动其中的滑块，可以减少图像的白色或黑色，从而降低图像的对比度。若向右侧拖动黑色滑块，可以减少图像中的暗色调，从而使图像加亮显示；若向左侧拖动白色滑块，则可以减少图像中的高亮色，从而使图像加暗显示。
- 自动：单击该按钮，Photoshop 可根据当前图像的明暗度自动调整图像。
- 选项：单击该按钮，可以调节黑白吸管在确认黑白场时的默认值。

使用“色阶”命令调整图像颜色的前后效果如图 9-21 所示。

图 9-21 使用“色阶”命令调整图像的效果

### 9.2.5　曲线

“曲线”命令是对图像色彩进行调整的另一种功能，利用它可以针对图像中的一个或多个颜色通道进行处理，从而得到更丰富的色彩变化效果。和“色阶”命令相比，“曲线”命令很好地弥补了用“色阶”命令调整图像时对图像色彩的损伤这一不足，它能很好地处理图像的明暗变化，并且保持各个色彩层次不受损伤。

单击“图像” | “调整” | “曲线”命令或按【Ctrl+M】组合键，弹出“曲线”对话框，如图 9-22 所示。其中，X 轴代表图像调整前的色阶，从左到右分别代表图像从最暗区域到最亮区域的各个部分；Y 轴代表图像调整后的色阶，从下到上分别代表改变后图像从最暗区域到最亮区域的各个部分。在未做改变前，图中显示一条 45 度的直线，即输入值与输出值相同。

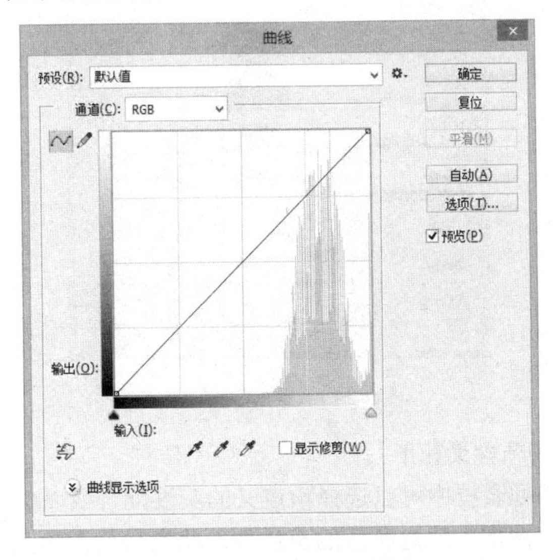


图 9-22　“曲线”对话框

该对话框中的主要选项含义如下：

- 通道：在该下拉列表框中可以选择一个通道来调节图像色彩。若图像是灰度模式，则没有该选项。
- 调节区域：通过在曲线上单击来增加节点，定义要调整的色调区域。向上或向下拖动节点，可以调整图像的明暗度。
- 自动：单击该按钮，可让 Photoshop 自动调整图像，并进行层次的设置，功能类似于“自动色阶”命令。

图 9-23　使用“曲线”命令调整图像的效果

使用“曲线”命令对图像进行调整的前后效果如图 9-23 所示。

## 9.2.6 黑白

使用“黑白”命令可将彩色图像转换为灰度图像，用户可以自行调整颜色通道，也可以通过对图像应用色调来为灰度图像着色。

单击“图像”|“调整”|“黑白”命令或按【Ctrl+I】组合键，弹出“黑白”对话框，如图 9-24 所示。

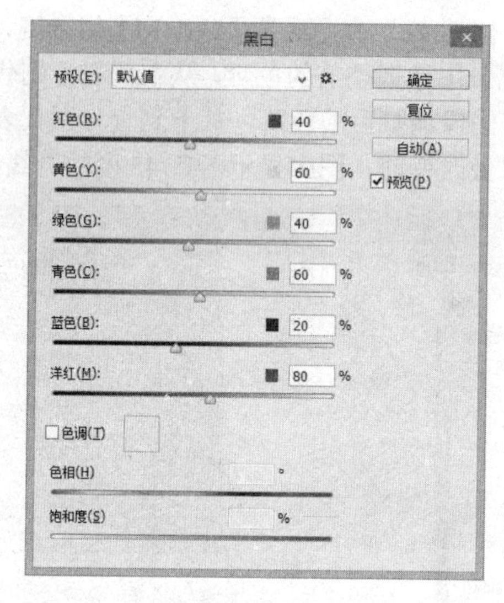


图 9-24 “黑白”对话框

该对话框中的主要选项含义如下：

- 预设：在该下拉列表框中可以选择预定义的灰度混合或以前存储的混合。
- 颜色滑块：调整图像中特定颜色的灰色调。将滑块向左拖动或向右拖动分别可使图像的原色的灰色调变暗或变亮。
- “自动”按钮：单击该按钮可根据图像的颜色值设置灰度混合，使灰度值的分布最大化并产生极佳的效果。

使用“黑白”命令调整图像颜色的前后效果如图 9-25 所示。

图 9-25 使用“黑白”命令调整图像的前后效果

## 9.2.7　反相

使用“反相”命令可以将图像或选区的像素按色彩理论转换为相对补色，得到一种反相效果，可以将正片黑白像变成负片，或将扫描的黑白负片转换为正片。

单击“图像”|“调整”|“反相”命令或按【Ctrl+I】组合键，对图像进行调整的效果如图 9-26 所示。

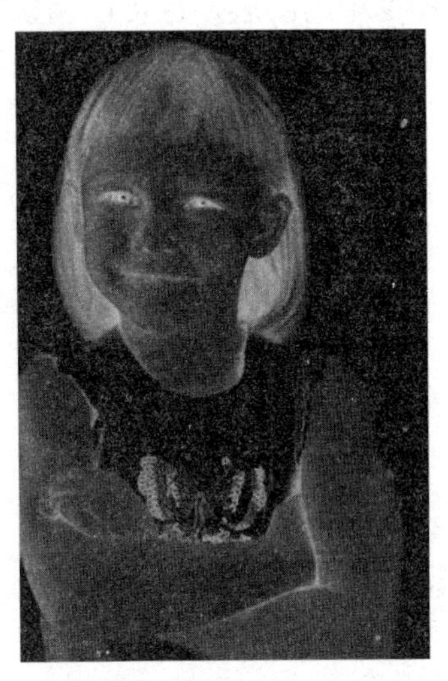

图 9-26　使用“反相”命令调整图像的效果

## 9.2.8　色调均化

使用“色调均化”命令可以对图像亮度进行色调均化，即在整个色调范围内均匀分布像素。单击“图像”|“调整”|“色调均化”命令，对图像进行调整的效果如图 9-27 所示。

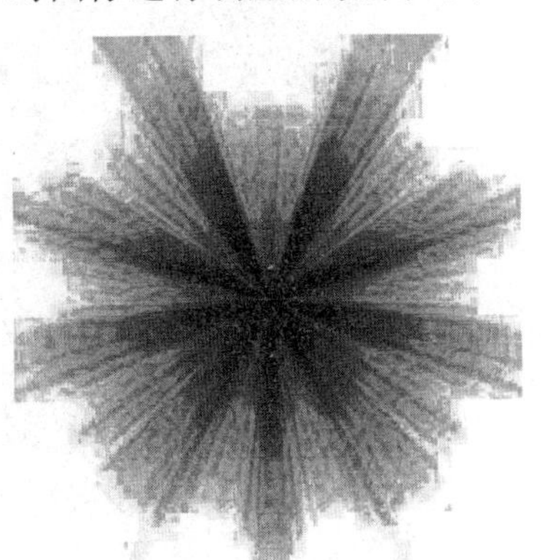

图 9-27　使用“色调均化”命令调整图像的效果

## 9.2.9　阴影/高光

“阴影/高光”命令适用于校正由于强逆光而形成剪影的照片，或者校正由于太接近相机闪光灯而有些发白的焦点，也可用于使阴影区域变亮。“阴影/高光”命令不是简单地使图像变亮或变暗，它基于阴影或高光中的周围像素（局部相邻像素）增亮或变暗。阴影和高光都有各自的控制选项，默认值设置为修复具有逆光问题的图像。

单击“图像”|“调整”|“阴影/高光”命令，弹出“阴影/高光”对话框，如图 9-28 所示。

在“阴影/高光”对话框中通过拖动“数量”滑块或者在“阴影”、“高光”文本框中输入数值来调整光照校正量。值越大，为阴影提供的增亮程度或者为高光提供的变暗程度越大。用户既可以调整图像中的阴影，也可以调整图像中的高光。为了更加精确地进行调整，用户可以选中“显示更多选项”复选框进行更多调整，如图 9-29 所示。

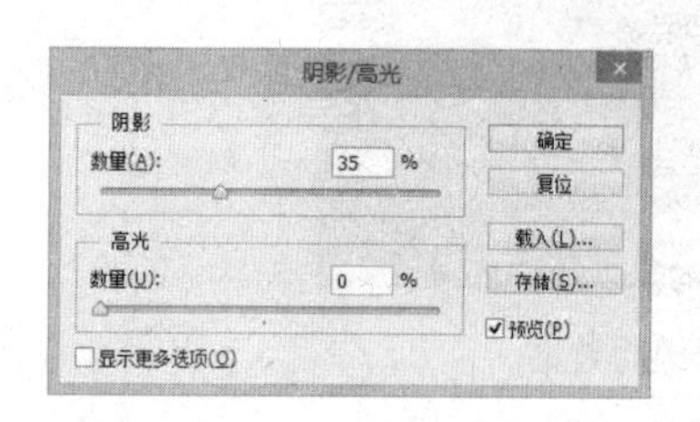


图 9-28 “阴影/高光”对话框

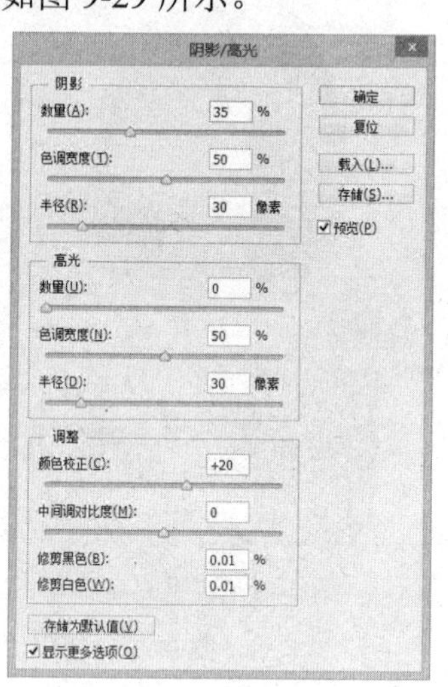


图 9-29 进行更多调整

使用“阴影/高光”命令调整图像颜色的前后效果如图 9-30 所示。

图 9-30 使用“阴影/高光”命令调整图像的效果

### 9.2.10 阈值

使用“阈值”命令可以将彩色图像转换为黑白图像。这是因为所有比指定的阈值亮的像素会被转换为白色，所有比该阈值暗的像素会被转换为黑色。

单击“图像”|“调整”|“阈值”命令，弹出“阈值”对话框，如图 9-31 所示。其中，

“阈值色阶”文本框用于定义黑白像素之间的分界线，所有比阈值色阶亮或与它同样亮的像素都变为白色，而所有比阈值色阶暗的像素都变为黑色。

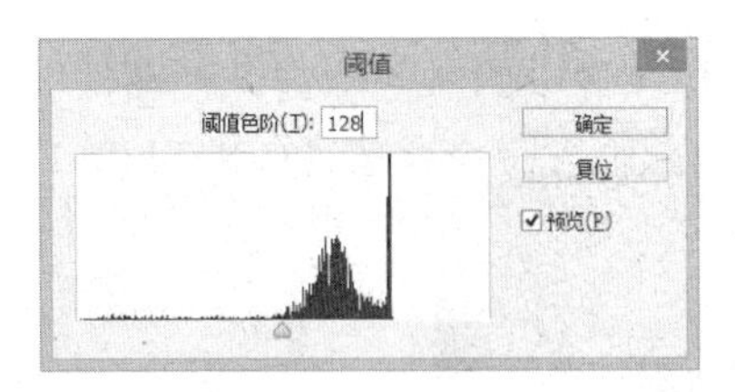


图 9-31　“阈值”对话框

使用“阈值”命令对图像进行调整前后的效果如图 9-32 所示。

图 9-32　使用“阈值”命令调整图像的效果

## 9.2.11　色调分离

使用“色调分离”命令可以指定图像的色调级数，并按该级数将图像的像素映射为最接近的颜色。

单击“图像”|“调整”|“色调分离”命令，弹出“色调分离”对话框，如图 9-33 所示。其中，在“色阶”文本框中输入数值可以确定颜色的色调级数，数值越大颜色过渡越细腻；反之，图像的色块效果显示越明显。

使用“色调分离”命令对图像进行调整前后的效果如图 9-34 所示。

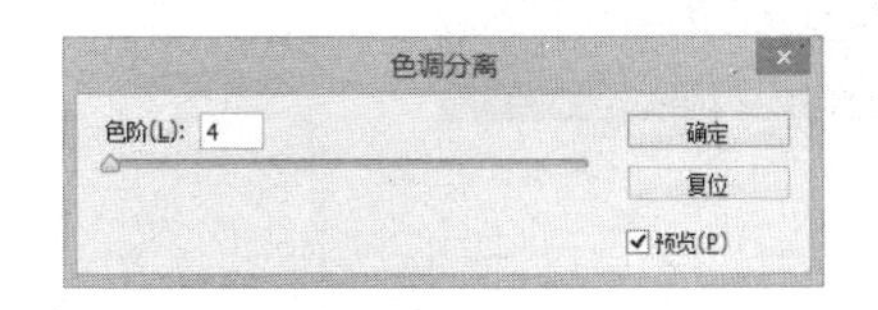


图 9-33　“色调分离”对话框

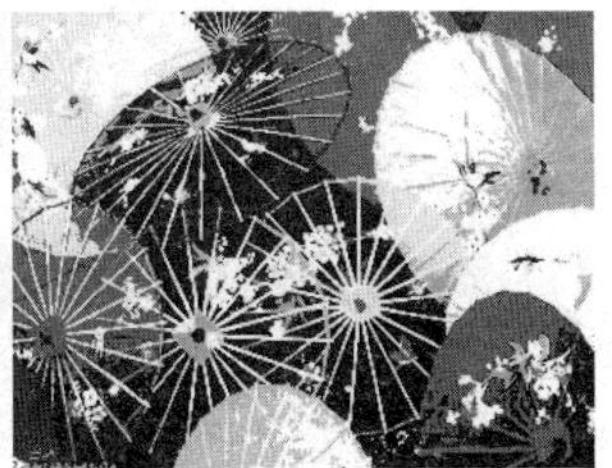

图 9-34　使用“色调分离”命令调整图像的效果

## 9.2.12 去色

使用“去色”命令可以将原图像中的颜色除去，使图像以灰色的形式来显示。

单击“图像”|“调整”|“去色”命令或按【Ctrl+Shift+U】组合键，对图像进行调整的效果如图 9-35 所示。

图 9-35 使用“去色”命令调整图像的效果

## 9.2.13 匹配颜色

使用“匹配颜色”命令可以匹配多幅图像之间、多个图层之间或者多个选区之间的颜色，它将一幅图像（源图像）中的颜色与另一幅图像（目标图像）中的颜色相匹配。当用户使用“匹配颜色”命令时，鼠标指针将变成吸管工具。在调整图像时，使用吸管工具可以在“信息” 面板中查看颜色的像素值。“匹配颜色”命令仅适用于 RGB 模式的图像。

在如图 9-36 所示的素材图像中，将第二幅图像中的色调匹配到第一幅图像中。

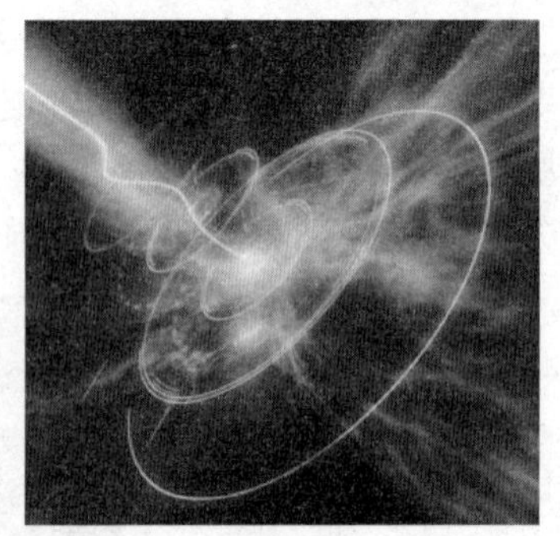

图 9-36 素材图像

单击“图像”|“调整”|“匹配颜色”命令，弹出“匹配颜色”对话框（如图 9-37 所示），单击“源”下拉列表框右侧的下拉按钮，在弹出的下拉列表中选择第二幅图像文件，然后调整“图像选项”选项区中的参数（如图 9-38 所示），单击“确定”按钮，匹配颜色后的效果

如图 9-39 所示。

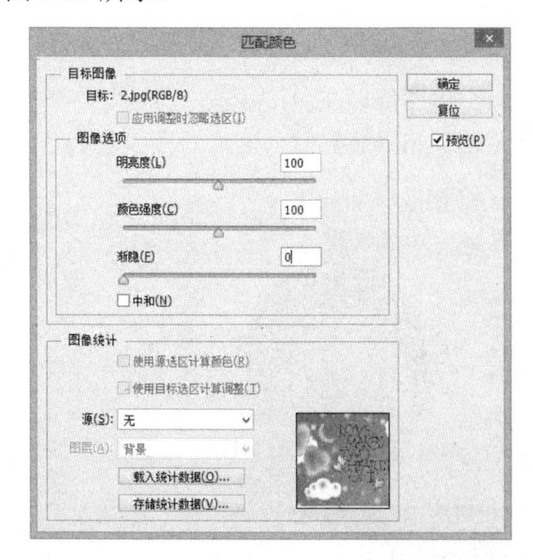


图 9-37　“匹配颜色”对话框

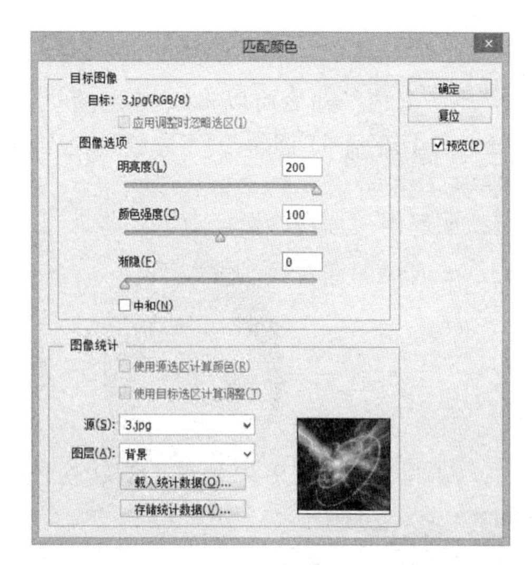


图 9-38　设置参数

图 9-39　匹配颜色后的效果

# 习　　题

## 一、选择题

1．在 Photoshop CC 中，可以将黑白图像转换为彩色图像的命令是（　　）。

A．色彩平衡　　B．可选颜色

C．色相/饱和度　　D．反相

2．使用“变化”命令可以调整图像或选择区域的（　　）。

A．色彩　　B．对比度　　C．亮度　　D．饱和度

## 二、填空题

1．使用____________命令可以增加或减少处于高亮色、中间色以及暗部色区域中的特定

颜色，从而改变图像的整体色调。

2．使用__________命令可以将图像或选区的像素按色彩理论转换为相对补色，从而得到一种反相效果。

## 三、简答题

1．如何用“曲线”命令调整图像？

2．如何给图像替换颜色？

# 上 机 指 导

1．制作一种如图 9-40 所示的眼镜换色效果。

图 9-40　眼镜换色

关键提示：使用磁性套索工具在眼镜镜片位置创建选区，然后调整“色相/饱和度”即可。

2．制作一种如图 9-41 所示的黑白照片效果。

图 9-41　制作黑白照片

关键提示：使用“去色”命令对图像进行去色处理。

# 第 10 章　应 用 滤 镜

本章学习目标

滤镜是 Photoshop 中最精彩的内容，它主要用来对图像进行特殊效果处理，使图像的风格发生变化，从而制作出非常有创意的作品。

本章对常用滤镜进行了简要叙述，并通过一些具体实例来介绍滤镜的基本使用技巧。通过本章的学习，读者要学会如何运用滤镜制作出特殊的效果，从中领会制作要领，并结合实际，制作出更多、更精彩的作品。

学习重点和难点

- 滤镜的工作原理
- 使用滤镜的注意事项
- 提高滤镜的工作效率的方法
- 预览和设置混合滤镜效果的方法
- 滤镜的使用技巧
- 使用滤镜命令制作特殊艺术效果

## 10.1　滤镜的基本知识

Photoshop 中诸多滤镜的功能和应用虽然各不相同，但在使用方法上却有许多相似之处。因此，了解、掌握这些方法和技巧，对提高滤镜的使用效率很有帮助。

### 10.1.1　滤镜的工作原理

当选择一种滤镜并将其应用到图像中时，滤镜就会通过分析整幅图像或选择区域中的色度值和每个像素的位置，采用数学方法进行计算，并用计算结果代替原来的像素，从而使图像生成随机化或预先确定的效果。

专家指点

> 滤镜在计算过程中会消耗相当大的内存资源，因此处理一些较大的图像文件非常耗时，有时甚至会弹出提示信息框，提示用户资源不足。

### 10.1.2　使用滤镜的注意事项

使用滤镜命令时，注意以下几点将对操作和应用滤镜有很大的帮助，具体注意事项如下：

- Photoshop 主要是针对选区进行滤镜效果处理，若没有定义选区，则作用于整幅图像；若当前选中的是某一个图层或某一个通道，则只对当前图层或通道起作用。
- 滤镜的处理以“像素”为单位进行，因此滤镜的处理效果与图像的分辨率有关，以相同的参数处理不同分辨率的图像，其效果并不相同。
- 只对局部图像进行滤镜效果处理时，为了使处理后的图像与原图很好地融合，淡化拼接的边缘感，可以为选区设置羽化值，使图像更加完美。

- 单击“编辑”|“还原”或“重做”命令，可对比执行滤镜前后的效果。
- 有些滤镜只对 RGB 颜色模式的图像起作用。在位图和索引的颜色模式下不能使用滤镜。此外，在不同的颜色模式下所使用的滤镜会有所不同。例如，在 CMYK 和 Lab 颜色模式下，就不能使用如“艺术效果”“画笔描边”“素描”和“纹理”等滤镜。

## 10.1.3 提高滤镜的工作效率

有些滤镜在使用时会占用大量内存，特别是应用于大尺寸、高分辨率的图像时，操作速度会非常慢，用户可以使用以下几种方法来提高工作效率：

- 若图像文件很大，且有内存不足的问题，可将滤镜应用于单个通道。
- 在执行滤镜操作之前，可单击“编辑”|“消除”命令释放内存。
- 将更多的内存分配给 Photoshop。若有必要，可关闭其他应用程序，以便为 Photoshop 提供更多的可用内存。

## 10.1.4 预览和混合滤镜效果

下面将介绍预览和设置混合滤镜效果的操作方法。

### 1. 预览滤镜

在应用滤镜时，尤其是用于大尺寸图像时可能很耗费时间。在执行滤镜操作时允许用户在应用之前预览效果，这样便可在应用之前观察到应用滤镜后的效果，以便调整最佳的参数。

预览滤镜有以下几种方法：

- 若滤镜对话框中有“预览”复选框，则可选中此复选框，这样即可在图像预览框中预览到应用滤镜后的效果，如图 10-1 所示。

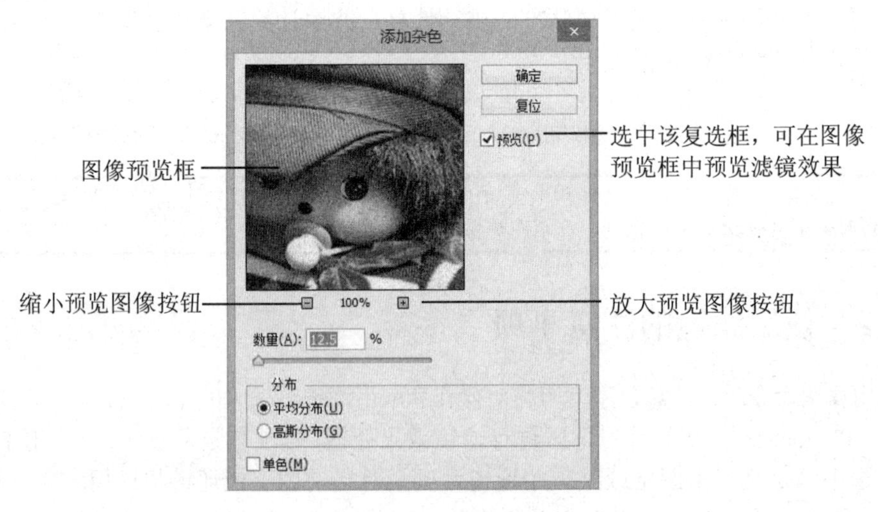


图 10-1 选中“预览”复选框

- 一般的滤镜对话框都有预览框，从中可以预览滤镜效果，按住鼠标左键并在其中拖动鼠标，即可移动预览图像，以查看不同位置的图像效果。

● 移动鼠标指针至图像编辑窗口，此时鼠标指针呈□形状，单击鼠标左键，即可在滤镜对话框的预览框中显示该处图像的滤镜效果。

### 2. 混合滤镜效果

应用滤镜后，可单击“编辑”|“渐隐”命令，在弹出的“渐隐”对话框中对应用滤镜后的图像进行混合模式和不透明度设置，这样可以得到一些特殊效果，如图 10-2 所示。

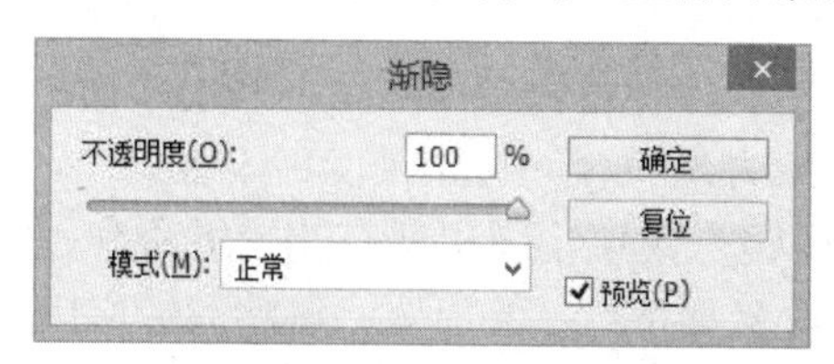


图 10-2 “渐隐”对话框

## 10.1.5 滤镜的使用技巧

对于初学者来说，要想应用好滤镜，除了需要掌握滤镜的使用方法外，还需要在实践中不断去体会每个滤镜的作用，以便将其合理地应用到图像中。下面介绍一些滤镜的使用技巧。

### 1. 使用快捷键

在滤镜应用过程中，若使用一些快捷键来操作，可以大大减少操作的时间。一些常用的快捷键如下：

- 按【Esc】键，可以取消当前正在操作的滤镜。
- 按【Ctrl+Z】组合键，可以还原滤镜操作执行前的图像。
- 按【Ctrl+F】组合键，可以再次应用前一次的滤镜效果。
- 按【Ctrl+Alt+F】组合键，可以将前一次应用的滤镜的对话框显示出来。

在对图像应用滤镜效果之前，可按【Ctrl+J】组合键将图像复制到新的图层。若对滤镜效果不满意，可在按住【Alt】键的同时单击“图层”面板底部的“删除图层”按钮，将所创建的新图层删除。

### 2. 使用技巧

滤镜的功能非常强大，在使用这些滤镜之前，需要掌握如下使用技巧：

● 对图像的部分区域应用滤镜时，可先对选区进行羽化操作。这样在使用滤镜命令后，该区域的图像与其他图像部分能够较好地融合。

● 在工具箱中设置前景色和背景色，一般不会对滤镜命令的使用产生作用，不过在滤镜命令组中有些滤镜是例外的，它们创建的效果是通过使用前景色或背景色来设置的。所以在应用这些滤镜之前，需要先设置好当前的前景色与背景色。

● 如果用户对滤镜的操作不是很熟悉，可以先将滤镜的参数设置得小一点，然后再使用【Ctrl+F】组合键，多次应用滤镜效果，直至达到满意的效果为止。



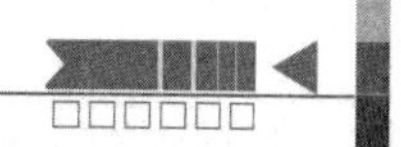

- 用户可以对单独的特定图层应用滤镜，然后通过色彩混合合成图像。
- 用户可以对单一色彩通道或者 Alpha 通道应用滤镜，然后合成图像，或者将 Alpha 通道中的滤镜效果应用到主图像画面中。

## 10.2 滤镜菜单命令

使用滤镜，可以为图像加入各种特殊效果。下面将对“滤镜”菜单下的各个滤镜组进行简要介绍。

在 Photoshop 中单击“滤镜”菜单，弹出所有滤镜组命令如图 10-3 所示。

该菜单中的滤镜组命令含义如下：

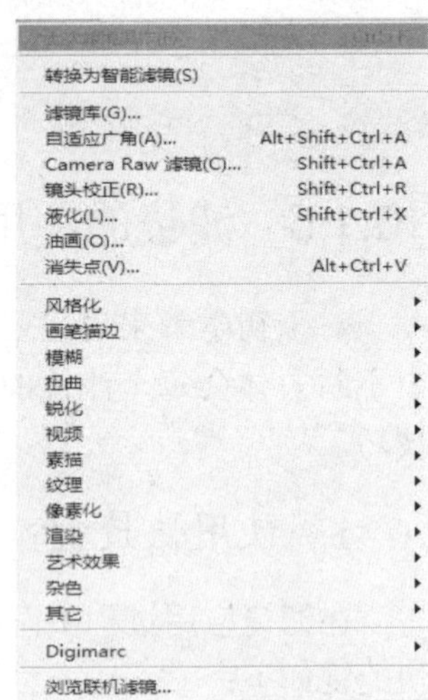

图 10-3 “滤镜”菜单

- 上次滤镜操作：使用该命令，将对图像重复应用上一次所使用的滤镜。
- 转换为智能滤镜：使用该命令，可以将滤镜效果应用于智能对象，不会修改图像的原始数据。
- 滤镜库：该命令将大量常用的滤镜组织在一起，以折叠菜单的方式显示，用户使用起来十分方便。
- 自适应广角：可以轻松拉直全景图像或使用鱼眼（或广角）镜头拍摄的照片中的弯曲对象。
- Camera Raw 滤镜：可以调整照片的白平衡、色调、色彩和饱和度，校正镜头的各种缺陷。
- 镜头校正：可以修复有数码相机镜头缺陷而导致的照片中出现桶形失真、枕形失真、色差以及晕影等问题，还可以用来校正倾斜的照片，或修复由于相机垂直或水平倾斜而导致的图像透视现象。
- 液化：使用该命令可以使图像产生模拟液体流动的变形效果。
- 油画：使用该命令，能将图像快速转变为油画，可以控制画笔的样式以及光线的方向和亮度，以产生更加出色的效果。
- 消失点：可以在包含透视平面（如建筑物侧面或任何矩形对象）的图像中进行透视校正。
- 风格化：可以使图像产生各种印象派及其他风格的画面效果。
- 画笔描边：在图像中增加颗粒、杂色或纹理，从而使图像产生多种多样的艺术画笔绘画效果。
- 模糊：可以使图像产生模糊效果。
- 扭曲：可以使图像产生多种样式的扭曲变形效果。
- 锐化：增加图像中相邻像素点之间的对比度，使图像更加清晰。
- 视频：该命令是 Photoshop 的外部接口命令，用来从摄像机输入图像或将图像输出到录像带上。
- 素描：将纹理添加到图像中，常用于制作 3D 效果。这些滤镜还适用于美术或手绘外观。除“水彩画纸”和“铬黄”滤镜外，其他滤镜在重绘图像时将使用前景色和背景色。

- 纹理：可以使图像产生多种多样的特殊纹理及材质效果。
- 像素化：可以使图像产生分块，呈现出一种由单元格组成的效果。
- 渲染：可在图像中创建 3D 形状、云彩图案、折射图案和模拟光反射，也可在 3D 空间中操作对象，创建 3D 对象（立方体、球面和圆柱），并从灰度图像中创建纹理填充，以产生类似 3D 光照的效果。云彩效果利用前景色和背景色产生类似云彩的效果。
- 艺术效果：可在美术或商业项目中制作绘画效果或特殊效果，大部分艺术效果滤镜都可以模拟传统绘画的效果；但“塑料”滤镜除外，它提供的高光和阴影区域可以增加表面纹理的立体感和光滑感。
- 杂色：可以使图像按照一定的方式添加杂点，制作着色像素图像的纹理。
- 其它：允许用户创建自己的滤镜，使用滤镜修改蒙版，使选区在图像中发生位移，以及快速进行颜色调整。它包括位移、最大值、最小值、自定和高反差保留 5 项内容。
- Digimarc：该命令用于将数字水印嵌入图像以存储版权信息，从而对作品进行保护。

# 10.3　滤镜应用实例

本节通过一些应用实例来介绍滤镜的基本使用方法，使读者能够在学习过程中掌握一些滤镜的基本功能与使用技巧。

## 10.3.1　皮质纹理

本实例将运用“染色玻璃”“浮雕效果”和“添加杂色”滤镜制作一种皮质纹理，效果如图 10-4 所示。

图 10-4　皮质纹理效果

制作皮质纹理效果的具体操作步骤如下：

（1）按【Ctrl+N】组合键或单击“文件”|“新建”命令，新建一幅“颜色模式”为“RGB 颜色”、“背景内容”为“白色”、名称为“皮质纹理”的图像。

（2）按【D】键，设置前景色为黑色、背景色为白色。

（3）单击“滤镜”|“纹理”|“染色玻璃”命令，弹出“染色玻璃”对话框，设置“单元格大小”为 4、“边框粗细”为 1、“光照强度”为 4，如图 10-5 所示。单击“确定”按钮，效果如图 10-6 所示。

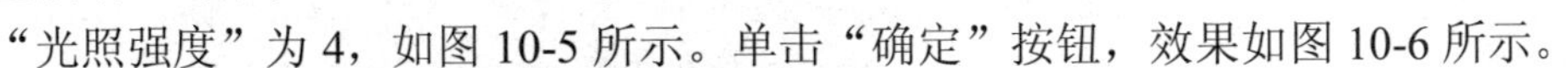

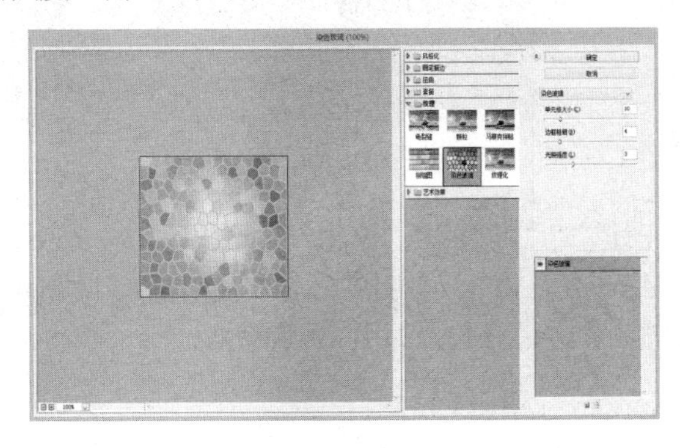

图 10-5　“染色玻璃”对话框

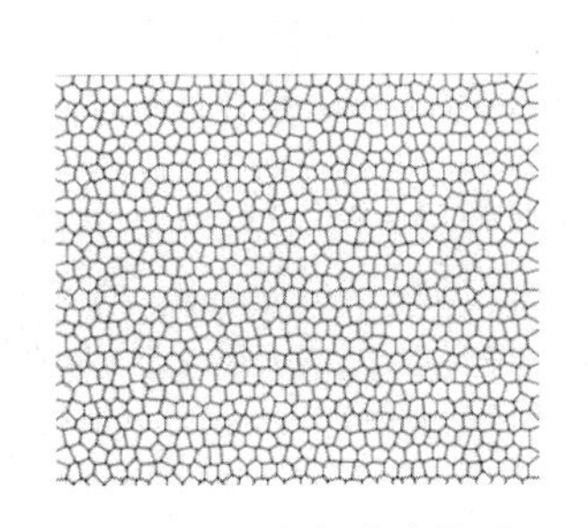

图 10-6　染色玻璃效果



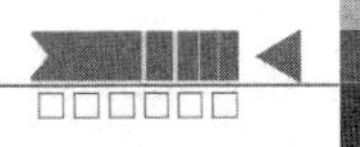

（4）单击“滤镜”|“杂色”|“添加杂色”命令，弹出“添加杂色”对话框，设置“数量”为8%、“分布”为“高斯分布”，如图10-7所示。单击“确定”按钮，效果如图10-8所示。

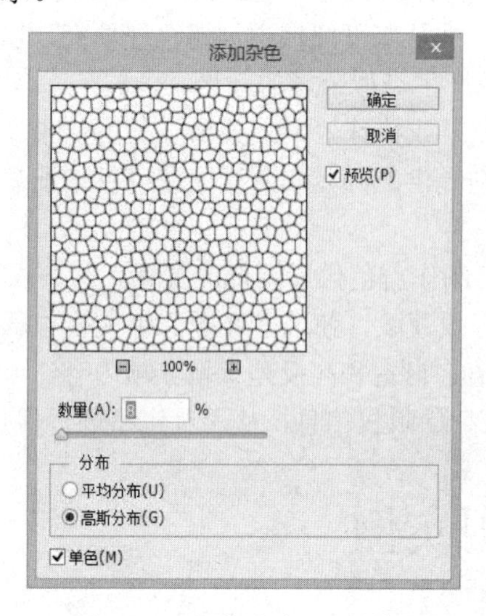


图10-7 “添加杂色”对话框

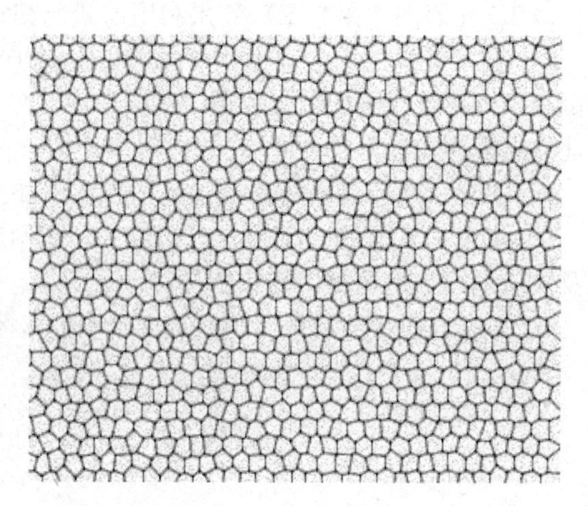

图10-8 添加杂色后的效果

（5）单击“滤镜”|“风格化”|“浮雕效果”命令，弹出“浮雕效果”对话框，设置“角度”为-130度、“高度”为1像素、“数量”为40%，如图10-9所示。单击“确定”按钮，效果如图10-10所示。

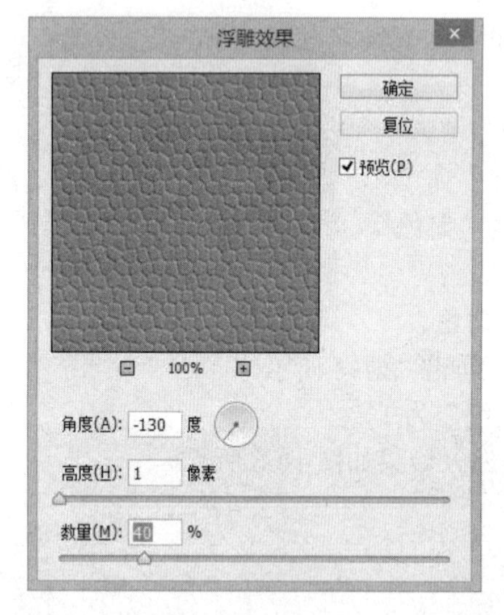


图10-9 “浮雕效果”对话框

图10-10 浮雕效果

（6）按【Ctrl+U】组合键或单击“图像”|“调整”|“色相/饱和度”命令，弹出“色相/饱和度”对话框，设置“色相”为34、“饱和度”为38、“明度”为0，如图10-11所示。单击“确定”按钮，完成皮质纹理实例效果的制作，最终效果如图10-12所示。

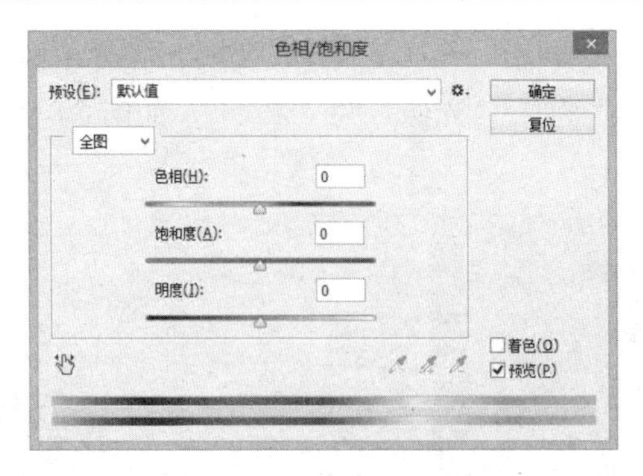


图 10-11　“色相/饱和度”对话框

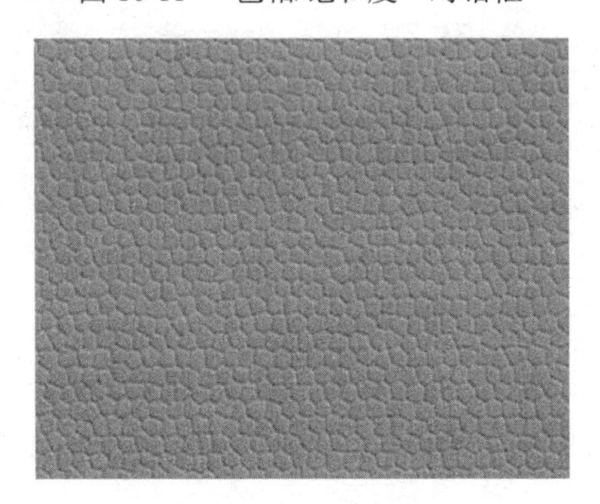

图 10-12　最终效果

## 10.3.2　矿石纹理

本实例运用“云彩”和“基底凸现”等滤镜制作一种矿石纹理，效果如图 10-13 所示。

制作矿石纹理效果的具体操作步骤如下：

（1）按【Ctrl+N】组合键或单击“文件”|“新建”命令，新建一幅名为“矿石纹理”的图像。

（2）按【D】键，设置前景色为黑色、背景色为白色。

（3）单击“滤镜”|“渲染”|“云彩”命令，效果如图 10-14 所示。

图 10-13　矿石纹理效果

图 10-14　云彩效果

（4）单击“滤镜”|“素描”|“基底凸现”命令，在弹出的“基底凸现”对话框中设置“细节”为15、“平滑度”为2、“光照”为“右下”，如图10-15所示。单击“确定”按钮，效果如图10-16所示。

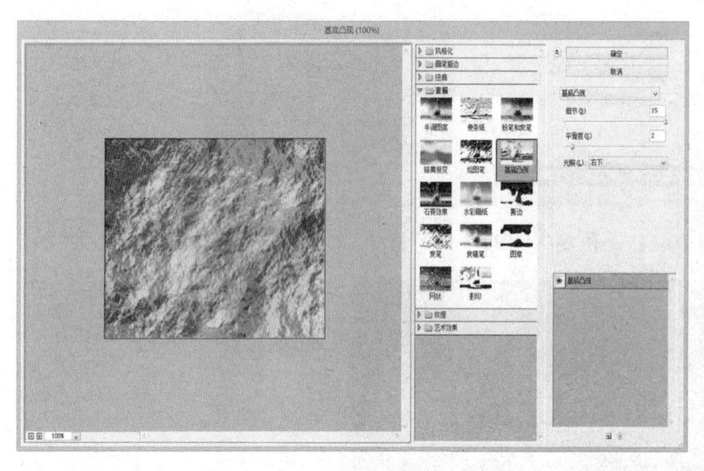

图10-15 “基底凸现”对话框

图10-16 基底凸现效果

（5）单击“滤镜”|“锐化”|“USM锐化”命令，在弹出的“USM锐化”对话框中设置“数量”为200%、“半径”为1像素、“阈值”为1色阶，如图10-17所示。单击“确定”按钮，效果如图10-18所示。

（6）在“图层”面板中双击“背景”图层，在弹出的“新建图层”对话框中单击“确定”按钮，将其转换为普通图层。

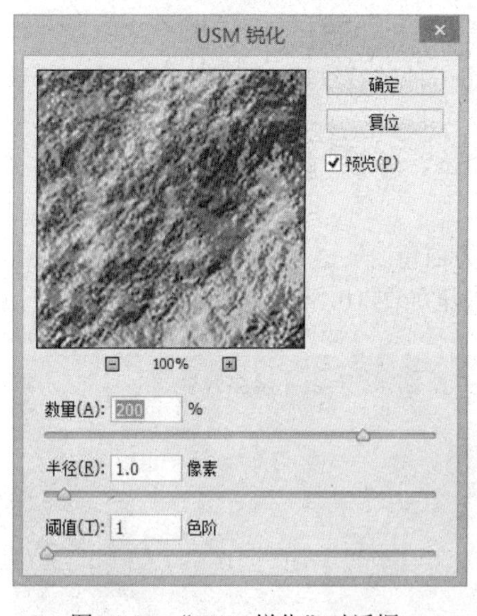


图10-17 “USM锐化”对话框

图10-18 USM锐化效果

（7）单击“图像”|“调整”|“变化”命令，在弹出的“变化”对话框中对色调进行调整，如图10-19所示。

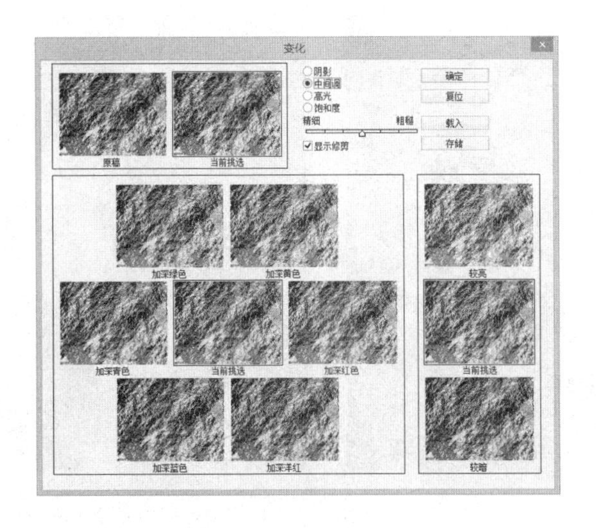


图 10-19 “变化”对话框

图 10-20　变化效果

（8）单击“确定”按钮，得到的图像效果如图 10-20 所示。

（9）单击“图像”|“调整”|“色阶”命令或按【Ctrl+L】组合键，在弹出的“色阶”对话框中设置“输入色阶”值分别为 25、1.30、210，如图 10-21 所示。

（10）单击“确定”按钮得到最终效果，如图 10-22 所示。

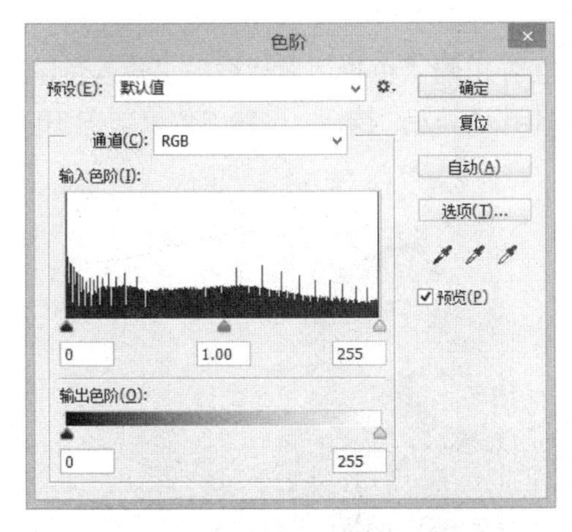


图 10-21 “色阶”对话框

图 10-22　最终效果

## 10.3.3　纹理浮雕效果

本实例将运用“光照效果”等滤镜制作一种纹理浮雕效果，如图 10-23 所示。

制作纹理浮雕效果的具体操作步骤如下：

（1）单击“文件”|“打开”命令或按【Ctrl+O】组合键，打开一幅素材图像，如图 10-24 所示。

图 10-23 纹理浮雕效果

图 10-24 打开的素材图像

（2）按【Ctrl+A】组合键，全选素材图像，然后按【Ctrl+X】组合键，剪切所选区域。

（3）切换至“通道”面板，单击该面板底部的“创建新通道”按钮，新建一个通道——Alpha 1，按【Ctrl+V】组合键，将图像粘贴到 Alpha 1 通道中，此时的“通道”面板如图 10-25 所示。

（4）按【Ctrl+D】组合键取消选区。单击“图像”|“调整”|“反相”命令，使颜色反相显示，如图 10-26 所示。

（5）单击“图像”|“调整”|“色阶”命令，在弹出的“色阶”对话框的“输入色阶”文本框中依次输入 0、1.00、180，如图 10-27 所示。单击“确定”按钮，得到的效果如图 10-28 所示。

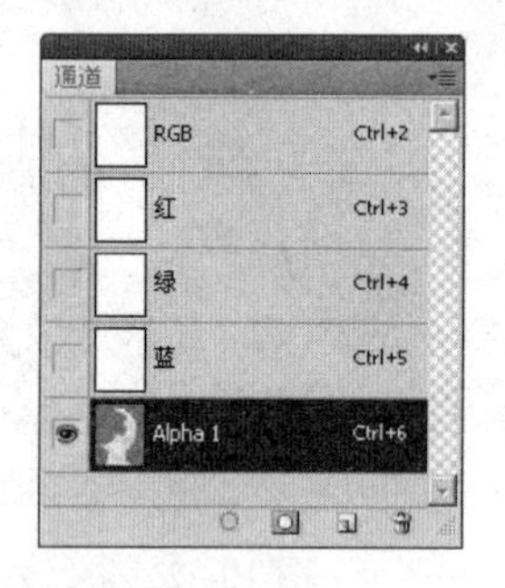


图 10-25 “通道”面板

图 10-26 反相效果

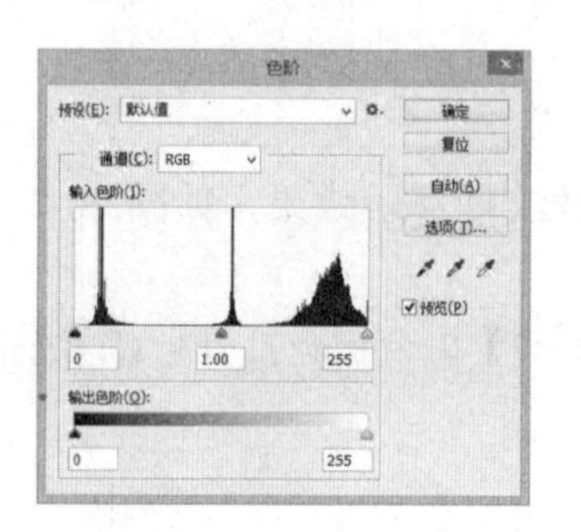


图 10-27 “色阶”对话框

图 10-28 使用“色阶”命令调整后的效果

（6）切换到“图层”面板，并确认“背景”图层为当前工作图层，单击“滤镜”|“渲染”|“光照效果”命令，，如图 10-29 所示在弹出的“光照效果”对话框的“预设”下拉列表框中选择“三处下射光”选项，然后调整光线的位置、角度、范围及颜色，在“纹理通道”下拉列表框中选择 Alpha 1 选项。

（7）单击“确定”按钮，得到最终效果，如图 10-30 所示。

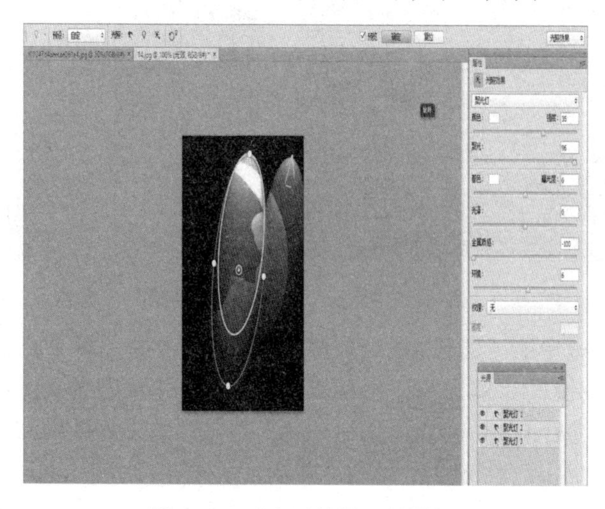

图 10-29　“光照效果”对话框

图 10-30　最终效果

## 10.3.4　素描效果

本实例运用“胶片颗粒”和“动感模糊”等滤镜将一幅彩色照片制作成具有艺术效果的素描画，效果如图 10-31 所示。

图 10-31　运用滤镜前后效果对比

制作素描效果的具体操作步骤如下：

（1）在中文版 Photoshop CC 图像编辑窗口中的灰色底板空白处双击鼠标左键，打开一幅人物素材图像，如图 10-32 所示。

（2）单击“图层”|“复制图层”命令，弹出“复制图层”对话框，单击“确定”按钮，复制一个新的“背景 拷贝”图层；再次执行该命令，复制一个新的“背景 拷贝 2”图层，

此时的“图层”面板如图 10-33 所示。

图 10-32 素材图像

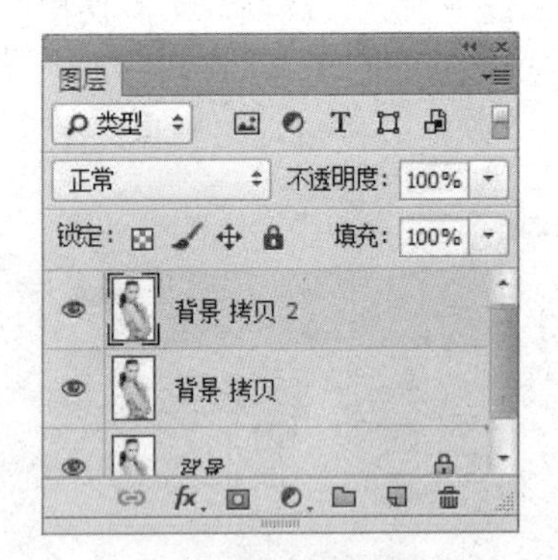

图 10-33 “图层”面板

（3）按【Ctrl+Shift+U】组合键或单击“图像”|“调整”|“去色”命令，将“背景 拷贝 2”图层中的图像去色，然后单击“滤镜”|“其它”|“高反差保留”命令，弹出“高反差保留”对话框，参数设置如图 10-34 所示。然后单击“确定”按钮，得到的图像效果如图 10-35 所示。

（4）单击“图像”|“调整”|“亮度/对比度”命令，弹出“亮度/对比度”对话框，参数设置如图 10-36 所示。

图 10-34 “高反差保留”对话框

图 10-35 高反差保留效果

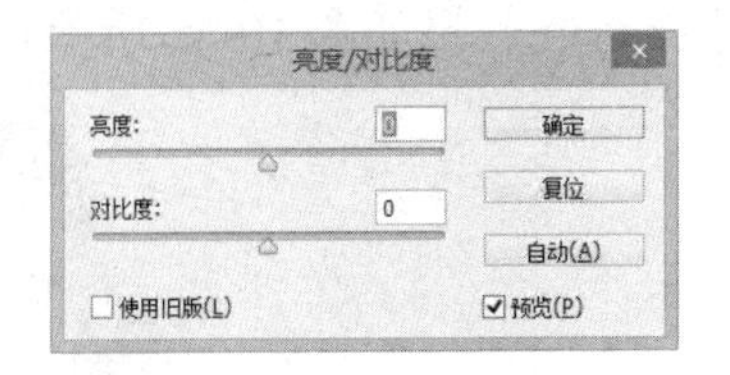

图 10-36 “亮度/对比度”对话框

（5）单击“确定”按钮，得到的图像效果如图 10-37 所示。

图 10-37 调整亮度/对比度后的效果

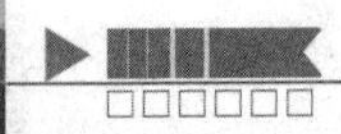

（6）在“图层”面板中将“背景 拷贝 2”图层隐藏，然后确定“背景 拷贝”图层为当前工作图层，单击“图像”|“调整”|“通道混合器”命令，弹出“通道混合器”对话框，选中“单色”复选框，参数设置如图 10-38 所示。然后单击“确定”按钮，得到的图像效果如图 10-39 所示。

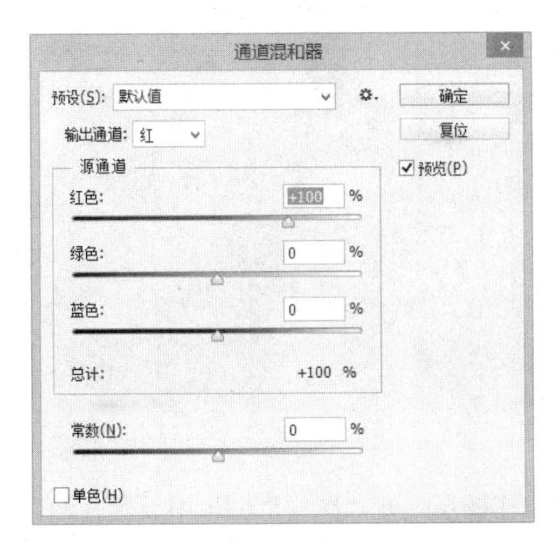

图 10-38 “通道混合器”对话框　　　图 10-39 调整通道混合器参数后的效果

（7）单击“滤镜”|“艺术效果”|“胶片颗粒”命令，弹出“胶片颗粒”对话框，参数设置如图 10-40 所示。然后单击“确定”按钮。

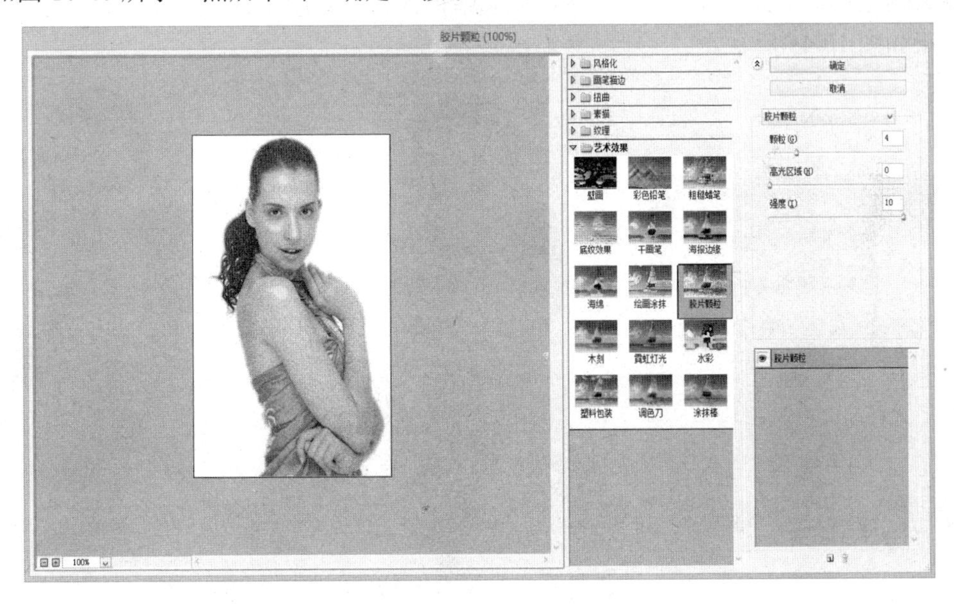


图 10-40 “胶片颗粒”对话框

（8）单击“滤镜”|“模糊”|“动感模糊”命令，弹出“动感模糊”对话框，参数设置如图 10-41 所示。然后单击“确定”按钮，得到的图像效果如图 10-42 所示。

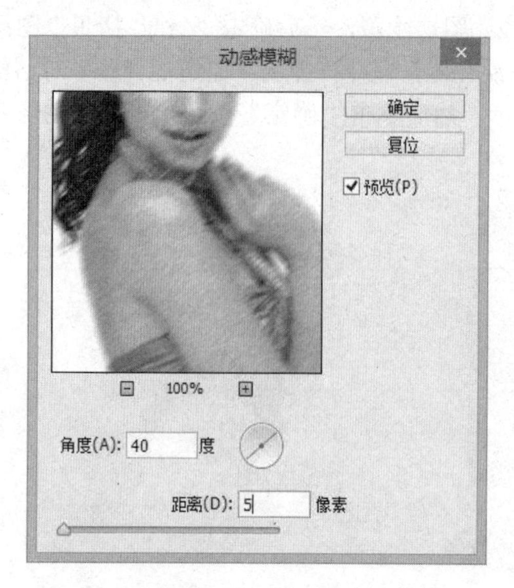

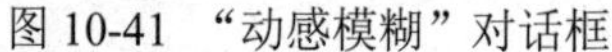

图 10-41 “动感模糊”对话框

图 10-42 动感模糊效果

（9）确定“背景 拷贝 2”图层为当前工作图层，在“图层”面板中设置其混合模式为“正片叠底”（如图 10-43 所示），得到的图像效果如图 10-44 所示。

（10）按【Ctrl+E】组合键将两个副本图层合并，合并成“背景 副本”图层。

（11）确定“背景 拷贝”图层为当前工作图层，单击工具箱中的减淡工具和加深工具，在图像人物上拖动鼠标进行涂抹，创建高光和暗调部分，经过加深工具与减淡工具修饰后的图像效果如图 10-45 所示。

图 10-43 设置混合模式

图 10-44 正片叠底效果

图 10-45 减淡和加深效果

（12）单击“滤镜”|“艺术效果”|“海报边缘”命令，弹出“海报边缘”对话框，在“海报边缘”对话框中分别将“边缘厚度”“边缘强度”以及“海报化”等参数设为“0，0，6”，如图 10-46 所示。最后单击“确定”按钮，会得到如图 10-47 所示的效果图。

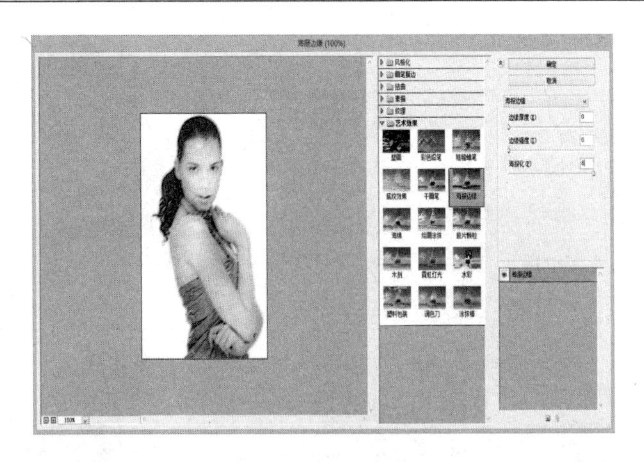

图 10-46 “海报边缘”对话框

图 10-47　海报边缘效果

（13）单击“图层”面板底部的“创建新图层”按钮，新建一个新图层——“图层 1”，然后按【D】键设置默认的前景色与背景色，按【Ctrl+Delete】组合键将其填充为白色。

（14）单击“滤镜”|“纹理”|“纹理化”命令，弹出“纹理化”对话框，参数设置如图 10-48 所示。然后单击“确定”按钮。

（15）在“图层”面板中设置“图层 1”图层的“不透明度”为 10%（如图 10-49 所示），得到最终的素描效果，如图 10-50 所示。

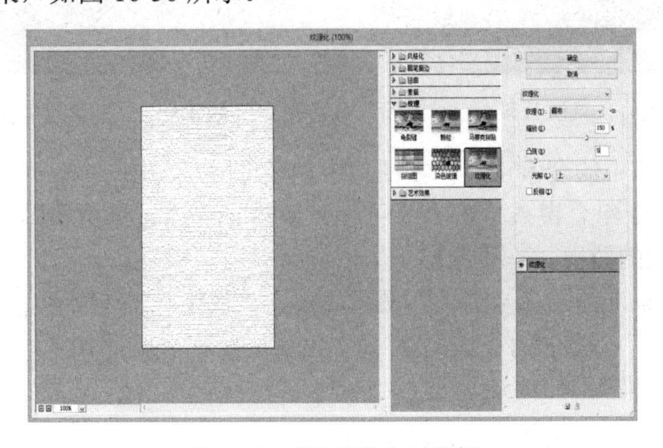

图 10-48 “纹理化”对话框

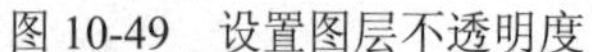

图 10-49　设置图层不透明度

图 10-50　最终效果

## 10.3.5　景深效果

本实例运用“高斯模糊”等滤镜为一张照片添加景深效果，如图 10-51 所示。

制作景深效果的具体操作步骤如下：

（1）单击“文件”|“打开”命令或按【Ctrl+O】组合键，打开一幅素材图像，如图 10-52 所示。

图 10-51　景深效果

图 10-52　打开的素材图像

（2）单击工具箱中的套索工具，在图像中创建选区，如图 10-53 所示。

（3）按【Ctrl+J】组合键或单击“图层”|“新建”|“通过拷贝的图层”命令，选区内的图像被复制为一个新的图层——“图层 1”。

（4）确定“背景”图层为当前工作图层，单击“滤镜”|“模糊”|“高斯模糊”命令，在弹出的“高斯模糊”对话框中设置“半径”为 3.5 像素，如图 10-54 所示。单击“确定”按钮，得到的图像效果如图 10-55 所示。

图 10-53　创建选区

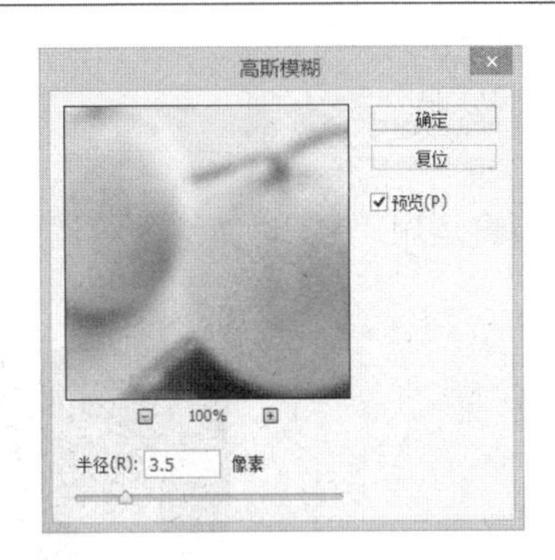


图 10-54　“高斯模糊”对话框

（5）确定“图层 1”为当前工作图层，单击“图层”面板底部的“添加图层蒙版”按钮，为“图层 1”图层创建一个蒙版，如图 10-56 所示。

图 10-55　高斯模糊效果

图 10-56　创建图层蒙版

（6）设置前景色为黑色，单击工具箱中的画笔工具，在其属性栏中设置合适的笔刷大小，并设置“不透明度”和“流量”，如图 10-57 所示。

图 10-57　设置画笔工具的参数

（7）用画笔笔尖在“图层 1”图层中图像的外围（也就是香瓜的边缘）进行涂抹使边缘柔和，使景深效果更自然，最终效果如图 10-58 所示。

图 10-58　最终效果

## 10.3.6 燃烧字效果

本实例将运用“风”“波纹”等滤镜制作一种燃烧字效果，如图10-59所示。

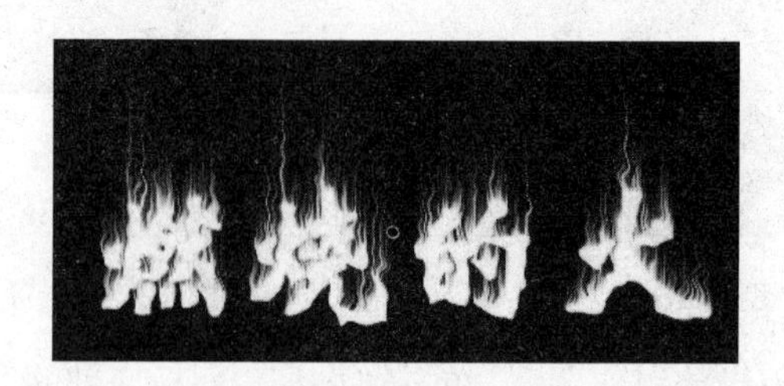


图10-59 燃烧字效果

制作燃烧字效果的具体操作步骤如下：

（1）按【Ctrl+N】组合键或单击“文件”|“新建”命令，在打开的“新建”对话框中设置“颜色模式”为“灰度”，如图10-60所示。单击“确定”按钮，新建一幅空白的灰度图像。

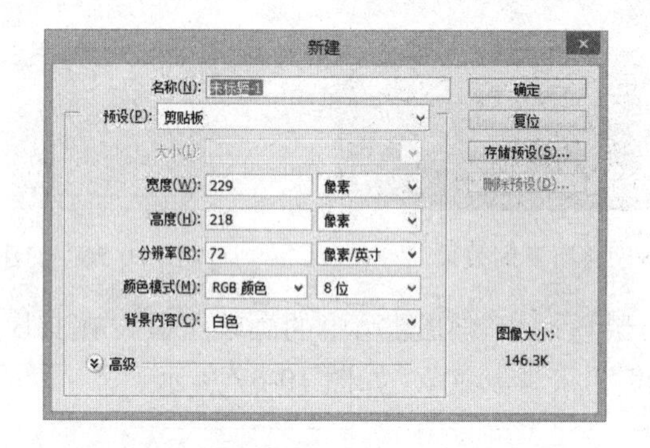


图10-60 新建灰度模式的图像

（2）将背景颜色填充为黑色，选择工具箱中的文字工具，在其属性栏中选择适当的字体、字号，在图像中输入文本，并将其移动到合适的位置，如图10-61所示。

图10-61 输入文本

（3）按【Ctrl+E】组合键将文本图层向下合并。单击“图像”|“图像旋转”|“90度（顺时针）”命令，将图像顺时针旋转90度，如图10-62所示。

（4）单击“滤镜”|“风格化”|“风”命令，在弹出的“风”对话框中进行参数设置，如图10-63所示。设置完成后，单击“确定”按钮，然后按【Ctrl＋F】组合键，再次使用“风”滤镜，加强风的效果。

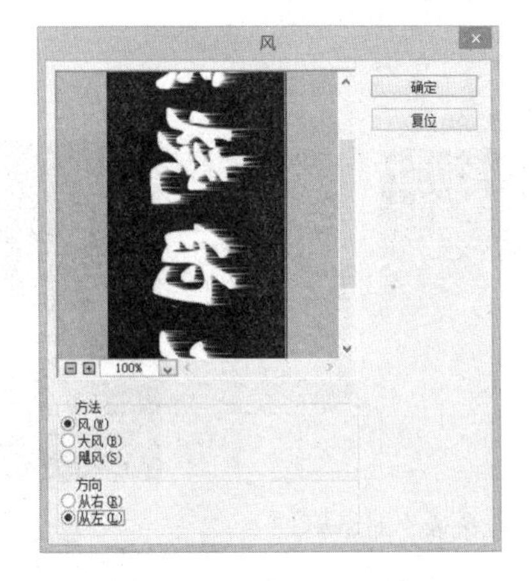

图 10-62　旋转图像　　　　　图 10-63　“风”对话框

（5）单击“图像”|“图像旋转”|“90 度（逆时针）”命令，将图像逆时针旋转 90 度，效果如图 10-64 所示。

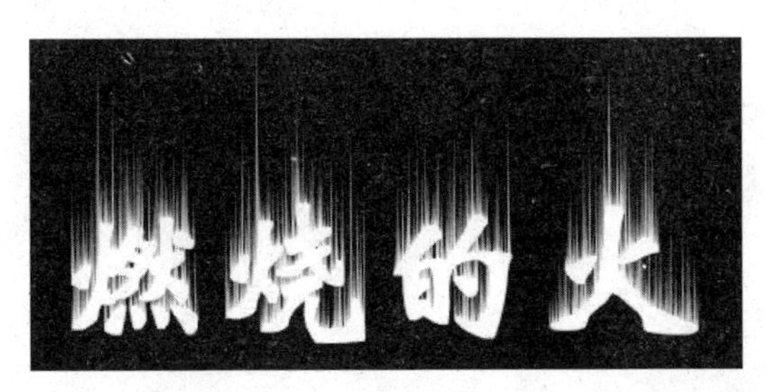

图 10-64　逆时针旋转图像

（6）单击“滤镜”|“扭曲”|“波纹”命令，在弹出的“波纹”对话框中设置“数量”为 100%、“大小”为“中”，如图 10-65 所示。设置完成后，单击“确定”按钮，效果如图 10-66 所示。

图 10-65　“波纹”对话框　　　　　图 10-66　波纹效果

（7）单击“图像”|“模式”|“索引颜色”命令，将图像转换为索引颜色模式。

（8）单击“图像”|“模式”|“颜色表”命令，在弹出的对话框的“颜色表”下拉列表

框中选择“黑体”选项，如图10-67所示。单击“确定”按钮。

（9）单击“图像”|“模式”|“RGB颜色”命令，将图像转换为RGB模式，完成燃烧字效果的制作，如图10-68所示。

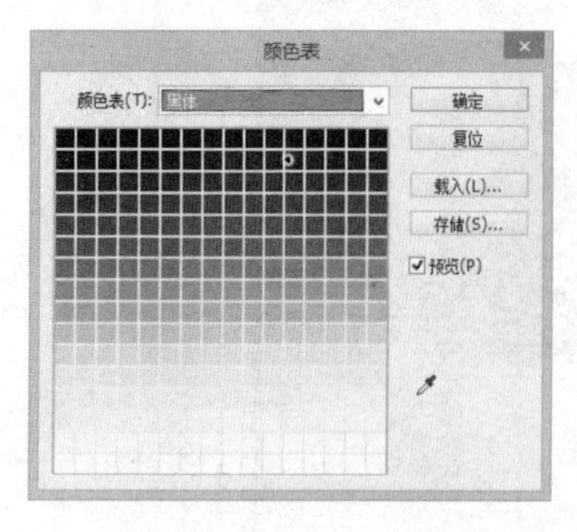


图10-67 “颜色表”对话框

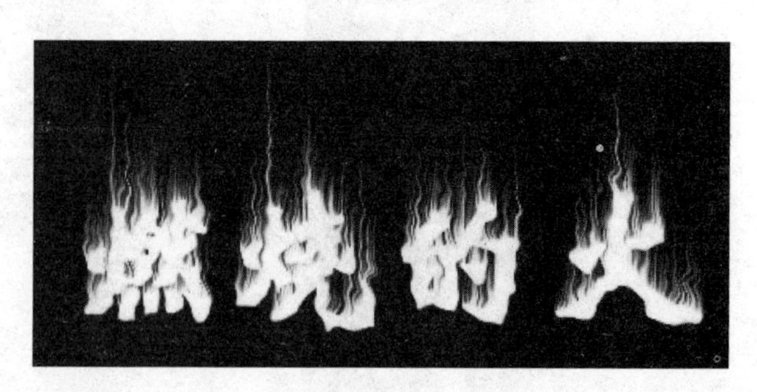


图10-68 最终效果

## 10.3.7 像素字效果

本实例将运用“高斯模糊”滤镜、“马赛克”滤镜和“锐化”滤镜来完成像素字的制作，效果如图10-69所示。

图10-69 像素字效果

制作像素字效果的具体操作步骤如下：

（1）设置背景色为蓝色，单击“文件”|“新建”命令，新建一幅背景内容为“背景色”的图像，单击“确定”按钮。

（2）单击工具箱中的文字工具，在其属性栏中设置颜色为白色，在图像编辑窗口中输入文本并移动到合适的位置，如图10-70所示。

图10-70 输入文本

（3）在文本图层上面单击鼠标右键，从弹出的快捷菜单中选择“栅格化文字”选项，将文本图层转换为普通图层，然后复制文本图层为“Spain 副本”图层。

（4）选择 Spain 文本图层，单击“滤镜”|“模糊”|“高斯模糊”命令，在弹出的对话框中设置各项参数，如图 10-71 所示。单击“确定”按钮，效果如图 10-72 所示。

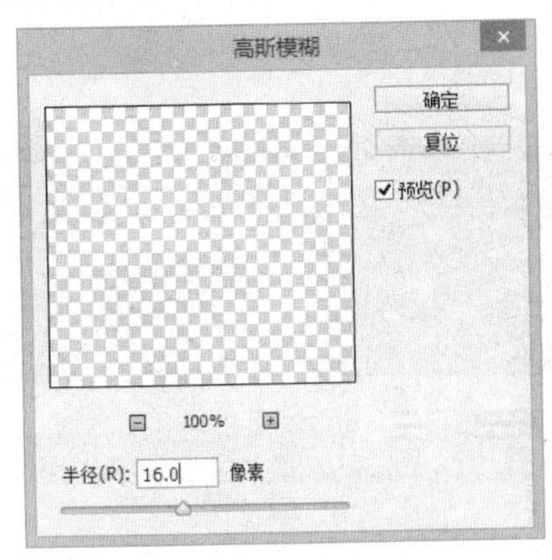

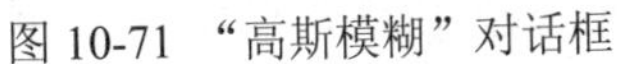

图 10-71 “高斯模糊”对话框　　图 10-72 “高斯模糊”滤镜效果

（5）单击“滤镜”|“像素化”|“马赛克”命令，在弹出的对话框中设置各项参数，如图 10-73 所示。单击“确定”按钮，效果如图 10-74 所示。

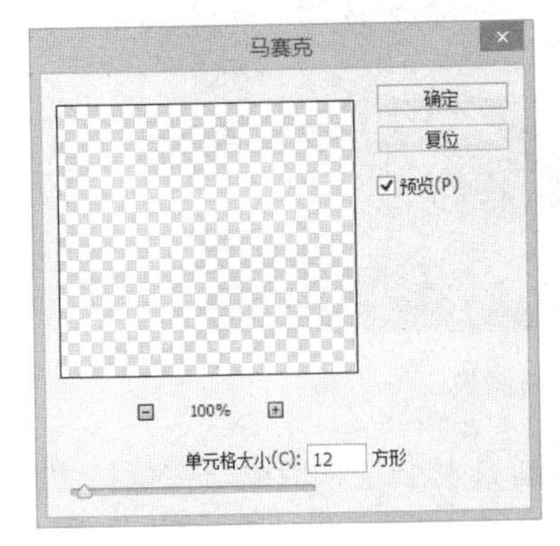

图 10-73 “马赛克”对话框　　图 10-74 “马赛克”滤镜效果

（6）单击“滤镜”|“锐化”|“锐化”命令，重复操作三次，最终效果如图 10-75 所示。

图 10-75　最终效果

## 10.3.8　水中倒影效果

本实例将运用魔棒工具、“画布大小”命令、“反向”命令、“亮度/对比度”命令、“波纹”

滤镜和“水波”滤镜等来完成水中倒影效果的制作，效果如图10-76所示。

图10-76　水中倒影效果

制作水中倒影效果的具体操作步骤如下：

（1）按【D】键，将前景色设置为黑色、背景色设置为白色，单击“文件”|“打开”命令，打开一幅素材图像，如图10-77所示。

图10-77　打开的素材图像

（2）单击“图像”|“画布大小”命令，打开“画布大小”对话框，在保持“宽度”不变的情况下将“高度”增大到原来的2倍，“定位”在上中部，如图10-78所示。单击“确定”按钮，增大画布后的图像如图10-79所示。

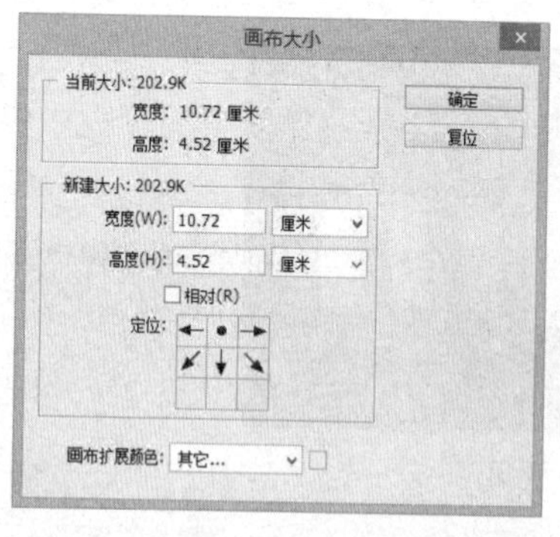

图10-78　“画布大小”对话框

图10-79　改变画布大小

（3）单击工具箱中的魔棒工具，在其属性栏中选中“连续”复选框，选中图像下部的白色部分，单击“选择”|“反向”命令反选选区。

（4）单击“编辑”|“拷贝”命令，然后单击“编辑”|“粘贴”命令，将图像粘贴到新的图层中，新图层将自动命名为“图层 1”，选择工具箱中的移动工具，将刚粘贴的图像移到原图像的下部，如图 10-80 所示。

图 10-80　复制图像

（5）单击“图层”面板中的“图层 1”图层，然后单击“编辑”|“变换”|“垂直翻转”命令，将得到如图 10-81 所示的效果。单击“编辑”|“变换”|“缩放”命令，将图像进行垂直压缩，效果如图 10-82 所示。

图 10-81　垂直翻转图像

图 10-82　垂直压缩图像

（6）单击工具箱中的裁剪工具，裁剪图像中的空白区域。确保选中“图层 1”图层，单击“图像”|“调整”|“亮度/对比度”命令，在打开的“亮度/对比度”对话框中设置各项参数，如图 10-83 所示。单击“确定”按钮，效果如图 10-84 所示。

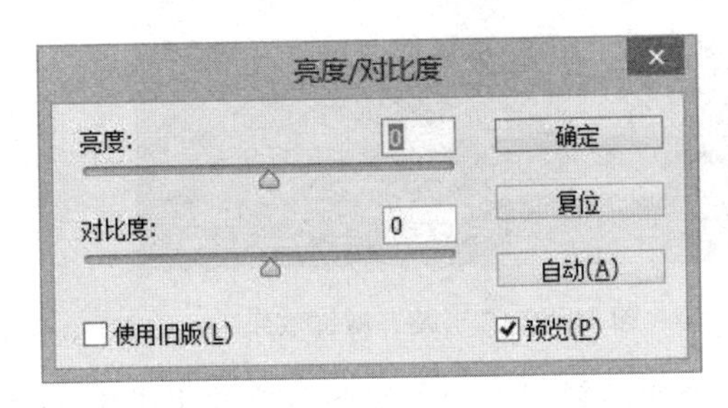


图 10-83　“亮度/对比度”对话框

图 10-84　调整亮度和对比度后的效果

（7）单击“滤镜”|“扭曲”|“波纹”命令，在打开的“波纹”对话框中设置各项参数，如图10-85所示。单击“确定”按钮，得到如图10-86所示的效果。

图10-85 “波纹”对话框

图10-86 “波纹”滤镜效果

（8）单击工具箱中的椭圆选框工具，在倒影上创建一个椭圆选区，如图10-87所示。

图10-87 创建椭圆选区

（9）单击“滤镜”|“扭曲”|“水波”命令，在打开的“水波”对话框中进行参数设置，如图10-88所示。单击“确定”按钮，按【Ctrl+D】组合键取消选区，得到如图10-89所示的效果。

图10-88 “水波”对话框

图10-89 “水波”滤镜效果

（10）参照步骤（8）和步骤（9）制作多个水波效果，即可得到最终的水中倒影效果，如图 10-90 所示。

图 10-90　最终效果

## 10.3.9　下雪效果

本实例将运用“点状化”滤镜、“阈值”命令、“动感模糊”滤镜以及改变图层混合模式等方法来完成下雪效果的制作，效果如图 10-91 所示。

图 10-91　下雪效果

制作下雪效果的具体操作步骤如下：

（1）按【D】键，将前景色设置为黑色、背景色设置为白色，单击“文件”|“打开”命令，打开一幅素材图像，如图 10-92 所示。

图 10-92　打开的素材图像

（2）复制一个背景图层，并使当前图层为“背景 拷贝”图层，单击“滤镜”|“像素化”|“点状化”命令，在打开的“点状化”对话框中设置“单元格大小”为 3，如图 10-93 所示。单击“确

定”按钮，为图像添加白色杂点，如图10-94所示。

图10-93 “点状化”对话框

图10-94 为图像添加白色杂点

（3）单击“图像”|“调整”|“阈值”命令，在打开的“阈值”对话框中设置“阈值色阶”为255，如图10-95所示。单击“确定”按钮，将图像处理为黑、白两种色调，如图10-96所示。

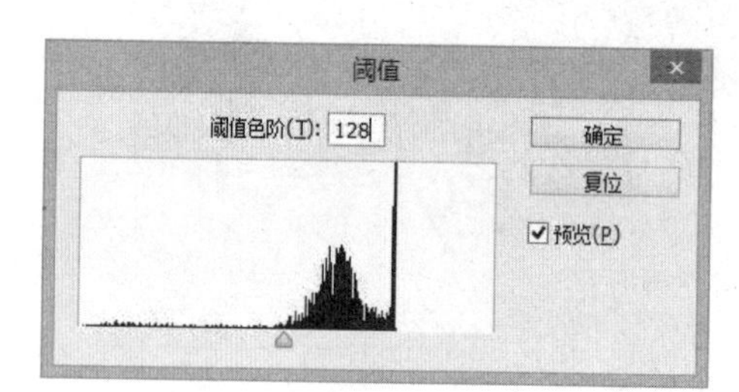


图10-95 “阈值”对话框

图10-96 调整“阈值”后的图像

（4）在“图层”面板中将“背景 拷贝”图层的混合模式设为“滤色”（如图10-97所示），效果如图10-98所示。

图10-97 调整图层混合模式为“滤色”

图10-98 调整图层混合模式后的效果

（5）单击“滤镜”|“模糊”|“动感模糊”命令，在打开的“动感模糊”对话框中设置“角度”为70度、“距离”为3像素，如图10-99所示。单击“确定”按钮，最终的大雪纷飞效果如图10-100所示。

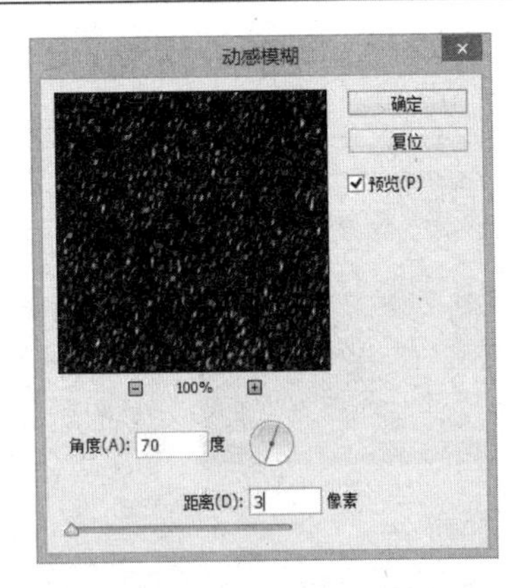


图 10-99 “动感模糊”对话框

图 10-100　最终效果

## 10.3.10　改变模糊的照片

本实例主要通过重复运用“USM 锐化”滤镜来达到改变模糊照片的效果，如图 10-101 所示。

图 10-101　改变模糊的照片

改变模糊照片的具体操作步骤如下：

（1）打开一幅素材图像（如图 10-102 所示），该照片在拍摄时对焦不准，有些模糊。

（2）单击“滤镜”|“锐化”|“USM 锐化”命令，在“USM 锐化”对话框中设置“数量”为 30%、“半径”为 1 像素，如图 10-103 所示。



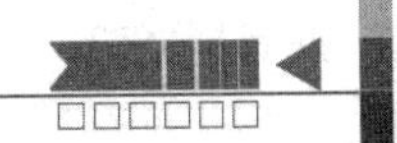

（3）单击“确定”按钮，锐化后的效果如图10-104所示。

图10-102　素材图像

图10-103　“USM锐化”对话框

图10-104　锐化后的效果

（4）第一次的锐化效果不是很明显，对照片的改观不是很大，可以按下【Ctrl+F】组合键，重复多次应用“USM锐化”滤镜（如图10-105所示），最终效果如图10-106所示。

图10-105　重复使用锐化滤镜

图10-106　最终效果

# 习　题

## 一、选择题

1．使用（　　）命令可以使图像按照一定的方式添加杂点，制作着色像素图像的纹理。

A．素描　　B．杂色　　C．画笔描边　　D．像素化

2．使用（　　）命令可以使图像产生各种印象派及其他风格的画面效果。

A．艺术效果　　B．素描　　C．画笔描边　　D．风格化

## 二、填空题

1．按___________组合键可以将前一次应用滤镜的对话框显示出来；按___________组合键将再次应用前一次的滤镜效果。

2．使用___________命令，可以使图像产生各种各样的扭曲变形效果。

## 三、简答题

1．滤镜的工作原理是什么？

2．使用滤镜的注意事项有哪些？

# 上 机 指 导

1．制作如图 10-107 所示的径向模糊效果。

图 10-107　径向模糊效果

关键提示：首先使用磁性套索工具创建人物选区，并反选选区，然后使用“径向模糊”滤镜。

2．制作如图 10-108 所示的瘦身效果。

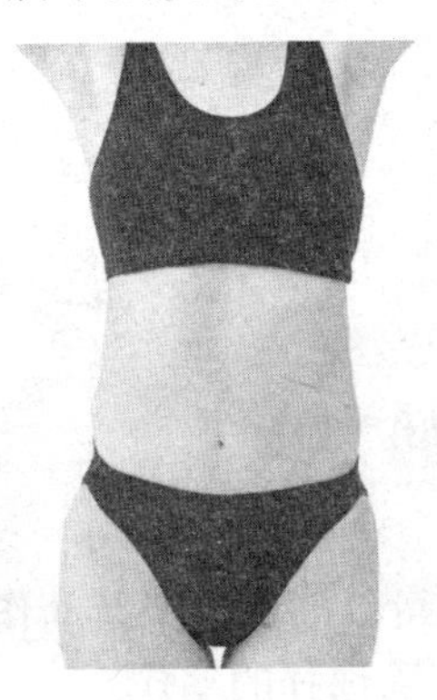

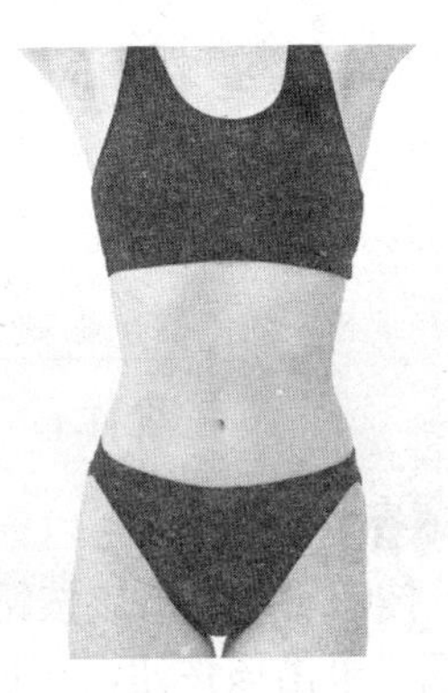

图 10-108　　瘦身效果

关键提示：使用“液化”滤镜进行处理。

# 第 11 章　动作的应用及图像的输入和输出

本章学习目标

本章主要介绍动作的功能及操作，并对“批处理”命令以及图像的输入和输出等内容分别进行介绍。通过本章的学习，读者要掌握“动作”面板的基本操作，以及如何设置动作选项，熟悉创建并记录动作、编辑动作的方法，掌握使用动作来处理图像的方法，学会使用批处理功能，掌握图像的输入和输出操作等。

学习重点和难点

- “动作”面板的功能
- 新建、录制和编辑动作的方法
- “批处理”命令的使用方法
- 图像输入/输出的操作方法

## 11.1 “动作”面板

使用“动作”面板可以记录、播放、编辑和删除动作，也可以存储和载入动作。可以说，“动作”面板是动作的控制中心。

若要显示“动作”面板，可单击“窗口”|“动作”命令或按【F9】键，如图11-1所示。

图 11-1　“动作”面板

该面板中的主要选项含义如下：

- “创建新动作”按钮：单击该按钮，可以创建一个新动作。
- “删除”按钮：单击该按钮，可以删除选择的动作。
- “创建新组”按钮：单击该按钮，可以创建一个新动作序列。
- “播放选定的动作”按钮：单击该按钮，将应用选择的动作。
- “开始记录”按钮：单击该按钮，将开始录制动作。
- “停止播放/记录”按钮：单击该按钮，将停止录制动作。
- “切换项目开/关”图标：当该图标显示“√”时，可以切换某一个动作或者命令；当该图标未显示“√”时，则该文件夹中的所有动作都不能执行；当该图标显示的“√”为红色时，则该文件夹中的部分动作或命令不能执行。

专家指点

在录制动作时，不仅执行的命令被录制于动作中，若该命令具有参数，则参数也被录制在动作中。因此，应用动作可以得到非常精确的效果。

若"动作"面板中的动作较多，可以将同一类动作存放于用于保存动作的序列中。

# 11.2　新建、录制和编辑动作

创建动作时，Photoshop 将按照使用命令和工具的顺序来记录它们。下面将介绍动作的新建、记录、停止、存储和载入等操作方法。

## 11.2.1　新建、记录和停止动作

要新建动作，可单击"动作"面板中的"创建新组"按钮，在弹出的"新建组"对话框中单击"确定"按钮，然后单击"创建新动作"按钮，弹出"新建动作"对话框，如图 11-2 所示。

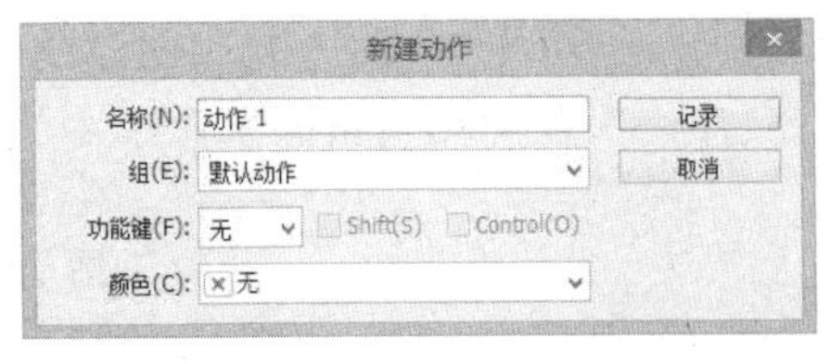


图 11-2　"新建动作"对话框

该对话框中主要选项的含义如下：

● 组：该下拉列表框中列有当前"动作"面板中所有动作序列的名称，在其中可以选择一个将要放置新动作的序列。

● 功能键：为了更快捷地播放动作，可以在该下拉列表框中选择一个功能键。在播放新动作时，可以直接按此功能键播放动作。

● 颜色：在该下拉列表框中可以选择一种颜色，作为在命令按钮显示模式下新动作的颜色。

在"新建动作"对话框中设置好各项参数后，单击"记录"按钮，即可创建一个新动作。此时"动作"面板中的"开始记录"按钮显示为红色，表示已进入动作的录制阶段，然后执行需要录制动作的命令。所有命令执行完毕后，单击"动作"面板底部的"停止播放/记录"按钮，即可停止录制动作。

专家指点

在执行某个命令后，虽然可按【Ctrl+Z】组合键来取消该动作，但"动作"面板将仍然记录该动作。

另外，并非所有操作都可以被记录在动作中，所有使用工具箱中的工具进行的绘制类操作，以及改变图像的视图比例、操作界面等操作都不能被记录在动作中。

## 11.2.2　播放动作

当停止录制动作之后，如果需要播放该动作，可以单击"动作"面板底部的"播放选定的动作"按钮，或在面板菜单中选择"播放"选项。

### 11.2.3 存储和载入动作集

将动作集保存起来可以在以后的工作中重复使用，或与他人共享使用。

要保存动作集，首先需要在“动作”面板中选择该动作集，然后在面板菜单中选择“存储动作”选项，在弹出的“存储”对话框中为该动作集输入名称并选择合适的保存位置即可。

要载入其他动作集，可以从“动作”面板菜单中选择“载入动作”选项，在弹出的“载入”对话框中选择动作集文件，然后单击“载入”按钮即可；用户也可以在“动作”面板菜单中直接单击Photoshop预设的动作集名称，载入动作集所包含的动作，如图11-3所示。

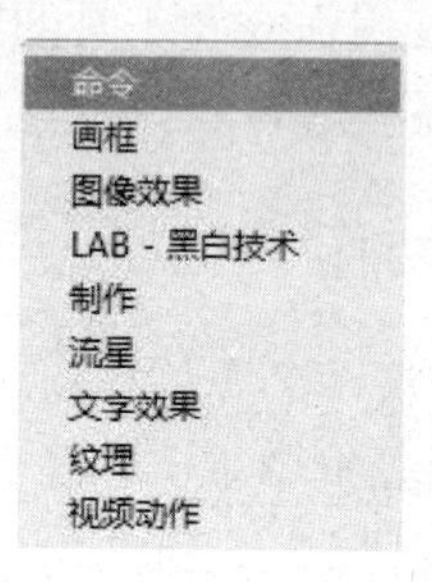


图11-3 Photoshop预设动作集

## 11.3 设置动作选项

在默认情况下动作播放的速度较快，用户可以通过设置动作选项使其速度慢下来。

在“动作”面板菜单中选择“回放选项”选项，将弹出“回放选项”对话框，如图11-4所示。在其中可以设置动作的播放速度。

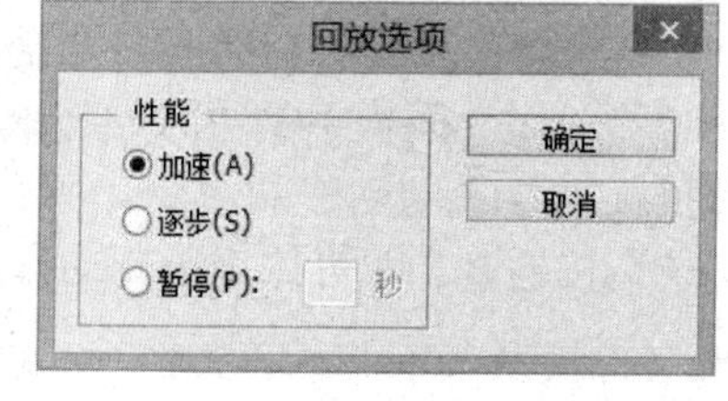


图11-4 “回放选项”对话框

该对话框中主要选项的含义如下：

● 加速：选中该单选按钮，将以正常的速度播放动作。

● 逐步：选中该单选按钮，将重绘图像再按顺序运行下一个命令。

● 暂停：选中该单选按钮，可以在其后的文本框中输入每两个命令间暂停的时间值，输入的数值越大，两个命令间暂停的时间越长。

## 11.4 使用“批处理”命令

在Photoshop中，应用动作每次只能针对一幅图像，但如果将动作与“批处理”命令结合起来使用，则可以对一批文件应用一个动作或一个动作集中的所有动作，从而成倍地提高工作效率。下面将介绍“批处理”命令的使用方法。

使用“批处理”命令可对某个文件夹中的所有文件（包含子文件夹）应用动作。

单击“文件”|“自动”|“批处理”命令，弹出“批处理”对话框，如图 11-5 所示。

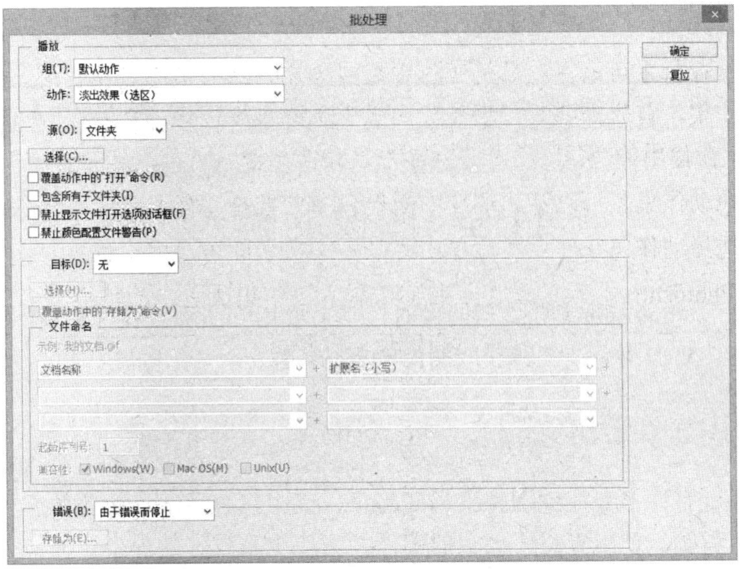

图 11-5 “批处理”对话框

该对话框中的主要选项含义如下：

● 组：该下拉列表框中列出了“动作”面板中的所有动作序列。应用该命令时，要在该下拉列表框中选择包含需要应用的动作的序列。

● 动作：用于显示指定序列中的所有动作，在此需要选择要应用的动作。

● 源：在该下拉列表框中有 4 个选项，分别是“文件夹”“导入”“打开的文件”和 Bridge；用于选择待处理图片的来源。

● 覆盖动作中的“打开”命令：选中该复选框，则被处理的文件仅能够通过动作中的“存储为”命令保存在指定的文件夹中。若没有“存储”、“存储为”命令，则执行动作后，不会保存任何文件。

● 包含所有子文件夹：选中该复选框后，指定动作将处理用户指定的文件夹中的所有子文件夹及其中的所有文件。

● 禁止颜色配置文件警告：选中该复选框后，可以关闭颜色方案信息的显示。

● 目标：在该下拉列表框中可以选择处理文件的目标。若选择“无”选项，可使文件保持打开而不存储更改（除非动作中包括存储命令）；若选择“存储并关闭”选项，可以将文件存储在它们的当前位置，并覆盖原来的文件；若选择“文件夹”选项，可以将处理的文件存储至另一位置，选择该选项，应该单击“选择”按钮，在弹出的“浏览文件夹”对话框中指定文件保存的位置。

● 文件命名：若需要为执行批处理后生成的图像文件命名，可以在该选项区的 6 个下拉列表框中选择合适的命名方式。

● 错误：在该下拉列表框中可以选择处理错误的方式。若选择“由于错误而停止”选项，可以挂起处理，直至用户确认错误信息为止；若选择“将错误记录到文件”选项，可以将每个错误记录至一个文本文件中并继续处理，此时必须单击“存储为”按钮为文本文件指定存储的位置，并为该文件命名。

设置所需参数后，单击“确定”按钮，即可开始图像的批处理操作。

专家指点

使用“批处理”命令对图像进行批处理操作时，若要中止该命令，可以按【Esc】键。

# 11.5 图像的输入

在运用中文版Photoshop CC处理图像时经常需要用到图像资料，这些图像资料可以通过不同的途径获取，下面将介绍几种获取图像的方法。

## 11.5.1 使用图像素材光盘

目前在市面上有许多专业的图像素材库光盘，其中包含了丰富的图像素材，如中国大百科全书、牛津百科等。使用素材光盘中的图像，可以丰富设计的内容。

使用这些图像素材光盘时，先将图像素材光盘放入计算机光驱中，然后用中文版Photoshop CC在图像素材光盘的文件夹中打开需要的图像文件即可。

用户如果想浏览图像素材光盘中的图像文件，建议使用专业的看图软件，如ACDSee等。

## 11.5.2 使用扫描仪

扫描仪可以将需要的照片和图像资料扫描后输入计算机。在正确安装扫描仪后，打开中文版Photoshop CC，单击“文件”|“导入”命令，在弹出的子菜单中选择“WIA支持”选项，弹出“输入设备”对话框，选择所使用的扫描仪程序，在“扫描图像”对话框中设定扫描图像需要的参数，就可以进行扫描了。扫描后的图像会自动出现在中文版Photoshop CC的工作界面中。

## 11.5.3 使用数码相机

使用数码相机是一种新的获取数字化图像的方法，在中文版Photoshop CC中使用数码相机与使用扫描仪很相似。打开中文版Photoshop CC，单击“文件”|“导入”命令，在弹出的子菜单中选择“WIA支持”选项，弹出“输入设备”对话框，选择所使用的数码相机程序后，在数码相机的功能选项中选择需要的数字化图像即可。

## 11.5.4 使用其他方法

用户还可以从Internet上下载需要的图片，运用截图软件Hyper Snap-DX pro从计算机屏幕上直接截取需要的图片，还可截取电影上的图像。例如，在用计算机看VCD、DVD时，如果发现某些图像与制作的课件主题相符，可以使用“超级解霸”等多媒体播放软件将画面截取下来。

# 11.6　图像的输出

运用中文版 Photoshop CC 制作好图像的效果之后，有时需要以印刷品的形式输出，如宣传画、书刊的彩页、书籍封面和插页等，这就需要将其打印输出。在将图像打印输出前，需要对打印选项做一些基本的设置。

## 11.6.1　设置页面

单击“文件”|“打印”命令，将弹出“Photoshop 打印设置”对话框，用户可在其中“打印设置”设置纸张的大小、来源和方向等参数，如图 11-6 所示。

图 11-6　“页面设置”对话框

其中，“方向”选项区中有“纵向”和“横向”两个单选按钮，选中“纵向”单选按钮，则纵向打印图像；选中“横向”单选按钮，则横向打印图像。“高级”选项区的“纸张规格”下拉列表框中列出了常用的纸张的各种规格，用户可以从中选择需要的纸张类型。

## 11.6.2　设置打印选项并打印

单击“文件”|“打印”命令或按【Ctrl+P】组合键，将弹出“打印”对话框，用户可在其中预览打印效果并设置打印机、打印份数、输出和色彩管理等参数，如图 11-7 所示。

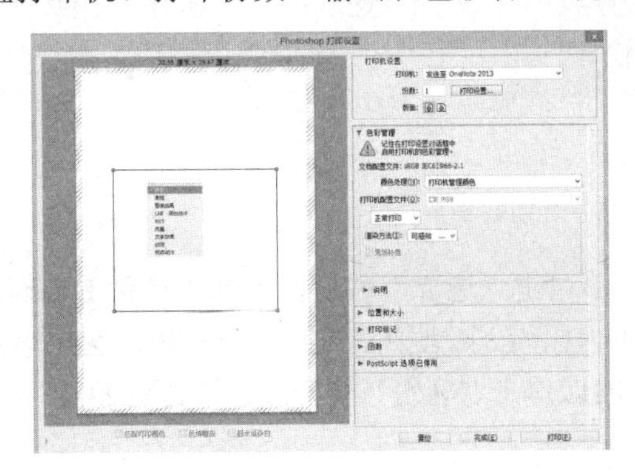

图 11-7　“打印”对话框

其中，用户可以在“打印机”下拉列表框中选择打印机；在“份数”文本框中输入要打印的份数；在“位置”和“缩放后的打印尺寸”选项区中根据所选纸张的大小和取向调整图像的位置和缩放比例。

如果要对图像进行更多的设置，可在对话框右上角的下拉列表框中选择“输出”或“色彩管理”选项（如图11-8所示），以对图像做进一步的设置。

如果选择“输出”选项，该选项区将显示如图11-9所示的状态，可设置输出选项。

图11-8　选择“输出”或“色彩管理”选项

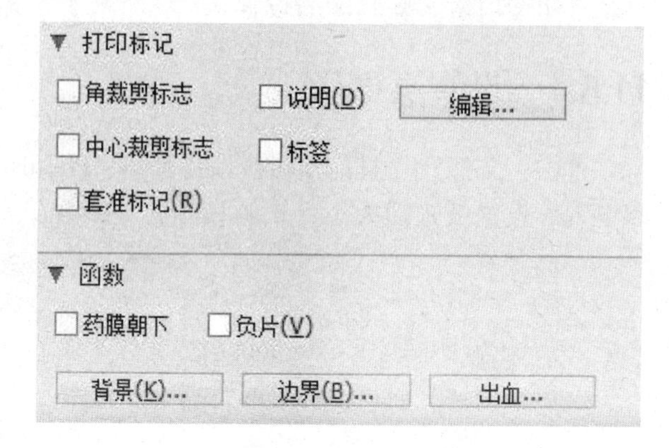


图11-9　设置输出选项

在其中单击“背景”按钮，将弹出“拾色器（打印背景色）”对话框，如图11-10所示。在其中可以选择某种颜色作为背景打印到图像以外的区域，选择需要的颜色后，“打印”对话框中的预览图将变成如图11-11所示的效果。

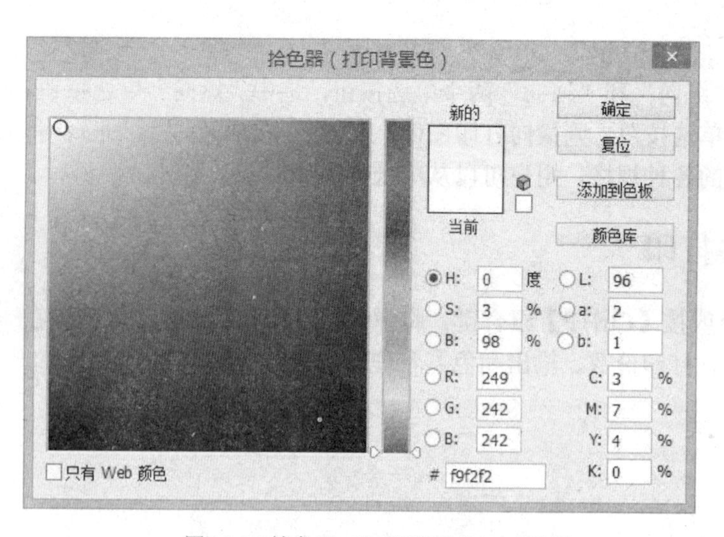


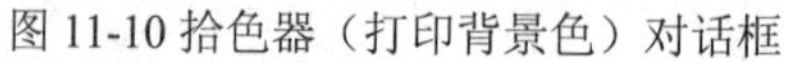

图11-10 拾色器（打印背景色）对话框

图11-11　设置图像背景颜色

在图11-9所示的界面中单击“边界”按钮，会弹出“边界”对话框，如图11-12所示。用户可以在“边界”对话框中指定打印边框宽度的单位和具体的宽度数值，如图11-12所示，输入边界宽度为2毫米，然后单击“确定”按钮，会得到图11-13所示的添加2毫米“宽度”的边界的效果。

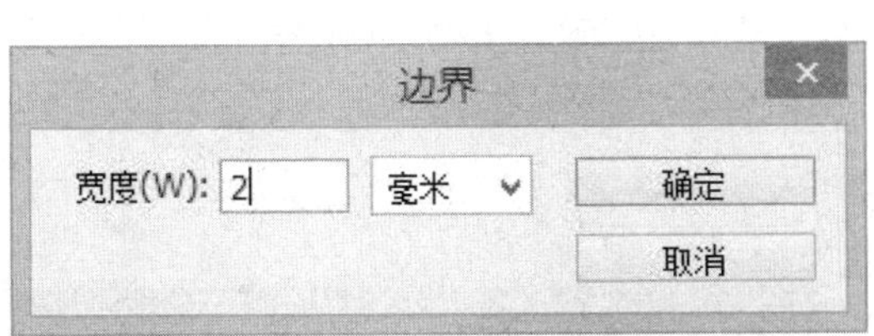


图 11-12 “边界”对话框

图 11-13　添加边界的效果

设置好图像的打印输出选项后，单击“打印”按钮，就可以将图像打印输出了。

# 习　题

## 一、选择题

1．在“动作”面板中，当动作序列前的图标显示的“√”是红色时，表示（　　）。

A．文件夹中的部分动作或命令可以执行

B．文件夹中的部分动作或命令不能执行

C．文件夹中的所有动作或命令不能执行

D．以上都不对

2．若要打印图像，可按快捷键（　　）。

A．【Ctrl+B】　　B．【Ctrl+P】

C．【Ctrl+Shift+B】　　D．【Ctrl+Shift+P】

## 二、填空题

1．使用“动作”面板可以________、________、________和________动作，也可以________和________动作。

2．使用________命令可对某个文件夹中的所有文件（包含子文件夹）应用动作。

## 三、简答题

1．如何创建、记录和停止动作？

2．如何输入和输出图像？

# 上 机 指 导

1．制作如图11-14所示的仿旧照片。

关键提示：

（1）载入“图像效果”动作。

（2）选择“仿旧照片”选项，然后单击“播放选定的动作”按钮即可。

2．制作如图11-15所示的铁锈纹理效果。

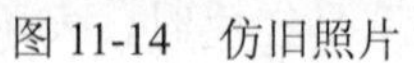

图11-14　仿旧照片

图11-15　铁锈纹理效果

关键提示：

（1）载入“纹理”动作。

（2）选择“生锈金属”选项，然后单击“播放选定的动作”按钮即可。

# 第 12 章　综合应用案例实训

本章学习目标

通过前面 11 章内容的学习，相信读者已经掌握了 Photoshop 的核心内容，但在实际应用中，往往还不能发挥出 Photoshop 图像处理的威力。因此，本章将以一些较为生动的案例来介绍 Photoshop 的实际应用，使读者收到立竿见影的学习效果。

学习重点和难点

- 通过应用案例实训掌握和巩固前面所学知识
- 通过案例的综合实训提高实际应用能力

## 12.1　盛夏的果实

【案例说明】本案例介绍如何使用魔棒工具选取图像中颜色相近的区域，来制作图像合成效果，如图 12-1 所示。

图 12-1　盛夏的果实

【制作要点】通过使用魔棒工具创建选区，然后反选选区，复制和粘贴选区中的图像，从而实现图像合成效果。

### 12.1.1　选取杨桃和菠萝

选取杨桃和菠萝，并制作简单合成效果的具体操作步骤如下：

（1）单击“文件”|“打开”命令或按【Ctrl+O】组合键，打开两幅水果素材图像，如图 12-2 所示。

素材 1

素材 2

图 12-2　打开的素材

（2）确定“素材 2”图层为当前图层，单击工具箱中的魔棒工具或按【W】键，在其属性栏中设置“容差”为 30，选中“消除锯齿”和“连续”复选框，如图 12-3 所示。

取样大小：取样点　容差：30　☑消除锯齿　☑连续　□对所有图层取样　调整边缘...

图 12-3　魔棒工具属性栏

（3）单击图像编辑窗口中的白色区域，创建白色选区，如图 12-4 所示。然后按【Ctrl+Shift+I】组合键，反选选区，如图 12-5 所示。

图 12-4　选中背景

图 12-5　选中图像

（4）单击“编辑”|“拷贝”命令或按【Ctrl+C】组合键，复制选区内的图像，然后确定“素材 1”图层为当前工作图层，单击“编辑”|“粘贴”命令或按【Ctrl+V】组合键，粘贴选区内图像到“素材 1”中，此时系统自动生成一个新图层——“图层 1”，如图 12-6 所示。

（5）单击“编辑”|“自由变换”命令或按【Ctrl+T】组合键，调出变换控制框，将鼠标指针放置于变换控制框的控制柄上，如图 12-7 所示。

（6）按住【Shift+Alt】组合键的同时拖曳鼠标，向中心以等比例缩放图像并将图像进行旋转，然后调整其至合适位置，按【Enter】键，确定变换操作，效果如图 12-8 所示。

（7）打开一幅水果素材图像，如图 12-9 所示。

图 12-6　将选区内的图像拷贝至“素材 1”中

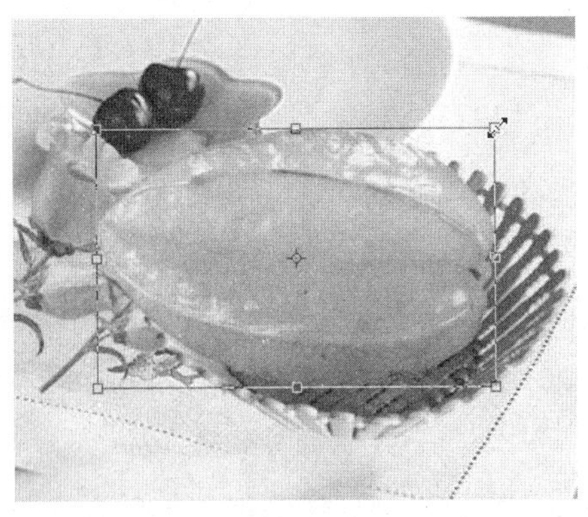

图 12-7　调出变换控制框

图 12-8　自由变换图层

图 12-9　素材 3

（8）单击工具箱中的魔棒工具或按【W】键，在其属性栏中设置“容差”为 30，选中“消除锯齿”和“连续”复选框。

（9）单击图像编辑窗口中的白色区域，创建背景选区，如图 12-10 所示。然后按【Ctrl+Shift+I】组合键，反选选区，选中图像，如图 12-11 所示。

图 12-10　创建背景选区

图 12-11　选中图像

（10）重复步骤（4）～（6）的操作，复制和自由变换素材图像，并调整其至合适位置，得到的效果如图 12-12 所示。

图 12-12　复制和自由变换图像

## 12.1.2　选取鲜艳的草莓

选取鲜艳的草莓并制作简单合成效果的具体操作步骤如下：

（1）单击“文件”|“打开”命令或按【Ctrl+O】组合键，打开一幅水果素材图像，如图 12-13 所示。

（2）单击工具箱中的魔棒工具或按【W】键，单击图像编辑窗口中的白色区域，然后在按住【Shift】键的同时单击图像中的所有白色区域，以获取背景选区，如图 12-14 所示。

图 12-13　素材 4

图 12-14　创建背景选区

（3）按【Ctrl+Shift+I】组合键，反选选区，选中图像，如图 12-15 所示。单击工具箱中的移动工具，将鼠标指针放置于选区内，拖曳图像至“素材 1”中，如图 12-16 所示。

图 12-15　选中图像

图 12-16　将图像移至“素材 1”中

（4）单击“编辑”|“自由变换”命令或按【Ctrl+T】组合键，调出变换控制框，将鼠标指针放置于变换控制框的控制柄上，按住【Shift+Alt】组合键的同时拖曳鼠标，向中心以等

比例缩放图像并调整其至合适位置，按【Enter】键，确定变换操作，效果如图 12-17 所示。此时的“图层”面板如图 12-18 所示。

（5）按住【Shift】键在“图层”面板中选择“图层 1”“图层 2”和“图层 3”图层，单击“图层”|“合并图层”命令，将所选图层合并，如图 12-19 所示。

图 12-17　自由变换图像

图 12-18　“图层”面板

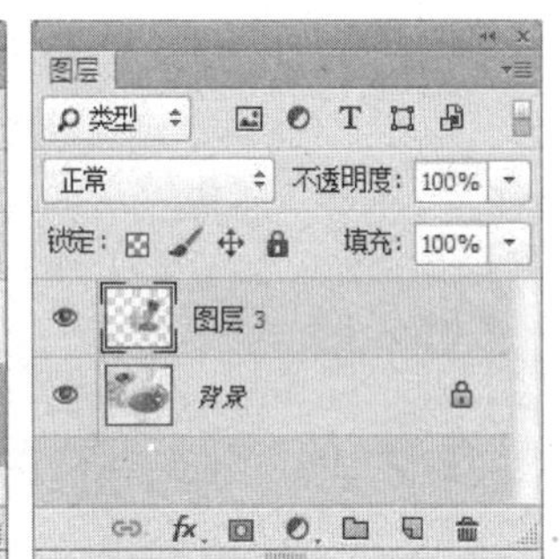


图 12-19　合并图层

（6）单击“图层”面板底部的“添加图层样式”按钮，在弹出的下拉菜单中选择“投影”选项，弹出“图层样式”对话框，设置“混合模式”为“正片叠底”、“不透明度”为 75%、“距离”为 5 像素，“大小”为 5 像素，如图 12-20 所示。

（7）单击“确定”按钮，应用“投影”样式，得到最终效果，如图 12-21 所示。

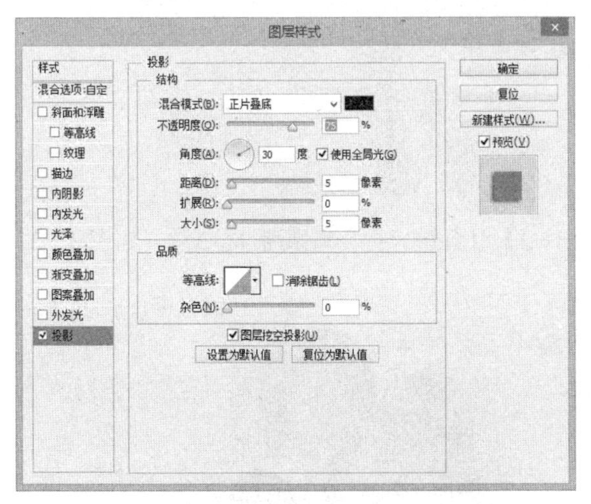


图 12-20　“图层样式”对话框

图 12-21　最终效果

## 12.1.3　案例小结

本案例主要介绍使用魔棒工具选取图像中颜色相近的区域，这也是中文版 Photoshop CC 中最简单而快捷的选择方法之一。但选择质量的好坏由其属性栏中的参数设置决定，用设置好参数的魔棒工具选择背景色，然后执行“反向”命令，即可获得图像选区。

# 12.2 相 册 封 面

【案例说明】本案例介绍如何通过使用矩形选框工具创建选区来制作精美的相册封面效果，如图 12-22 所示。

图 12-22 相册封面

【制作要点】通过使用移动工具和自由变换操作编辑图像，然后使用矩形选框工具创建选区，并反选、删除多余选区，制作出精美的图像效果。

## 12.2.1 移动和编辑图像

移动和编辑图像的具体操作步骤如下：

（1）单击“文件”|“打开”命令或按【Ctrl+O】组合键，打开两幅素材图像，如图 12-23 所示。

素材 1

素材 2

图 12-23 打开的素材图像

（2）单击工具箱中的移动工具，将“素材 2”拖动至“素材 1”图像编辑窗口中，此时“图层”面板中自动生成一个新图层——“图层 1”，如图 12-24 所示。

（3）单击“编辑”|“自由变换”命令或按【Ctrl+T】组合键，调出变换控制框，将鼠标指针放置于变换控制框的控制柄上，按住【Shift+Alt】组合键的同时向中心拖曳鼠标，以等比例缩放图像并调整其至合适位置，按【Enter】键，确定变换操作，效果如图 12-25 所示。

图 12-24　将“素材 2”移至“素材 1”中

图 12-25　自由变换图像

## 12.2.2　制作嵌入式效果

制作嵌入式效果的具体操作步骤如下：

（1）单击“图层 1”图层左侧的“指示图层可见性”图标，将“图层 1”图层隐藏，确定“背景”图层为当前工作图层，然后单击矩形选框工具，在“背景”图层的白色区域中按住鼠标左键并拖动，创建一个如图 12-26 所示的矩形选区。

（2）在“图层”面板中单击“图层 1”图层，将其确定为当前工作图层，然后单击“选择”|“反向”命令或按【Ctrl+Shift+I】组合键，反选选区，最后按【Delete】键删除选区内的多余图像，再按【Ctrl+D】组合键，取消选区，效果如图 12-27 所示。

图 12-26　创建矩形选区

图 12-27　最终效果

### 12.2.3 案例小结

本案例主要介绍图像的移动和变换操作，使用矩形选框工具创建选区，并通过反选选区等操作来制作精美的相册封面效果。

## 12.3 照片美容

【案例说明】本案例介绍建立历史快照并配合历史记录画笔工具为照片去斑的制作过程，效果如图12-28所示。

图12-28 照片美容

【制作要点】通过使用“高斯模糊”滤镜、建立新快照、运用历史记录画笔工具及调整色相/饱和度和色阶等操作，来达到为照片美容的效果。

### 12.3.1 模糊人物脸部

模糊人物脸部的具体操作步骤如下：

（1）单击“文件”|“打开为”命令或按【Ctrl+Alt+O】组合键，打开一幅人物素材图像，如图12-29所示。

（2）单击“滤镜”|“模糊”|“高斯模糊”命令，在弹出的“高斯模糊”对话框中设置“半径”为4.0像素，如图12-30所示。

图12-29 打开的素材图像

图12-30 “高斯模糊”对话框

（3）单击“确定”按钮，应用“高斯模糊”滤镜，效果如图 12-31 所示。

图 12-31 “高斯模糊”滤镜效果

## 12.3.2 修饰人物脸部

修饰人物脸部的具体操作步骤如下：

（1）单击“窗口”|“历史记录”命令，弹出“历史记录”面板，在该面板的底部单击“创建新快照”按钮，即可创建一个新快照，如图 12-32 所示。

（2）选择“历史记录”面板中的“打开”选项，然后在“快照 1”左侧的“设置历史记录画笔的源”方框中单击鼠标左键，设置历史记录画笔的源在“快照 1”上，如图 12-33 所示。

图 12-32 创建新快照

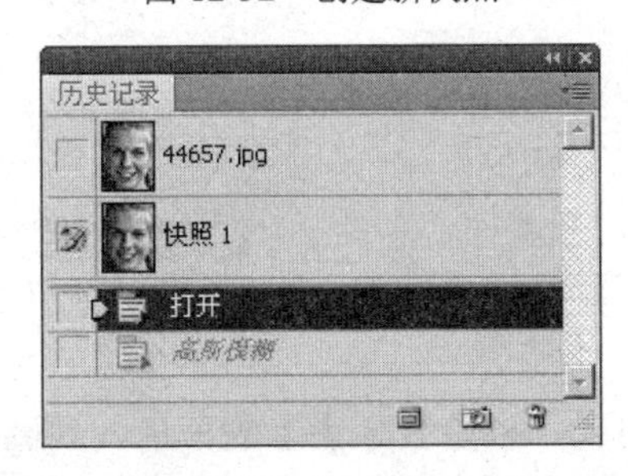


图 12-33 设置历史记录画笔的源在“快照 1”上

（3）单击工具箱中的历史记录画笔工具，在其属性栏中设置“不透明度”为 55%、“流量”为 36%，如图 12-34 所示。

图 12-34 历史记录画笔工具属性栏

（4）用画笔笔刷在人物脸部涂抹，但眼嘴等轮廓清晰的地方不需涂抹，效果如图 12-35 所示。

（5）单击工具箱中的磁性套索工具，在图像中仔细地选择人物的牙齿部分，如图 12-36 所示。

（6）单击“选择”|“修改”|“羽化”命令，在弹出的“羽化选区”对话框中设置“羽化半径”为 2 像素（如图 12-37 所示），然后单击“确定”按钮。

（7）单击“图像”|“调整”|“色相/饱和度”命令，在弹出的“色相/饱和度”对话框中选择“黄色”选项，如图 12-38 所示。

图 12-35 用画笔笔刷在人物脸部涂抹

图 12-36 选择人物的牙齿部分

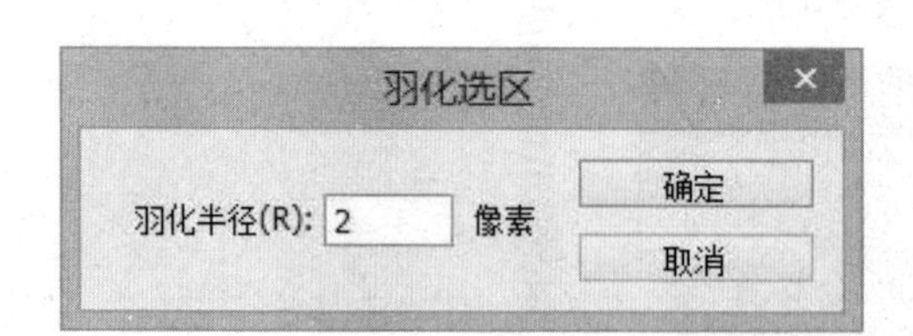


图 12-37 “羽化选区”对话框

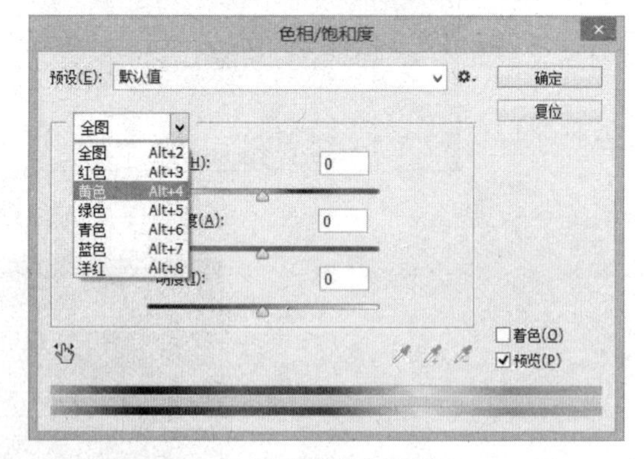


图 12-38 选择“黄色”选项

（8）调整“饱和度”为-100，以除去牙齿上的黄色，如图 12-39 所示。

（9）选择“全图”选项，然后调整“明度”为+25，如图 12-40 所示。单击“确定”按钮，得到的效果如 12-41 所示。

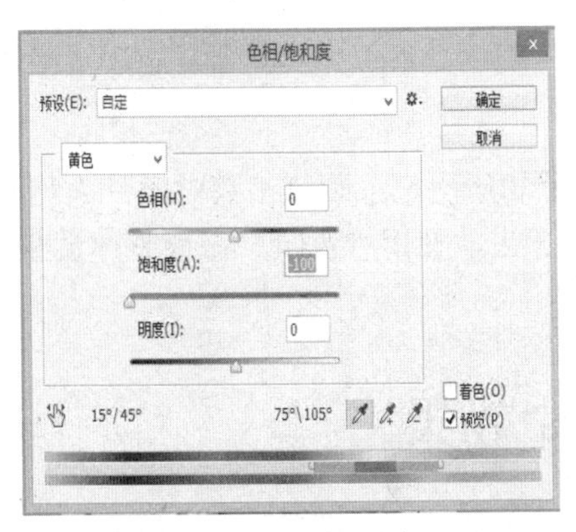


图 12-39　降低“饱和度”

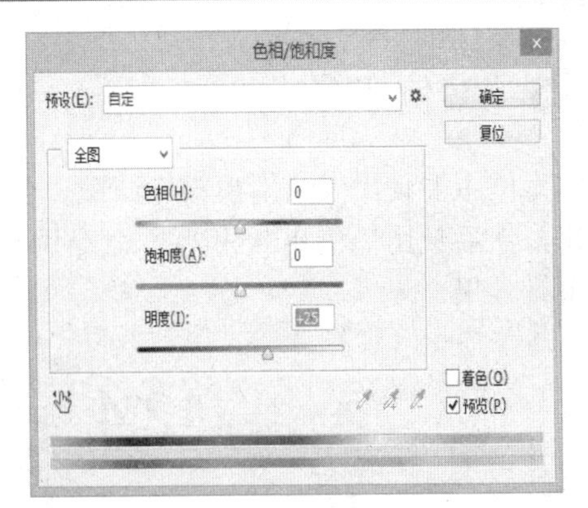


图 12-40　增加“明度”

（10）单击“图像”|“调整”|“色阶”命令，在弹出的“色阶”对话框中设置“输入色阶”分别为 0、1.3、255，如图 12-42 所示。

图 12-41　调整牙齿后的效果

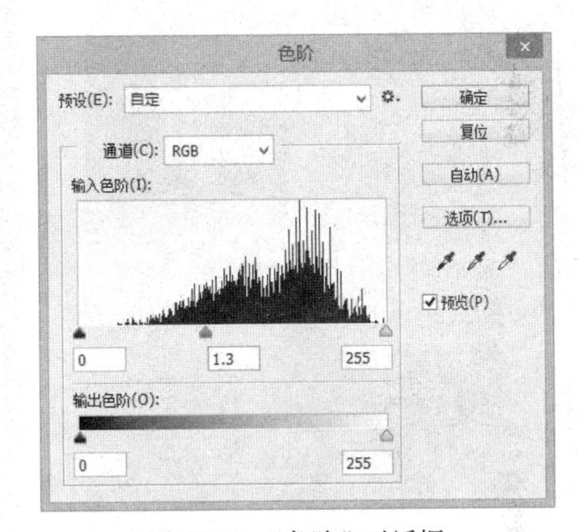


图 12-42　“色阶”对话框

（11）单击“确定”按钮，得到最终效果，如图 12-43 所示。

图 12-43　最终效果

### 12.3.3 案例小结

本案例主要使用“高斯模糊”滤镜、建立新快照和历史记录画笔工具对照片人物脸部进行修饰，然后使用“色相/饱和度”命令调整人物的牙齿，使用“色阶”命令整体调整照片，实现最终效果。

## 12.4 老照片效果

【案例说明】本案例介绍制作泛黄的老照片效果的方法，如图 12-44 所示。

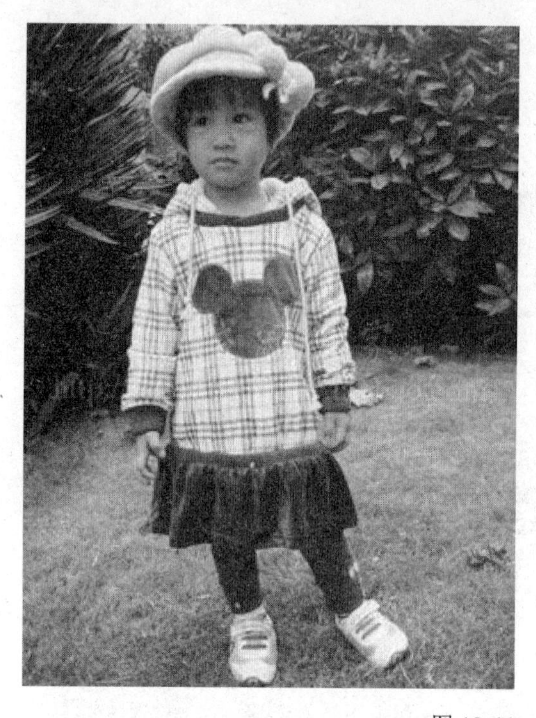
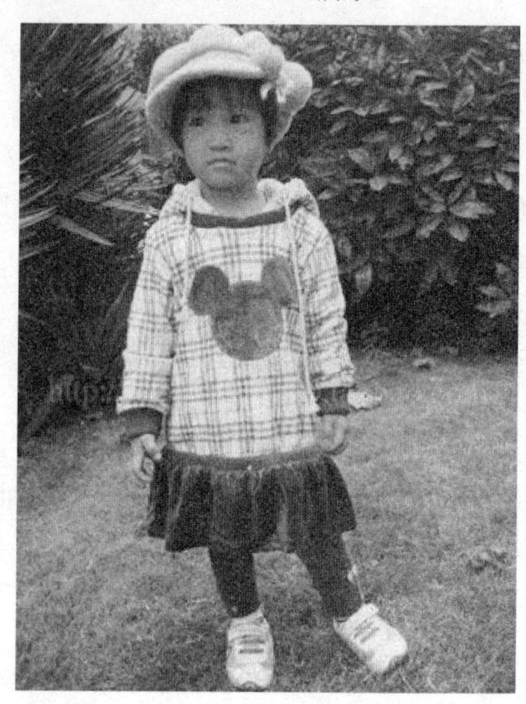

图 12-44 老照片效果

【制作要点】通过运用“去色”命令将图像调整为黑白图像，然后利用“变化”命令增加黄色值和红色值；为了增加怀旧照片的颗粒感还可以利用“添加杂色”滤镜，最后还可利用“云彩”滤镜以及改变图层的混合模式来制作出陈旧照片的效果。

### 12.4.1 去色并调整色调

去色并调整色调的具体操作步骤如下：

（1）单击“文件”|“打开”命令，打开一幅素材图像，如图 12-45 所示。

（2）单击“图像”|“调整”|“去色”命令，将图像调整为黑白图像，如图 12-46 所示。

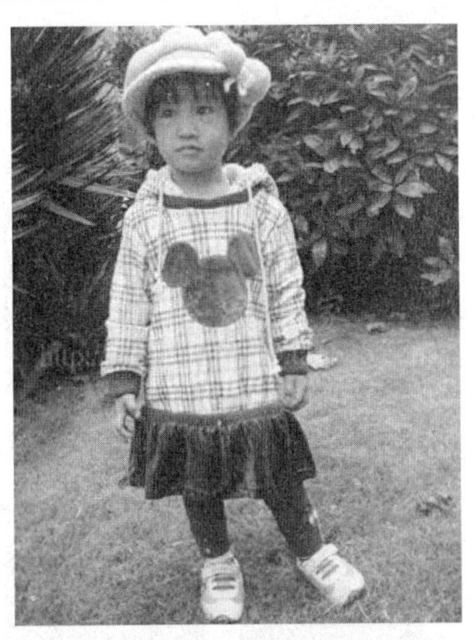

图 12-45　素材图像

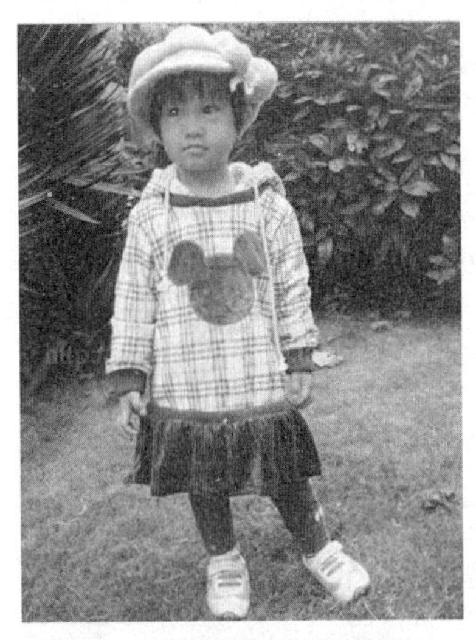

图 12-46　调整图像为黑白图像

（3）单击“图像”|“调整”|“变化”命令，打开“变化”对话框，在“加深黄色”缩览图上单击两次，在“加深红色”缩览图上单击一次，如图 12-47 所示。单击“确定”按钮，效果如图 12-48 所示。

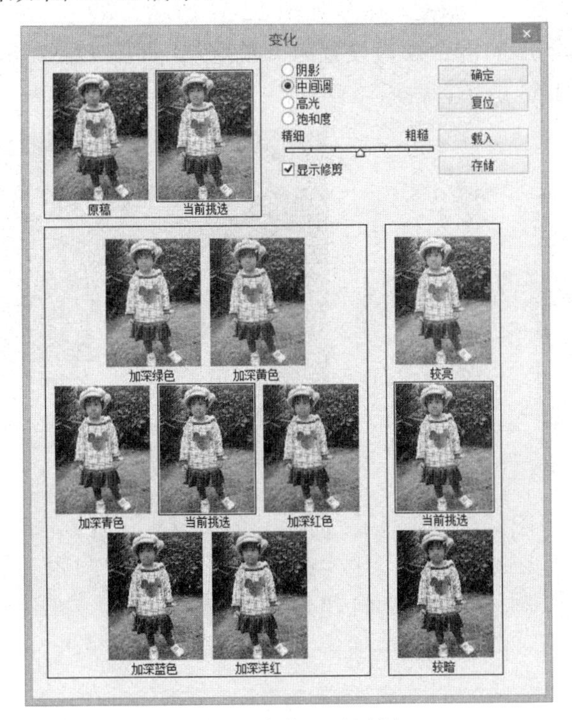



图 12-47 “变化”对话框

图 12-48　调整“变化”参数后的效果

## 12.4.2　制作陈旧效果

制作陈旧效果的具体操作步骤如下：

（1）单击“滤镜”|“杂色”|“添加杂色”命令，在打开的“添加杂色”对话框中设置

参数，如图 12-49 所示。单击“确定”按钮，效果如图 12-50 所示。

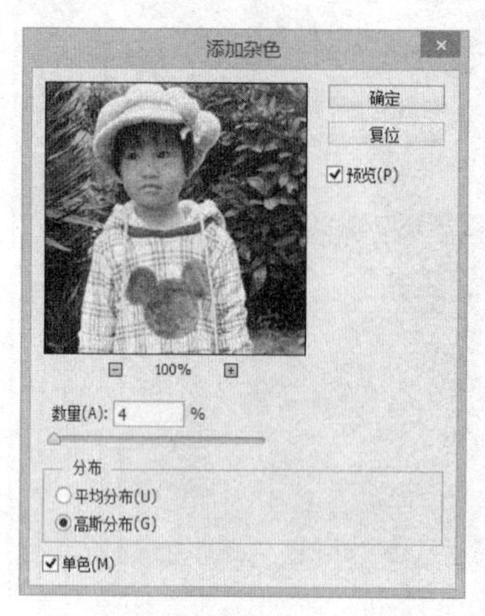


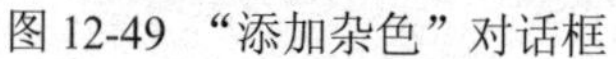
图 12-49 “添加杂色”对话框

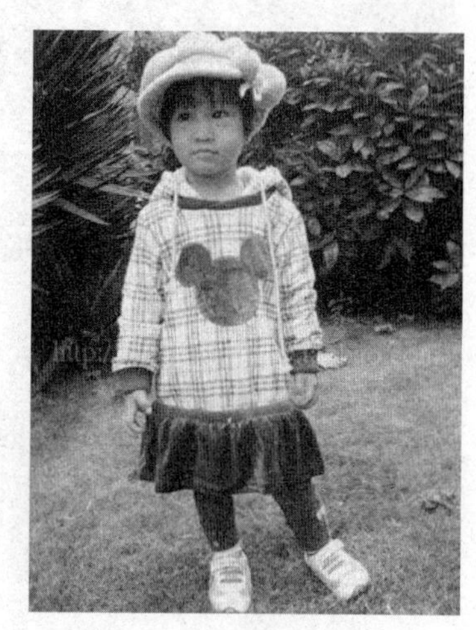
图 12-50 添加杂色效果

（2）打开“图层”面板，单击其底部的“创建新图层”按钮，新建“图层 1”图层。

（3）设置前景色的 RGB 值为 184、168、79、背景色的 RGB 值为 121、77、44，单击“滤镜”|“渲染”|“云彩”命令，应用“云彩”滤镜，效果如图 12-51 所示。

（4）在“图层”面板中将“图层 1”图层的混合模式设置为“颜色”，如图 12-52 所示。至此完成本案例的制作，最终效果如图 12-53 所示。

图 12-51 应用“云彩”滤镜的效果

图 12-52 设置混合模式

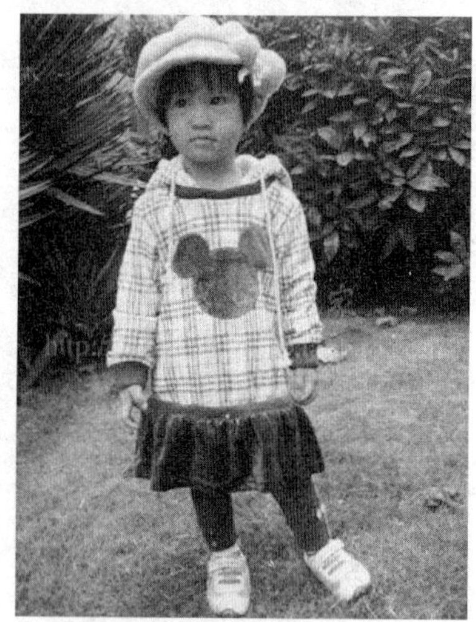
图 12-53 最终效果

## 12.4.3 案例小结

本案例使用“去色”命令、“变化”命令来改变图像的色调，运用“添加杂色”滤镜、“云彩”滤镜以及改变图层的混合模式来制作陈旧照片的效果。

# 12.5 视 频 效 果

【案例说明】本案例介绍如何制作类似视频效果的图像，如图 12-54 所示。

图 12-54 视频效果

【制作要点】通过运用矩形选框工具和“定义图案”命令以及改变填充图层的混合模式和不透明度来完成本例的制作。

## 12.5.1 制作填充图案

制作填充图案的具体操作步骤如下：

（1）单击“文件”|“新建”命令，新建一幅“宽度”为 2 像素、“高度”为 4 像素、“颜色模式”为“RGB 颜色”的图像文件，如图 12-55 所示。

（2）单击工具箱中的缩放工具，在图像上拖曳鼠标将图像放大，如图 12-56 所示。

（3）单击工具箱中的矩形选框工具，将图像上半部分的两个像素选中，按【Alt+Delete】组合键将其填充为黑色，如图 12-57 所示。

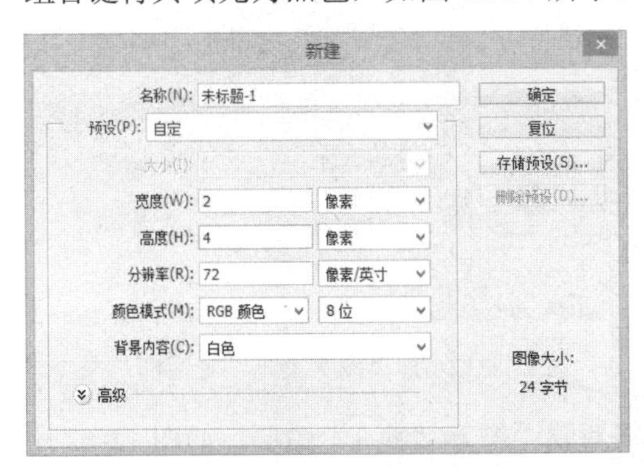


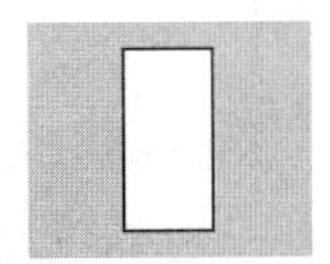

图 12-55 新建图像文件　　图 12-56 放大图像　　图 12-57 填充选区

（4）按【Ctrl+A】组合键全选图像，单击“编辑”|“定义图案”命令，在打开的“图案名称”

对话框中为图案命名，如图12-58所示。

图12-58 “图案名称”对话框

## 12.5.2 制作视频效果

制作视频效果的具体操作步骤如下：

（1）单击“文件”|“打开”命令，打开一幅素材图像，如图12-59所示。

图12-59 打开的素材图像

（2）单击“图层”|“新建填充图层”|“图案”命令，在弹出的“新建图层”对话框中为新图层命名，如图12-60所示。

（3）单击“确定”按钮，在打开的“图案填充”对话框中保持其默认值，如图12-61所示。

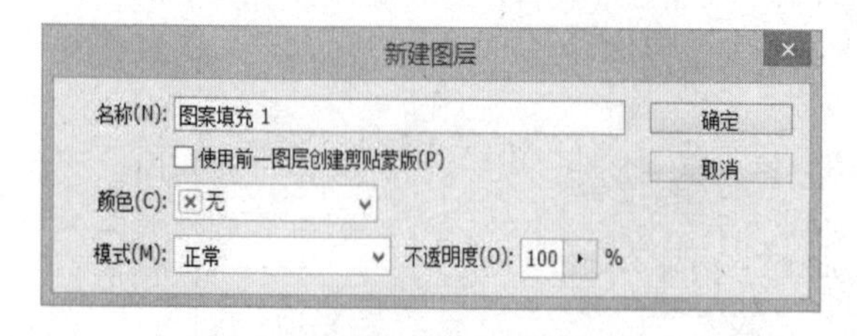


图12-60 “新建图层”对话框

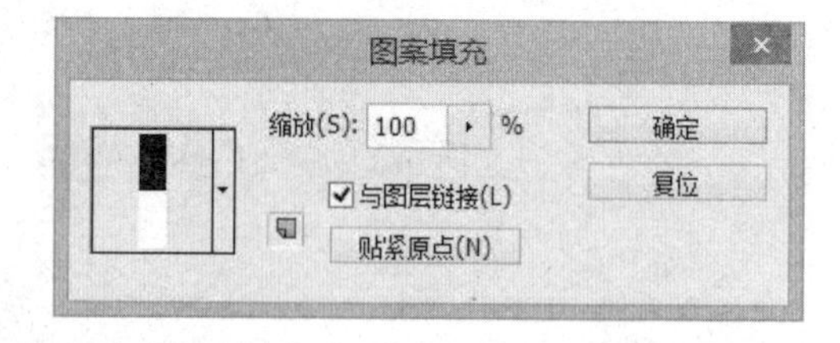


图12-61 “图案填充”对话框

（4）单击“确定”按钮，在“图层”面板中将新建“图案填充1”图层，如图12-62所示。此时的图像效果如图12-63所示。

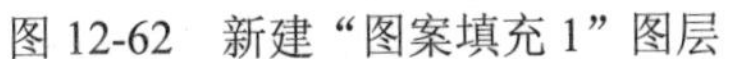

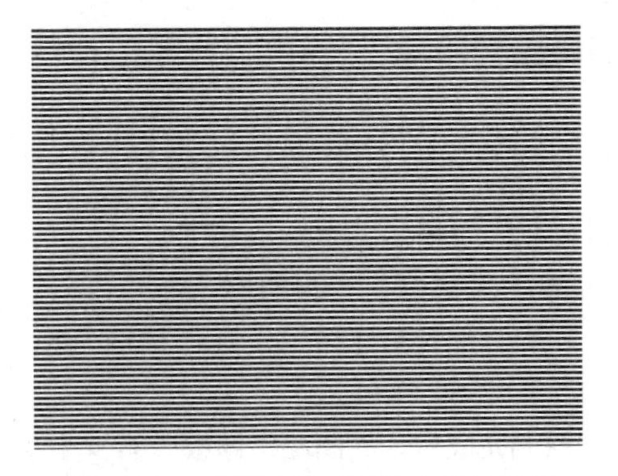

图 12-62　新建“图案填充 1”图层　　　　图 12-63　应用“图案填充”后的效果

（5）在“图层”面板中将“图案填充 1”图层的混合模式设置为“叠加”，并调整“不透明度”为 30%，如图 12-64 所示。至此完成视频效果的制作，最终效果如图 12-65 所示。

图 12-64　设置混合模式及不透明度　　　　图 12-65　最终效果

## 12.5.3　案例小结

本案例主要使用矩形选框工具和“定义图案”命令来制作用于填充的图案，然后新建填充图层并设置填充图层的混合模式和不透明度来完成视频效果的制作。

# 12.6　旋转立方体效果

【案例说明】本案例介绍制作旋转立方体效果的方法，如图 12-66 所示。

图 12-66　旋转立方体效果

【制作要点】本例主要运用直线工具和“自由变换”命令等来制作旋转立方体的效果。

## 12.6.1 绘制立方体

绘制立方体的具体操作步骤如下：

（1）单击“文件”|“新建”命令，新建一幅RGB模式的空白图像文件，单击工具箱中的直线工具，在其属性栏中设置“粗细”为2px，在图像编辑窗口中绘制9根线条，形成立方体，如图12-67所示。

（2）绘制完成后，“图层”面板中有9个形状图层，这9个形状图层即是利用直线工具绘制的立方体的9根线条，如图12-68所示。

（3）单击“背景”图层前面的“指示图层可见性”图标，将其隐藏，单击“图层”|“合并可见图层”命令，将9个形状图层合并，再次单击“背景”图层前面的“指示图层可见性”图标，使其显示，此时的“图层”面板如图12-69所示。

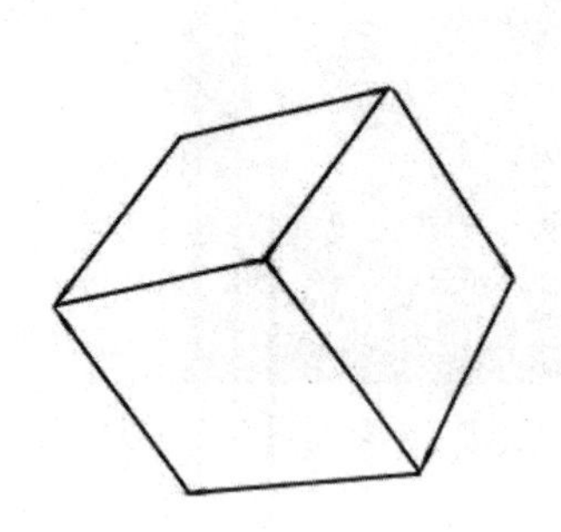

图12-67　绘制立方体

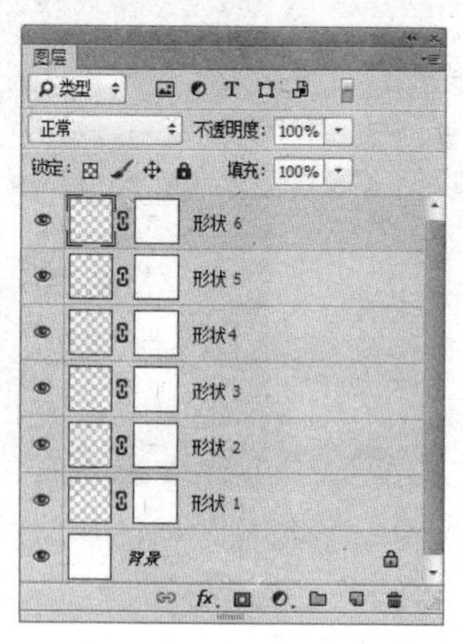


图12-68　“图层”面板

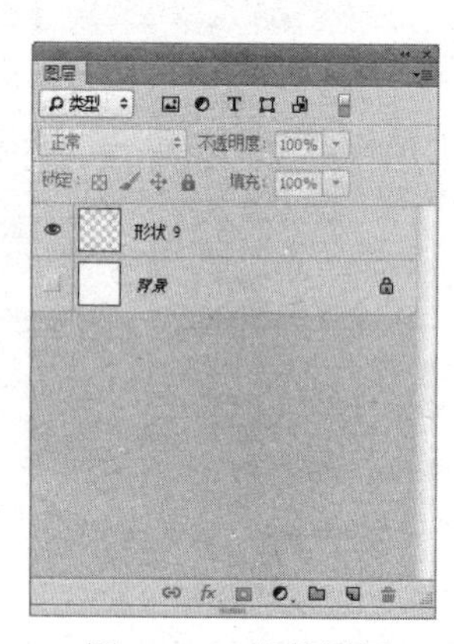


图12-69　合并图层

## 12.6.2 制作立方体贴图

制作立方体贴图的具体操作步骤如下：

（1）单击“文件”|“打开”命令，打开3幅素材图像，如图12-70所示。

图12-70　打开的素材图像

（2）单击工具箱中的移动工具，用鼠标分别将三张图像拖曳到立方体画面中。在“图层”面板上隐藏暂时不需要变换的图层。

（3）单击“编辑”|“自由变换”命令，在按住【Ctrl】键的同时用鼠标分别拖动图片四

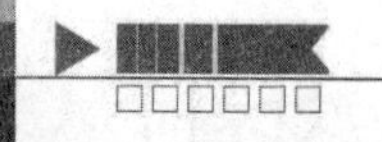

周的控制柄，对图像的四个顶点进行调整，效果如图 12-71 所示。

（4）分别对 3 幅素材图像所在的图层进行变换调整，得到的效果如图 12-72 所示。此时的“图层”面板如图 12-73 所示。

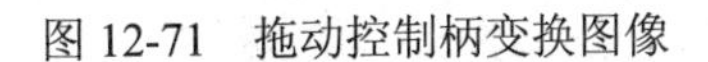
图 12-71　拖动控制柄变换图像

图 12-72　变换图像后的效果

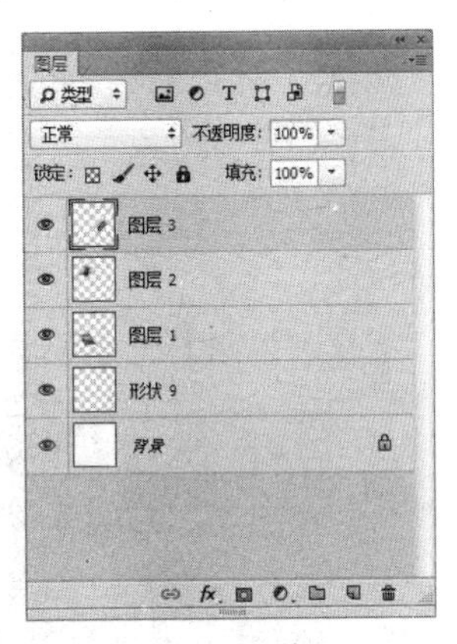


图 12-73　“图层”面板

## 12.6.3　立方体后期处理

立方体后期处理的具体操作步骤如下：

（1）单击“图层”面板底部的“添加图层样式”按钮，在弹出的下拉菜单中选择“描边”选项，弹出“图层样式”对话框，设置“颜色”为白色、“大小”为 2 像素、“位置”为“居中”，如图 12-74 所示。

（2）在图层 3 图层上面单击鼠标右键，在弹出的快捷菜单中选择“拷贝图层样式”选项，在“图层 2”图层上面单击鼠标右键，选择“粘贴图层样式”选项，在“图层 1”图层上面单击鼠标右键，选择“粘贴图层样式”选项。

（3）单击“设置前景色”色块，设置前景色为淡蓝色（RGB 参数值分别为 180、223 和 245），单击“设置背景色”色块，设置背景色为蓝色（RGB 参数值分别为 11、80 和 254）。

（4）单击工具箱中的渐变工具，在其属性栏中单击“线性渐变”按钮，在“背景”图层中填充渐变，最终效果如图 12-75 所示。

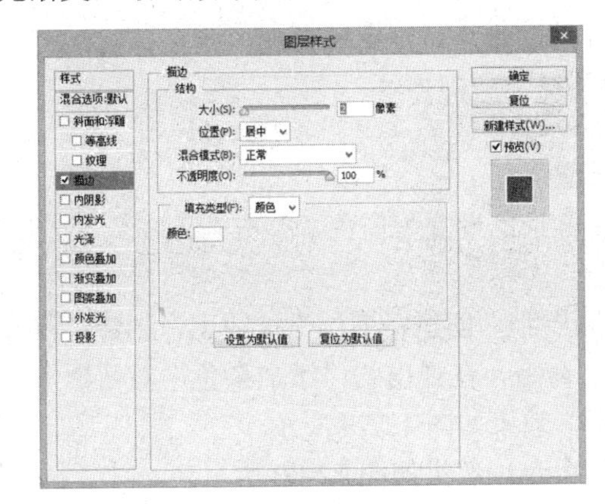


图 12-74　“图层样式”对话框

图 12-75　最终效果



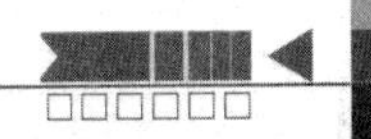

### 12.6.4 案例小结

本案例运用直线工具绘制立方体，运用“自由变换”命令制作立方体贴图，最后通过为贴图进行描边等操作来制作旋转立方体的效果。

## 12.7 老影片效果

【案例说明】本案例介绍如何制作具有老影片效果的图像，如图 12-76 所示。

图 12-76 老影片效果

【制作要点】通过运用“添加杂色”滤镜、“去色”命令、“色相/饱和度”命令和“描边”命令等来完成老影片效果的制作。

### 12.7.1 添加杂色并调整色调

添加杂色并调整图像色调的具体操作步骤如下：

（1）按【D】键将前景色设置为黑色、背景色设置为白色，单击“文件”|“打开”命令，打开一幅素材图像，如图 12-77 所示。

（2）在“图层”面板中拖动“背景”图层到“创建新图层”按钮上，创建“背景 拷贝”图层，单击“滤镜”|“杂色”|“添加杂色”命令，在弹出的“添加杂色”对话框中设置各项参数，如图 12-78 所示。单击“确定”按钮，效果如图 12-79 所示。

（3）单击“图像”|“调整”|“去色”命令，效果如图 12-80 所示。

图 12-77　素材图像

图 12-78　“添加杂色”对话框

图 12-79　“添加杂色”滤镜效果

图 12-80　去色后的效果

（4）按【Ctrl+U】组合键，在弹出的“色相/饱和度”对话框中设置各项参数，如图 12-81 所示。单击“确定”按钮，得到的效果如图 12-82 所示。

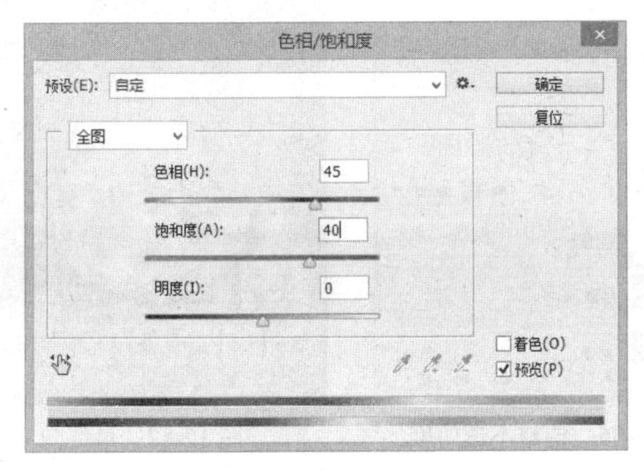


图 12-81　“色相/饱和度”对话框

图 12-82　调整图像后的效果



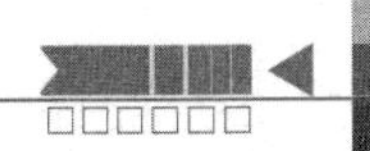

### 12.7.2 创建选区并描边

创建选区并描边的具体操作步骤如下：

（1）新建一个图层，单击工具箱中的单列选框工具，在按下【Shift】键的同时，随意在图像中单击鼠标左键，创建几个直线选区，如图 12-83 所示。

（2）单击“编辑”|“描边”命令，在打开的“描边”对话框中设置“宽度”为 1 像素、“颜色”为白色，如图 12-84 所示。单击“确定”按钮，按下【Ctrl+D】组合键取消选区，效果如图 12-85 所示。

图 12-83　创建直线选区

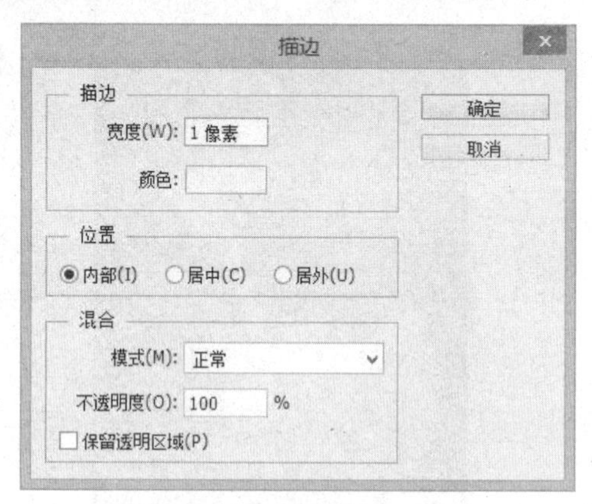


图 12-84　“描边”对话框

（3）在“图层”面板中调整该图层的不透明度为 20%，如图 12-86 所示。完成本实例的制作，最终效果如图 12-87 所示。

图 12-85　描边效果

图 12-86　调整不透明度

图 12-87　最终效果

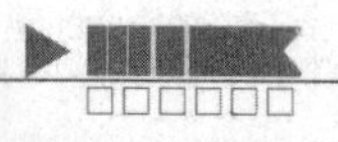

### 12.7.3　案例小结

本案例通过运用“添加杂色”滤镜、“去色”命令和“色相/饱和度”命令对图像进行整体的调整，运用“描边”命令进行后期处理来完成老影片效果的制作。

## 12.8　油 画 效 果

【案例说明】本案例介绍如何制作具有油画效果的图像，如图 12-88 所示。

图 12-88　油画效果

【制作要点】通过运用“中间值”滤镜、“绘画涂抹”滤镜和“贴入”命令等来制作具有油画效果的图像。

### 12.8.1　制作油画效果

制作油画效果的具体操作步骤如下：

（1）按【D】键，将前景色设置为黑色、背景色设置为白色，单击“文件”|“打开”命令，打开一幅素材图像，如图 12-89 所示。

图 12-89　打开的素材图像

（2）单击“滤镜”|“杂色”|“中间值”命令，在打开的“中间值”对话框中设置“半径”为 2 像素，如图 12-90 所示。单击“确定”按钮，得到如图 12-91 所示的效果。

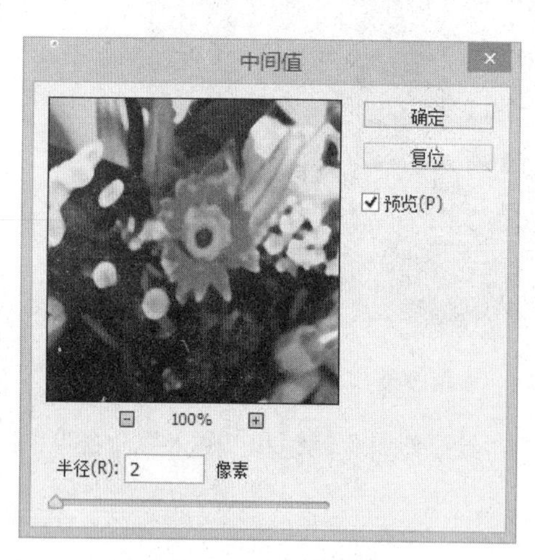


图 12-90　“中间值”对话框

图 12-91　“中间值”滤镜效果

（3）单击“滤镜”|“艺术效果”|“绘画涂抹”命令，在打开的“绘画涂抹”对话框中设置“画笔大小”为 3、“锐化程度”为 15、“画笔类型”为“宽模糊”，如图 12-92 所示。单击“确定”按钮，效果如图 12-93 所示。

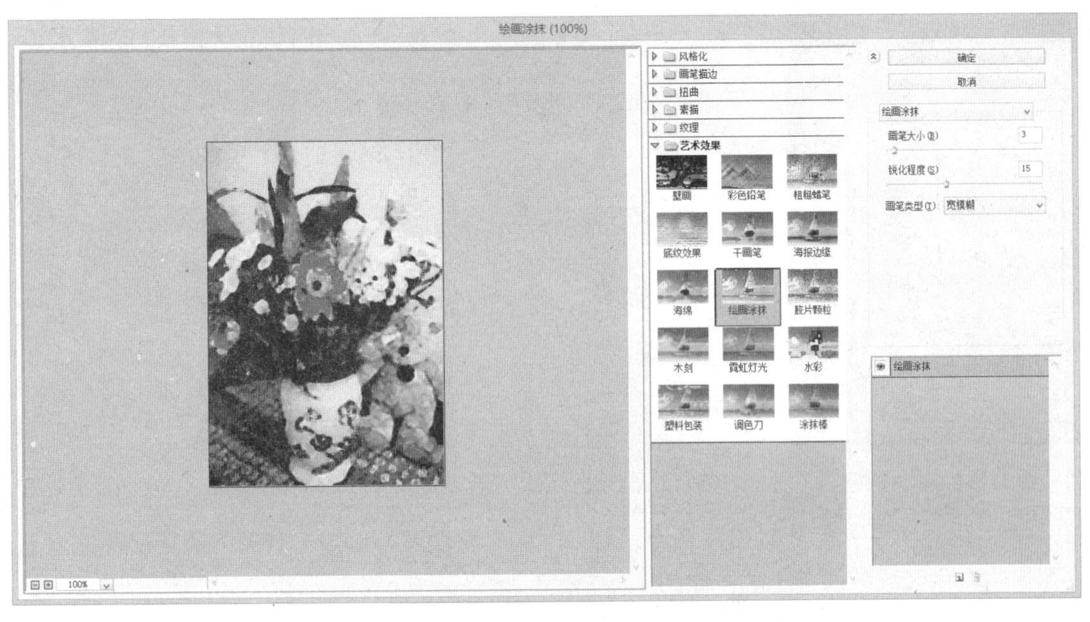


图 12-92 “绘画涂抹”对话框

图 12-93 “绘画涂抹”滤镜效果

## 12.8.2　油画后期处理

油画后期处理的具体操作步骤如下：

（1）单击“文件”|“打开”命令，打开一幅素材图像，如图 12-94 所示。

（2）按【Ctrl +A】组合键全选图像，按【Ctrl+C】组合键复制图像，切换到原图像编辑窗口，按【Ctrl+V】组合键粘贴图像，将该图层的混合模式设置为“叠加”，如图 12-95 所示。然后按【Ctrl+E】组合键向下合并图层，效果如图 12-96 所示。

图 12-94　素材图像

图 12-95　设置图层混合模式

图 12-96　合并图层的效果

（3）单击“文件”|“打开”命令，打开一幅素材图像，单击工具箱中的矩形选框工具，在图像的白色区域中创建选区，如图 12-97 所示。

（4）单击“编辑”|“贴入”命令，粘贴图像，然后调整图像大小和位置，得到最终的油画效果，如图 12-98 所示。

图 12-97　创建选区

图 12-98　最终效果

### 12.8.3　案例小结

本案例通过运用“中间值”滤镜和“绘画涂抹”滤镜对图像进行处理达到油画的效果，运用“贴入”命令为油画添加边框。

## 12.9　彩 页 设 计

【案例说明】本案例介绍彩页效果的制作方法，效果如图 12-99 所示。

图 12-99 彩页设计

【制作要点】通过填充背景色和使用画笔绘制白色虚线，使用文字工具输入文本，制作模板；然后使用“自由变换”和“描边”命令对图像进行编辑，从而达到理想的效果。

## 12.9.1 制作彩页模板

制作彩页模板的具体操作步骤如下：

（1）按【Ctrl+N】组合键或单击“文件”|“新建”命令，新建一幅名为“彩页设计”的 RGB 模式图像，设置“宽度”为 10.58 厘米、“高度”为 14.11 厘米、“分辨率”为 300 像素/英寸、“背景内容”为“白色”，然后单击“确定”按钮。

（2）按【D】键，设置默认前景色和背景色，按【Alt+Delete】组合键填充前景色。

（3）单击工具箱中的画笔工具，在其属性栏中单击“切换画笔面板”标签，弹出“画笔”面板，在“直径”文本框中输入 3 像素，在“间距”文本框中输入 250%，如图 12-100 所示。

（4）按【Ctrl+Shift+N】组合键或单击“图层”|“新建”|“图层”命令，新建“图层 1”图层，按住【Shift】键的同时，在图像编辑窗口的合适位置按住鼠标左键并拖动鼠标，绘制白色横虚线，效果如图 12-101 所示。

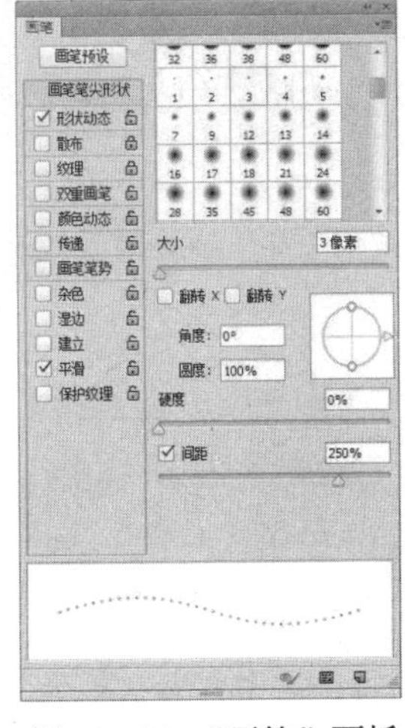


图 12-100 “画笔”面板

图 12-101 绘制白色横虚线

（5）采用与步骤（4）同样的方法绘制如图12-102所示的白色竖虚线。

（6）单击工具箱中的横排文字工具，然后单击“窗口”|“字符”命令，弹出“字符”面板，在“字体”下拉列表框中选择“黑体”选项，将“字体大小”设置为12点，如图12-103所示。

图12-102 绘制白色竖虚线

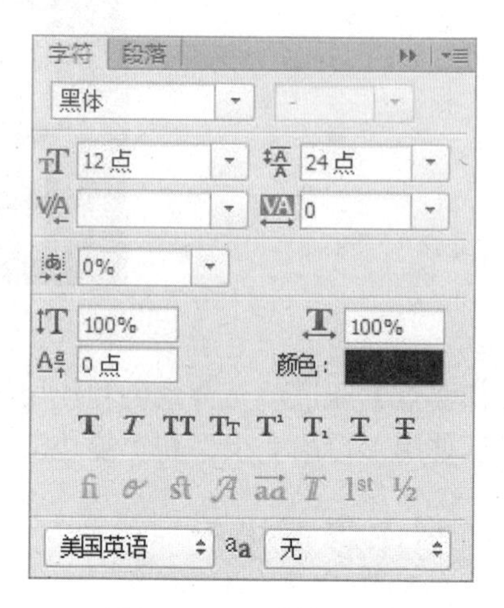


图12-103 “字符”面板

（7）在图像编辑窗口的合适位置单击鼠标左键，然后输入文本“室内效果图后期制作”，按【Ctrl+Enter】组合键，确认文本的输入，效果如图12-104所示。

（8）单击工具箱中的直排文字工具，在其属性栏中设置“字体”为“黑体”、“字体大小”为14点，然后在图像编辑窗口中输入文本“中文版Photoshop CC建筑效果图制作”，按【Ctrl+Enter】组合键，确认文本的输入，效果如图12-105所示。

图12-104 输入文本

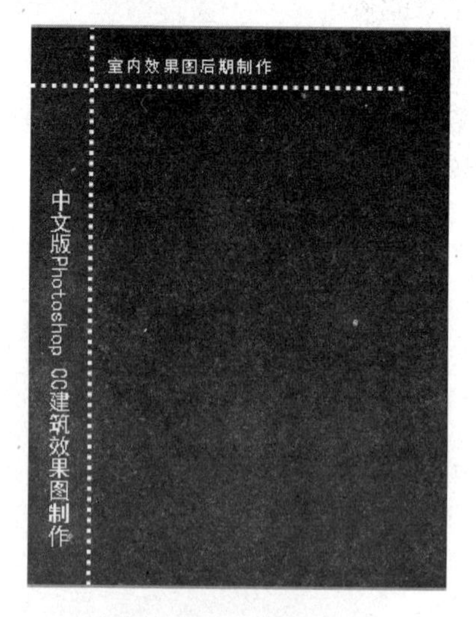


图12-105 输入文本

## 12.9.2 编辑彩页图片

编辑彩页图片的具体操作步骤如下：

（1）按【Ctrl+O】组合键或单击“文件”|“打开”命令，打开一幅素材图像，如图 12-106 所示。

（2）单击工具箱中的移动工具，将素材图像拖至模板图层中，按【Ctrl+T】组合键，调出“自由变换”控制框，自由变换图像并调整到合适的位置，效果如图 12-107 所示。

（3）单击“图层”|“图层样式”|“描边”命令，弹出“图层样式”对话框，设置“大小”为 2 像素、“位置”为“内部”、“颜色”为白色，如图 12-108 所示。

（4）单击“确定”按钮，应用“描边”样式，图像效果如图 12-109 所示。

图 12-106　打开的素材图像

（5）打开其他素材图像，用同样的操作方法自由变换素材图像并为图像添加“描边”样式，调整其至合适位置，得到最终效果，如图 12-110 所示。

图 12-107　自由变换图像

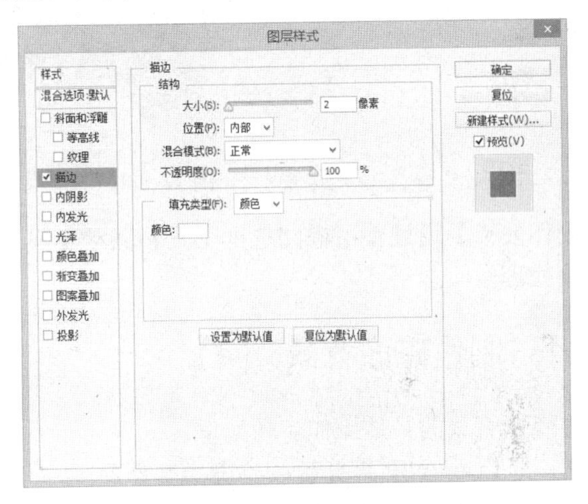


图 12-108　“图层样式”对话框

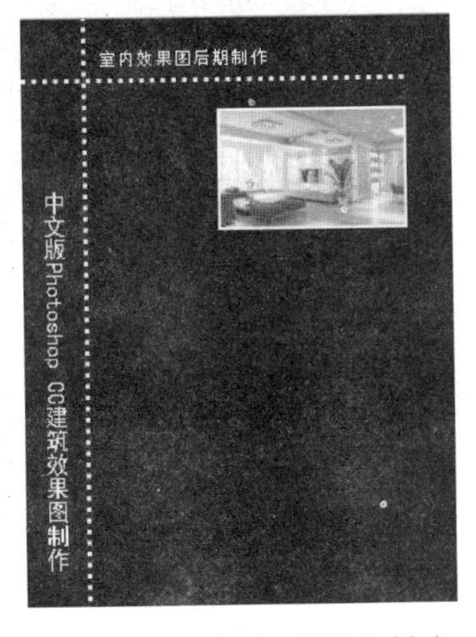


图 12-109　应用“描边”样式

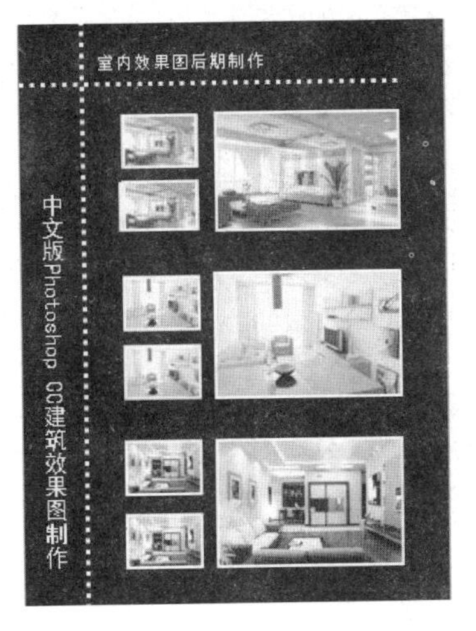


图 12-110　最终效果

### 12.9.3 案例小结

本案例介绍如何设计彩页，过程是首先制作模板，然后在模板上编辑图片。彩页模板的应用一般是“以不变应万变”，而编辑的图片也相对比较简单，用户在该案例的基础上可以举一反三，制作其他类似的彩页效果。

## 12.10 碟 面 设 计

【案例说明】本案例介绍如何制作光碟的表面，效果如图12-111所示。

图12-111 碟面设计

【制作要点】通过使用椭圆选框工具和移动工具来制作碟面背景，然后运用文字工具等进行后期处理。

### 12.10.1 制作碟面背景

制作碟面背景的具体操作步骤如下：

（1）按【Ctrl+N】组合键或单击“文件”|“新建”命令，在弹出的“新建”对话框中新建一幅名为“碟面设计”的RGB模式图像，设置“宽度”和“高度”均为12厘米、“背景内容”为“白色”（如图12-112所示），然后单击“确定”按钮。

（2）按【Ctrl+O】组合键或单击“文件”|“打开”命令，打开一幅素材图像，如图12-113所示。

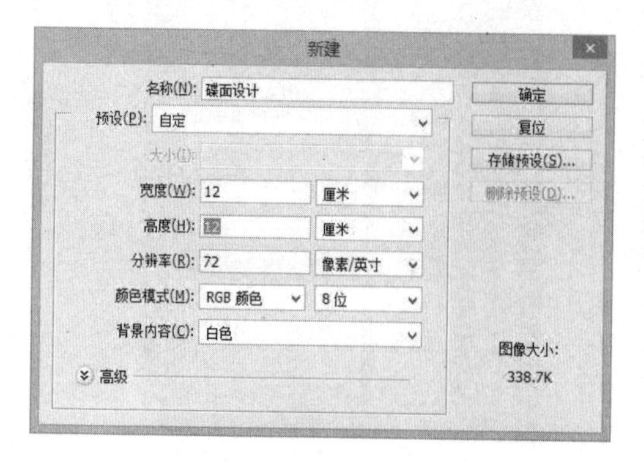


图12-112 “新建”对话框

图12-113 打开的素材图像

（3）单击工具箱中的移动工具，拖动素材图像至“碟面设计”图像中，系统会自动生成一个新图层——“图层 1”，此时的“图层”面板如图 12-114 所示。

（4）按【Ctrl+T】组合键，调出“自由变换”控制框，自由变换“图层 1”图层，缩放图像至合适大小并调整其位置，效果如图 12-115 所示。

（5）单击“视图”|“新建参考线”命令，弹出“新建参考线”对话框，设置“位置”为 6 厘米，如图 12-116 所示。

图 12-114 “图层”面板

图 12-115　自由变换图像

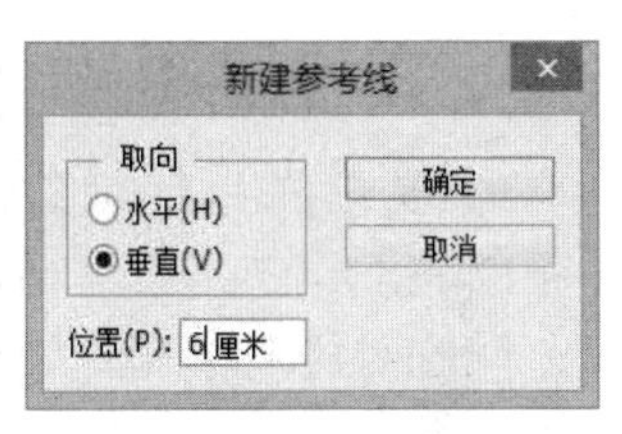


图 12-116 “新建参考线”对话框

（6）单击“确定”按钮，此时图像编辑窗口中出现了新的参考线，再用同样的方法，在弹出的“新建参考线”对话框中选中“水平”单选按钮，设置“位置”为 6 厘米，单击“确定”按钮，效果如图 12-117 所示。

（7）单击工具箱中的椭圆选框工具，将鼠标指针移至参考线的交点处，然后按住【Shift+Alt】组合键的同时在图像编辑窗口中以交点为圆心绘制一个正圆选区，如图 12-118 所示。

（8）单击“选择”|“反向”命令或按【Ctrl+Shift+I】组合键，反选选区，并按【Delete】键，删除多区内余选的图像，再单击“选择”|“取消选区”命令或按【Ctrl+D】组合键取消选区，效果如图 12-119 所示。

图 12-117　新建参考线

图 12-118　创建正圆选区

图 12-119　反选并进行删除

（9）按【Ctrl+O】组合键或单击“文件”|“打开”命令，打开一幅人物素材图像，如图 12-120 所示。

（10）单击“编辑”|“拷贝”命令或按【Ctrl+C】组合键，复制人物素材。确定“图层 1”图层为当前工作图层，单击“编辑”|“粘贴”命令或按【Ctrl+V】组合键，粘贴图像并

调整其至合适位置，此时系统自动生成一个新图层——“图层 2”，效果如图 12-121 所示。

图 12-120　打开人物素材

图 12-121　复制并粘贴人物素材

（11）在按住【Ctrl】键的同时单击“图层”面板中的“图层 1”图层，将其载入选区，如图 12-122 所示。按【Ctrl+Shift+I】组合键，反选选区，按【Delete】键，删除多余的图像，再按【Ctrl+D】组合键取消选区，效果如图 12-123 所示。

图 12-122　载入选区

图 12-123　反选并进行删除

## 12.10.2　碟面后期处理

碟面后期处理的具体操作步骤如下：

（1）单击工具箱中的横排文字工具，在其属性栏中设置字体、字号和颜色等参数，如图 12-124 所示。

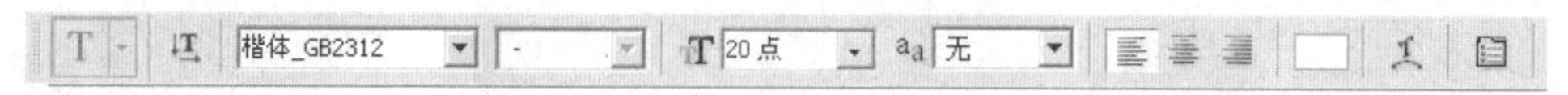


图 12-124　横排文字工具属性栏

（2）在图像编辑窗口中单击鼠标左键，然后输入文本“永远的”，然后单击该工具属性栏中的“提交所有当前编辑”按钮，确定输入的文本，如图 12-125 所示。用同样的方法，输入文本“学友”，如图 12-126 所示。

（3）用与步骤（2）同样的方法输入专辑名称，如图 12-127 所示。

（4）单击工具箱中的横排文字工具，然后单击“窗口”|“字符”命令，在弹出的“字

符”面板中设置“字体”为“华文隶书”、“字体大小”为 13 点，如图 12-128 所示。

图 12-125　输入文本

图 12-126　输入文本

图 12-127　输入文本

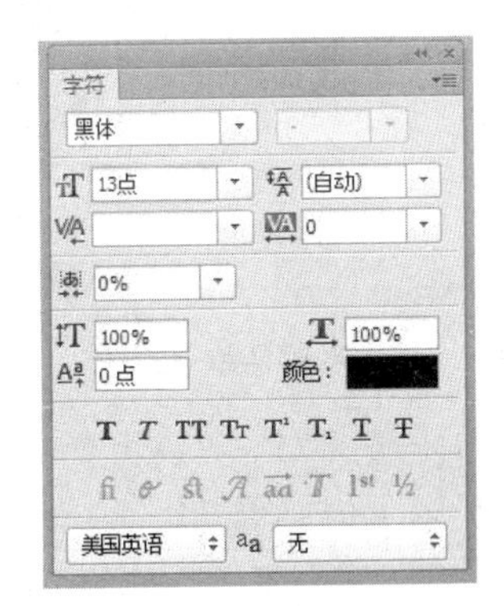


图 12-128　“字符”面板

（5）在图像编辑窗口中的合适位置拖曳鼠标，拖出一个文本框，如图 12-129 所示。此时，在文本框内出现浮动光标即可输入文本，若在输入文本过程中要换行可按【Enter】键，单击横排文字工具属性栏中的“提交所有当前编辑”按钮或按【Ctrl+Enter】组合键，确定输入的文本，效果如图 12-130 所示。

（6）按【Ctrl+Shift+N】组合键或单击“图层”|“新建”|“图层”命令，新建“边线 1”图层，单击工具箱中的椭圆选框工具，将鼠标指针与参考线的交点重合，按住【Shift+Alt】组合键，在图像编辑窗口中以交点为圆心绘制一个正圆选区，如图 12-131 所示。

图 12-129　拖出一个文本框

图 12-130　输入段落文本

图 12-131　创建正圆选区



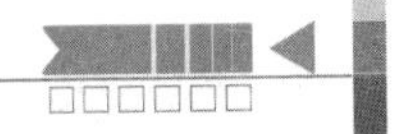

（7）单击“编辑”|“描边”命令，弹出“描边”对话框，如图12-132所示。设置“宽度”为1px、“颜色”为黑色、“位置”为“居中”。

（8）单击“确定”按钮，执行“描边”命令，按【Ctrl+D】组合键取消选区，效果如图12-133所示。

（9）单击“图层”面板底部的“创建新图层”按钮，新建一个图层，并将其命名为“边线2”，然后单击工具箱中的椭圆选框工具，将鼠标指针与参考线的交点重合，按住【Shift+Alt】组合键，在图像编辑窗口中以交点为圆心绘制一个正圆选区，如图12-134所示。

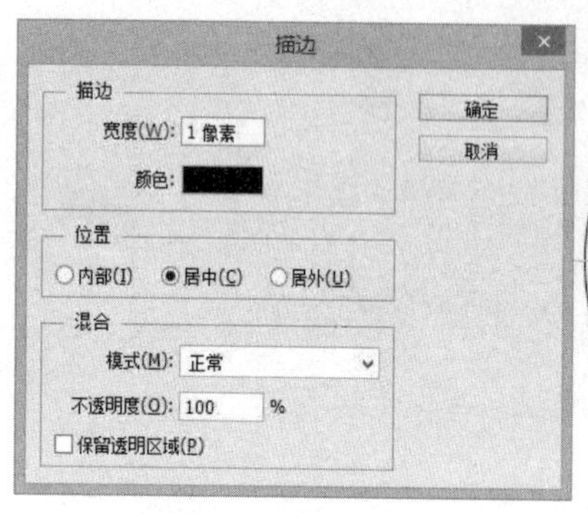


图12-132 “描边”对话框

图12-133 描边效果

图12-134 创建正圆选区

（10）重复步骤（7）～（8）的操作，为选区进行白色描边，并按【Ctrl+D】组合键取消选区，效果如图12-135所示。

（11）单击“图层”面板底部的“创建新图层”按钮，新建一个图层，并将其命名为“正圆”。单击工具箱中的椭圆选框工具，将鼠标指针与参考线的交点重合，按住【Shift+Alt】组合键的同时在图像编辑窗口中以交点为圆心绘制一个正圆选区，然后按【Delete】键，删除选区中的内容，取消选区后效果如图12-136所示。

（12）重复步骤（6）～（8）的操作，新建一个“边线3”图层，并为边线填充黑色，然后按【Ctrl+H】组合键或单击“视图”|“清除参考线”命令，得到最终效果，如图12-137所示。

图12-135 描边效果

图12-136 创建正圆选区

图12-137 最终效果

## 12.10.3 案例小结

设计光碟表面效果的方法有很多种，本案例主要运用椭圆选框工具和文字工具来制作。

读者可以在该案例的基础上举一反三，例如，运用自己喜欢的照片来制作碟面效果。

# 12.11　婚纱合成

【案例说明】本案例介绍如何合成数码婚纱效果，如图 12-138 所示。

图 12-138　婚纱合成

【制作要点】通过使用移动工具和“自由变换”命令来移动图像并调整图像的大小，调整图层顺序，然后为图像添加“投影”样式，并使用文字工具为图像添加文本。

## 12.11.1　制作主体图像效果

制作主体图像效果的具体操作步骤如下：

（1）单击“文件”|“打开为”命令或按【Ctrl+Alt+O】组合键，打开两幅素材图像，如图 12-139 所示。

素材 1

素材 2

图 12-139　打开的素材图像

（2）单击工具箱中的移动工具，将“素材2”拖曳至“素材1”图像编辑窗口中，“图层”面板中将自动生成一个新图层——“图层1”，效果如图12-140所示。

（3）按【Ctrl+T】组合键，调出“自由变换”控制框，自由变换“图层1”图层，缩放图像并调整图像的位置，按【Enter】键确认变换操作，效果如图12-141所示。

图12-140　生成“图层1”图层

图12-141　自由变换“图层1”图层

## 12.11.2　制作其他图像效果

制作其他图像效果的具体操作步骤如下：

（1）单击“文件”|“打开”命令或按【Ctrl+O】组合键，打开一幅素材图像，如图12-142所示。单击工具箱中的移动工具，将素材图像拖曳至“素材1”图像编辑窗口中，此时系统自动生成一个新图层——“图层2”。

（2）按【Ctrl+T】组合键，调出“自由变换”控制框，自由变换“图层2”图层，缩放图像至合适大小及合适位置，按【Enter】键确认变换操作，效果如图12-143所示。

图12-142　素材图像

图12-143　自由变换“图层2”图层

（3）单击“图层”面板底部的“添加图层样式”按钮，在弹出的下拉菜单中选择“投影”选项，弹出“图层样式”对话框，在其中设置“角度”为 120 度、“距离”为 2 像素、“大小”为 2 像素，其他参数保持默认值不变，如图 12-144 所示。

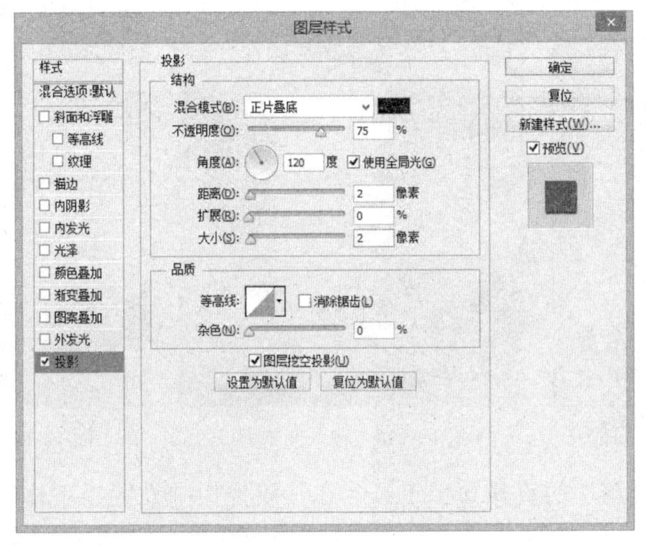


图 12-144　“图层样式”对话框

（4）单击“确定”按钮，应用“投影”样式，效果如图 12-145 所示。

（5）打开其他的素材图像，用同样的操作方法，对其进行自由变换和添加“投影”样式的操作，并调整其位置，效果如图 12-146 所示。

（6）单击工具箱中的横排文字工具，打开“字符”面板，设置“字体”为 Monotype Corsiva、“文字大小”为 22 点、“字符间距”为 300，并单击“仿粗体”和“仿斜体”按钮，如图 12-147 所示。

（7）在图像编辑窗口的合适位置单击鼠标左键，然后输入文本 LOVE YOU FOREVER，效果如图 12-148 所示。

图 12-145　应用“投影”样式

图 12-146　应用多幅素材图像

（8）用同样的方法，设置文字字体和大小，在图像中输入文本 the power of love，效果如图 12-149 所示。

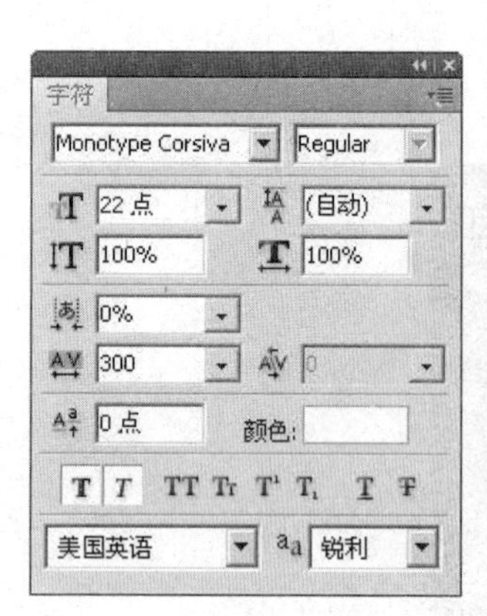

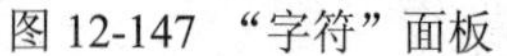
图 12-147 “字符”面板

图 12-148 输入文本

图 12-149 输入文本

（9）单击工具箱中的直排文字工具，在其属性栏中设置“字体”为 Franklin Gothic Medium、“字体大小”为 24 点、“字符间距”为 500，并在图像编辑窗口的合适位置单击鼠标左键，然后输入文本 LOVE YOU FOREVER，在“图层”面板中设置该图层的“不透明度”为 20%，效果如图 12-150 所示。

（10）单击“图层”面板底部的“创建新图层”按钮，创建一个新图层，单击工具箱中的画笔工具，设置大小为 1，在图像编辑窗口的右边和上边绘制几条直线，然后设置“不透明度”为 50%，得到最终效果，如图 12-151 所示。

图 12-150 输入文本

图 12-151 最终效果

## 12.11.3 案例小结

本案例介绍如何制作婚纱的合成效果，这在婚纱影楼中应用非常广泛，通常用到图像的编辑和图层的相关知识。用户可以在此案例的基础上举一反三，例如，将自己喜欢的数码相片合成，制作既简单而又漂亮的合成效果。

# 12.12　元 宵 灯 会

【案例说明】本案例介绍洋溢着喜庆气氛的火红灯笼的制作，效果如图 12-152 所示。

图 12-152　元宵灯会

【制作要点】通过使用椭圆选框工具创建选区，并使用渐变填充椭圆制作灯笼外形，使用钢笔工具和画笔工具并配合描边路径按钮绘制穗子，然后执行“球面化”命令，使灯笼具有立体感，从而实现最终效果。

## 12.12.1　绘制灯笼外形

绘制灯笼外形的具体操作步骤如下：

（1）单击“文件”|“新建”命令，在弹出的“新建”对话框中新建一幅名为“元宵灯会”的 RGB 模式图像，设置“宽度”和“高度”分别为 7 厘米和 8 厘米、“分辨率”为 300 像素/英寸、“背景内容”为“白色”，然后单击“确定”按钮。

（2）按【Ctrl+R】组合键，显示标尺，然后按【Ctrl+Shift+N】组合键或单击“图层”|“新建”|“图层”命令，新建“图层 1”图层。单击工具箱中的椭圆选框工具，在图像编辑窗口的左上角创建一个椭圆选区，如图 12-153 所示。

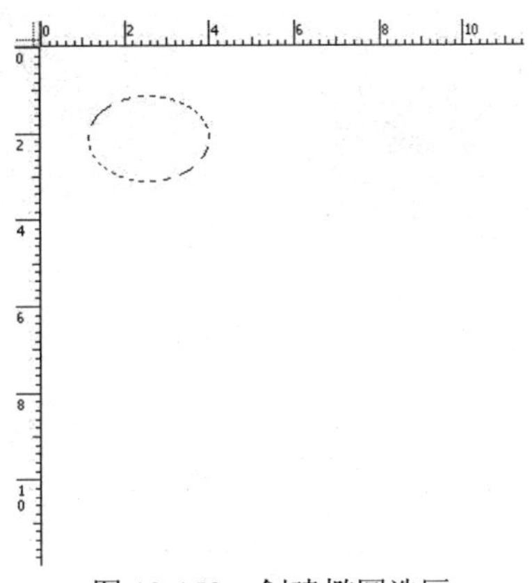


图 12-153　创建椭圆选区

（3）单击工具箱中的渐变工具或按【G】键，然后单击其属性栏中的“点按可编辑渐变”下拉列表框，弹出“渐变编辑器”窗口，如图 12-154 所示。在其中设置三个色标的 RGB 值从左到右分别为（247、2、2）、（235、110、8）、（235、200、8），单击“确定”按钮。在工具属性栏中单击“径向渐变”按钮，选中“反向”单选按钮，然后将鼠标指针置于选区中心并拖动鼠标，效果如图 12-155 所示。

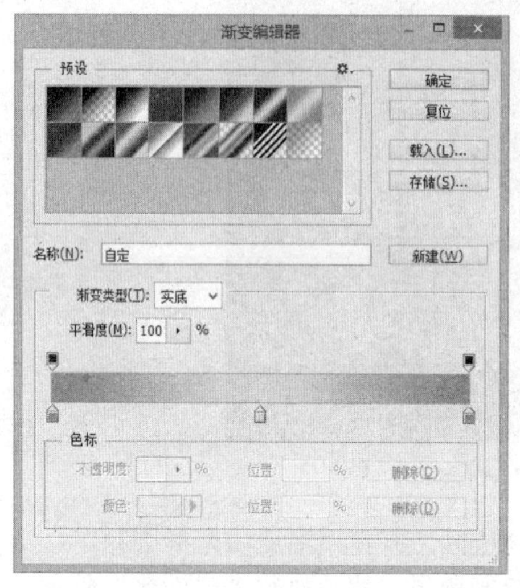


图 12-154 “渐变编辑器”窗口

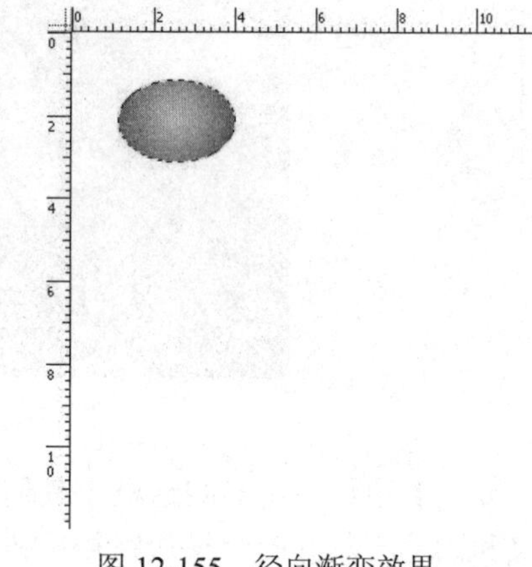

图 12-155 径向渐变效果

（4）单击“图层”|“新建”|“图层”命令，新建“图层 2”图层，然后单击工具箱中的画笔工具，在其属性栏中设置“画笔”为 2 像素，其他参数设置如图 12-156 所示。

图 12-156 画笔工具属性栏

（5）单击工具箱中的“设置前景色”色块，在弹出的“拾色器”对话框中设置颜色为黄色（CMYK 的参数值分别为 0、0、100、0），然后用画笔工具在图像编辑窗口中的椭圆选区内绘制黄色竖线，在绘制黄色竖线时将鼠标指针对齐标尺，以 2 毫米的宽度绘制多条黄色竖线，效果如图 12-157 所示。

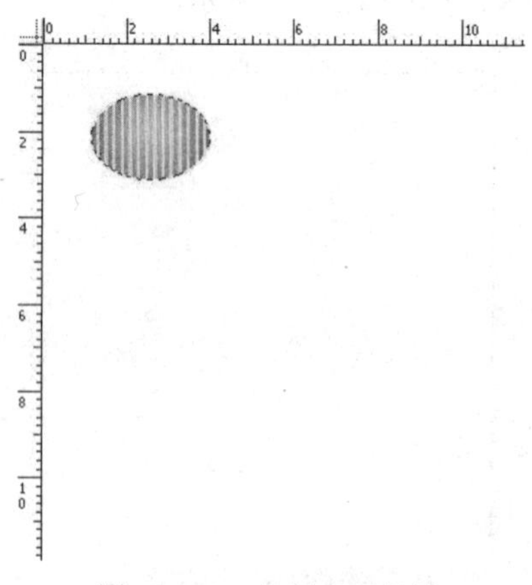

图 12-157 绘制多条竖线

（6）按【Ctrl+D】组合键取消选区，按【Ctrl+E】组合键将“图层 2”和“图层 1”图层合并，将“图层 1”图层拖动至面板底部的“创建新图层”按钮上，此时将生成一个新的图层——“图层 1 拷贝”，单击工具箱中的移动工具，移动图像至合适位置，如图 12-158 所示。

（7）再次复制图层并调整到合适位置，效果如图 12-159 所示。

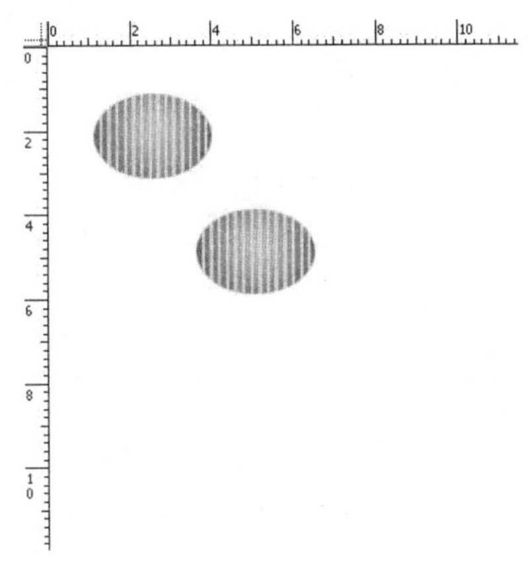

图 12-158　复制并移动图层

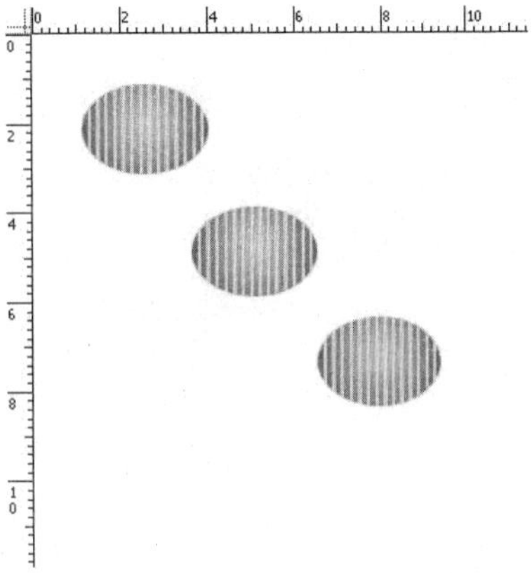

图 12-159　复制并移动图层

（8）按【Ctrl+R】组合键隐藏标尺。确认当前图层为“图层 1”，单击工具箱中的横排文字工具，在其属性栏中设置“字体”为“隶书”、“字体大小”为 46 点、“颜色”为红色，如图 12-160 所示。

图 12-160　横排文字工具属性栏

（9）在图像编辑窗口的合适位置单击鼠标左键，输入“元”字，然后单击工具属性栏中的“提交所有当前编辑”按钮，确定输入的文本，如图 12-161 所示。

（10）按【Ctrl+E】组合键将文字图层和“图层 1”图层合并。

（11）按住【Ctrl】键的同时单击“图层 1”图层，载入其至选区，然后单击“滤镜”|“扭曲”|“球面化”命令，在弹出的“球面化”对话框中设置“数量”为 100%，如图 12-162 所示。

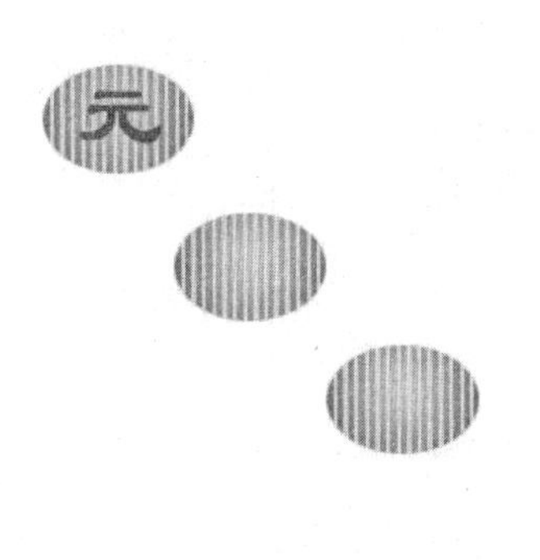


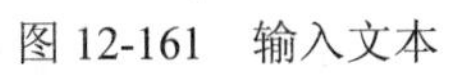

图 12-161　输入文本

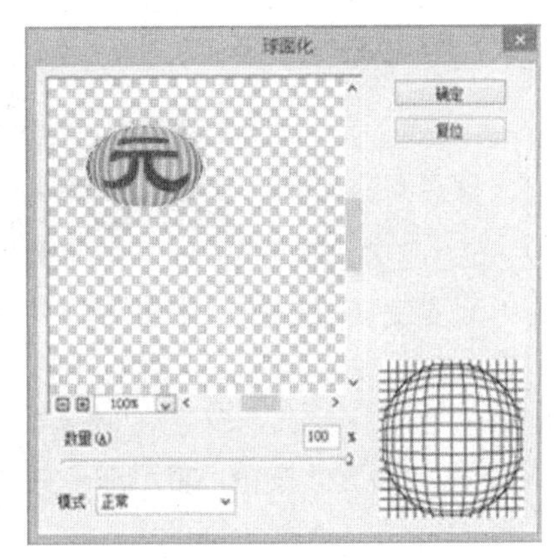


图 12-162　“球面化”对话框

（12）单击“确定”按钮，应用“球面化”滤镜，按【Ctrl+D】组合键取消选区，效果如图 12-163 所示。

（13）用同样的方法，输入“宵”字，合并图层后载入其至相应的椭圆选区，应用“球面化”滤镜，效果如图 12-164 所示。

图 12-163 “球面化”滤镜效果　　图 12-164 输入文本并应用“球面化”滤镜

（14）用同样的方法输入“节”字，合并图层后载入其至相应的椭圆选区，应用“球面化”滤镜，效果如图 12-165 所示。

（15）按【Ctrl+Shift+N】组合键或单击“图层”|“新建”|“图层”命令，新建一个图层并将其命名为“出气口 1”，此时的“图层”面板如图 12-166 所示。

（16）单击工具箱中的矩形选框工具，在图像编辑窗口的合适位置创建一个矩形选区，如图 12-167 所示。

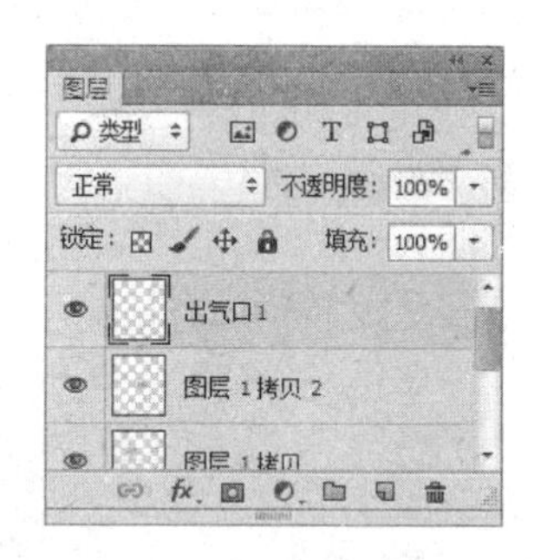

图 12-165 输入文本并应用“球面化”滤镜　图 12-166 “图层”面板　　图 12-167 创建矩形选区

（17）单击工具箱中的渐变工具，并在其属性栏中单击“点按可编辑渐变”下拉列表框，在弹出的“渐变编辑器”窗口中设置参数，如图 12-168 所示。其中五个色标的 RGB 值从左到右分别为（115、80、4）、（212、99、8）、（251、213、4）、（212、99、8）和（115、80、4）。

（18）单击“确定”按钮，应用渐变效果，按【Ctrl+D】组合键取消选区，效果如图 12-169 所示。

（19）将“出气口 1”图层拖动至“图层 1”图层的下方，效果如图 12-170 所示。

（20）单击工具箱中的移动工具，按住【Shift+Alt】组合键的同时在图像编辑窗口中拖

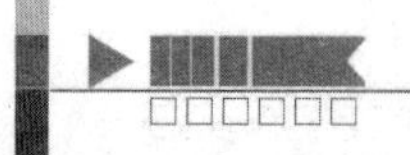

曳鼠标到合适位置，复制“出气口 1”图层，此时，系统自动生成一个新的图层——“出气口 1 副本”，然后按【Ctrl+T】组合键，调出“自由变换”控制框，自由变换“出气口 1 副本”图层，缩放图像至合适大小并调整其位置，如图 12-171 所示。

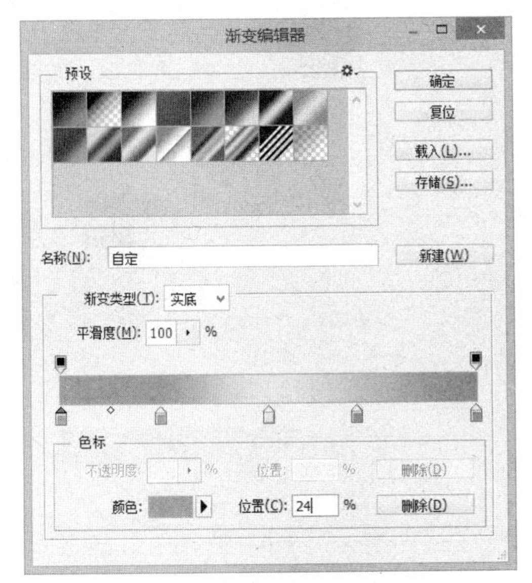


图 12-168　设置渐变颜色

图 12-169　渐变填充效果

图 12-170　调整图层顺序

图 12-171　复制并变换图层

（21）按【Ctrl+Shift+N】组合键或单击“图层”|“新建”|“图层”命令，新建一个图层，并将其命名为“图层 2”。

（22）单击工具箱中的钢笔工具或按【P】键，在图像编辑窗口中绘制一条如图 12-172 所示的开放路径。

（23）设置前景色为棕色（RGB 的参数值分别为 136、84、2），并设置画笔大小为 1 像素，然后单击“窗口”|“路径”命令，弹出“路径”面板，单击“路径”面板中的“用画笔描边路径”按钮，然后将“路径”图层拖曳至面板底部的“删除当前路径”按钮上，将路径删除，得到的效果如图 12-173 所示。

（24）将“图层 2”图层移至“出气口 1”图层的下方，效果如图 12-174 所示。

（25）将“出气口 1”图层、“出气口 1 拷贝”和“图层 2”三个图层合并，合并图层后的“图层”面板如图12-175所示。

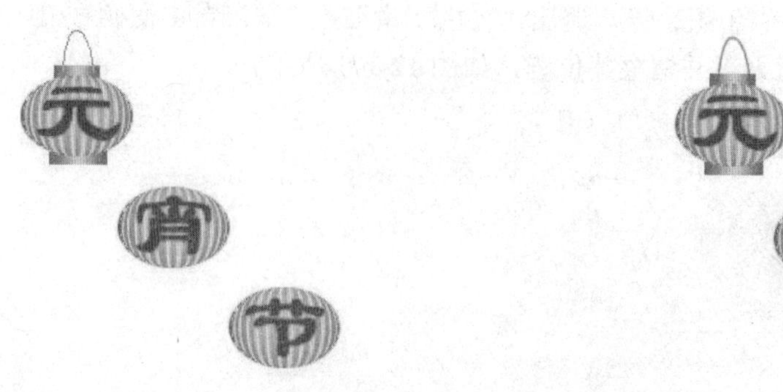


图12-172　绘制开放路径

图12-173　画笔描边路径

图12-174　调整图层顺序

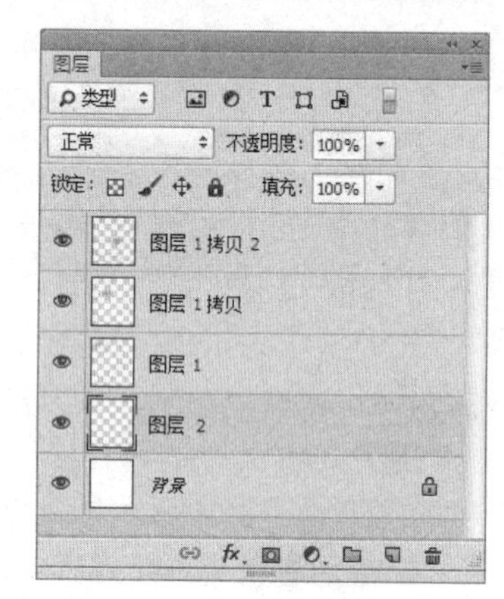


图12-175　“图层”面板

（26）复制“图层2”为“图层2 拷贝”，单击工具箱中的移动工具，调整图像的位置，效果如图12-176所示。

（27）用同样的方法，再次复制“图层2”，得到“图层2拷贝2”，然后调整图像的位置，效果如图12-177所示。

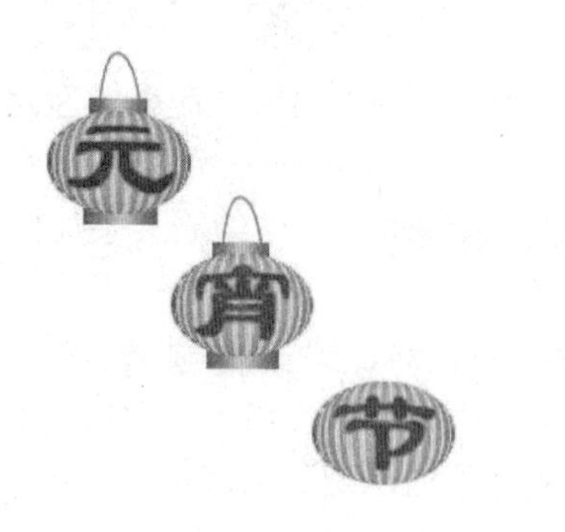


图12-176　复制“图层2”

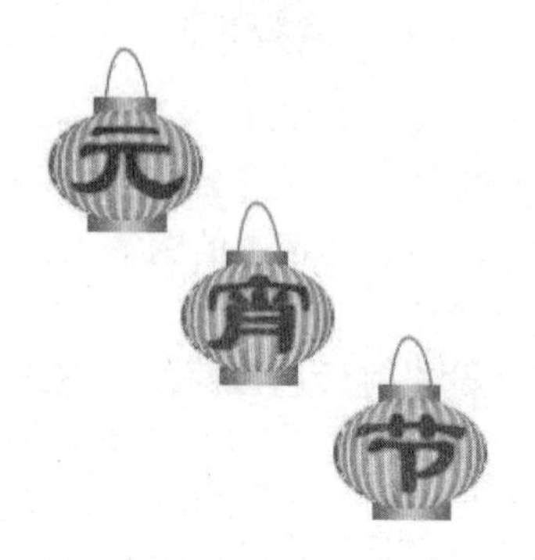


图12-177　再次复制“图层2”并调整其至合适位置

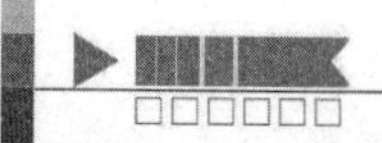

（28）将“图层 1”和“图层 2”图层合并，将“图层 1 拷贝”和“图层 2 拷贝”图层合并，将“图层 1 拷贝 2”和“图层 2 拷贝 2”图层合并，此时的“图层”面板如图 12-178 所示。

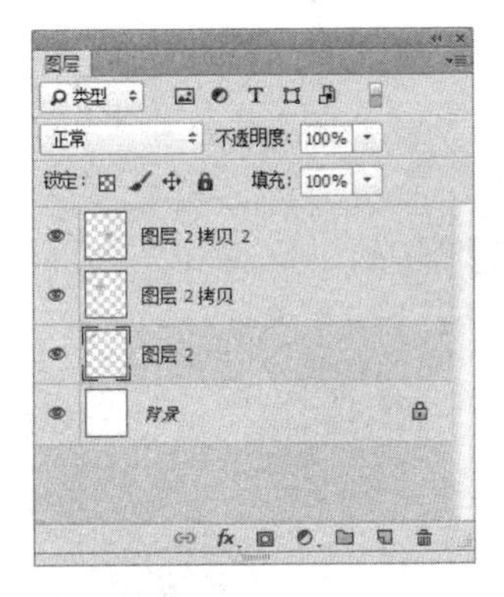


图 12-178　“图层”面板

## 12.12.2　绘制灯笼吊穗

绘制灯笼吊穗的具体操作步骤如下：

（1）按【Ctrl+Shift+N】组合键或单击“图层”|“新建”|“图层”命令，新建一个图层，并将其命名为“吊穗”。

（2）设置前景色为土色（RGB 的参数值分别为 134、113、7），单击工具箱中的钢笔工具，在图像编辑窗口中绘制一条开放路径，如图 12-179 所示。

（3）单击工具箱中的画笔工具，在其属性栏中设置“画笔大小”为 1 像素，然后单击“窗口”|“路径”命令，在弹出的“路径”面板底部多次单击“用画笔描边路径”按钮，描边路径。将工作路径拖动至该面板底部的“删除当前路径”按钮上，删除路径，效果如图 12-180 所示。

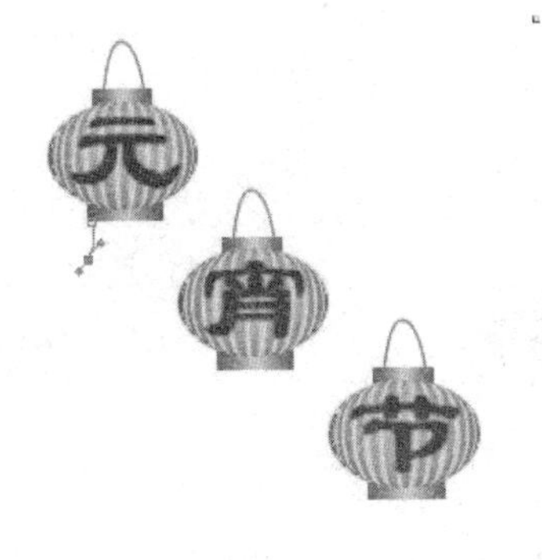


图 12-179　绘制一条开放路径

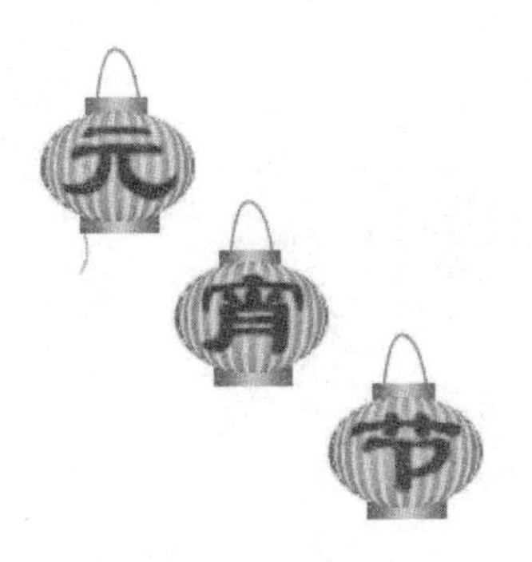


图 12-180　用画笔描边路径

（4）在“吊穗”图层上单击鼠标右键，在弹出的快捷菜单中选择“复制图层”选项，在弹出的“复制图层”对话框中单击“确定”按钮，此时面板中自动生成一个“吊穗 拷贝”图层，如图 12-181 所示。

（5）按【Ctrl+T】组合键，调出变换控制框，然后按两次【→】键，并按【Enter】键确认变换，如图 12-182 所示。

（6）按【Ctrl+Shift+Alt+T】组合键，再次移动并复制吊穗，接着多次按【T】键，直到满意为止，效果如图 12-183 所示。

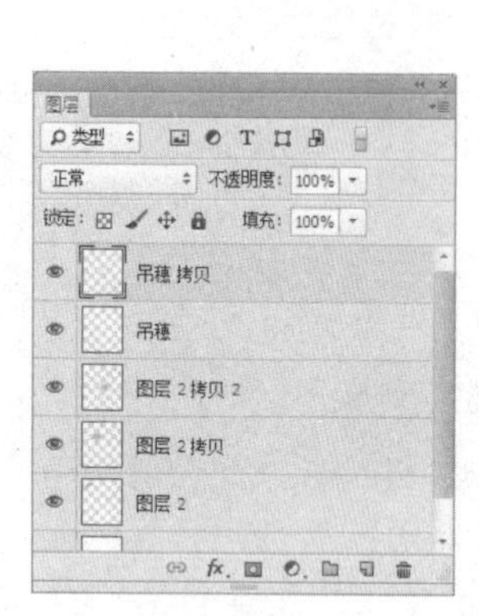


图 12-181 “吊穗 拷贝”图层

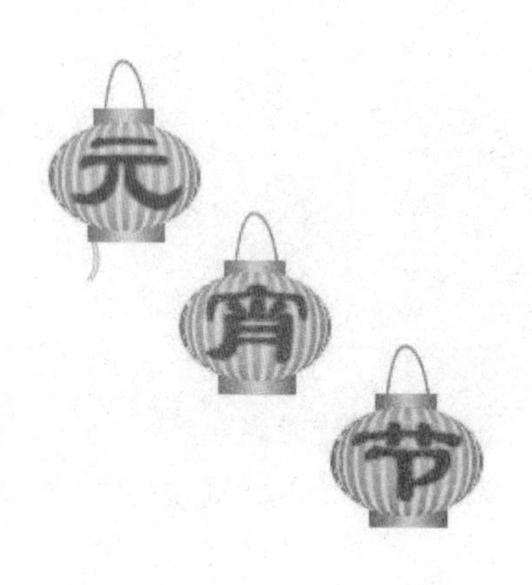


图 12-182 移动变换图层

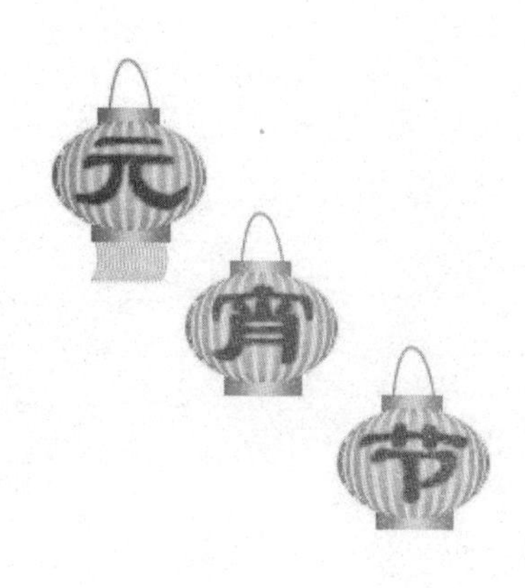


图 12-183 移动并复制多个吊穗

（7）将“吊穗”图层及所有的“吊穗 拷贝”图层合并。单击工具箱中的移动工具或按【V】键，在按住【Alt】键的同时拖曳鼠标至合适位置，效果如图 12-184 所示。

（8）用同样的方法复制“吊穗”图层，并调整其位置，效果如图 12-185 所示。

（9）将“吊穗”图层与其相应的灯笼图层进行合并。

（10）按【Ctrl+Shift+N】组合键或单击“图层”|“新建”|“图层”命令，新建一个图层，并将其命名为“挂绳”。

（11）设置前景色为橘黄色（RGB 的参数值分别为 162、102、7），设置“画笔大小”为 2 像素，然后重复步骤（2）～（3）的操作，绘制挂绳，效果如图 12-186 所示。

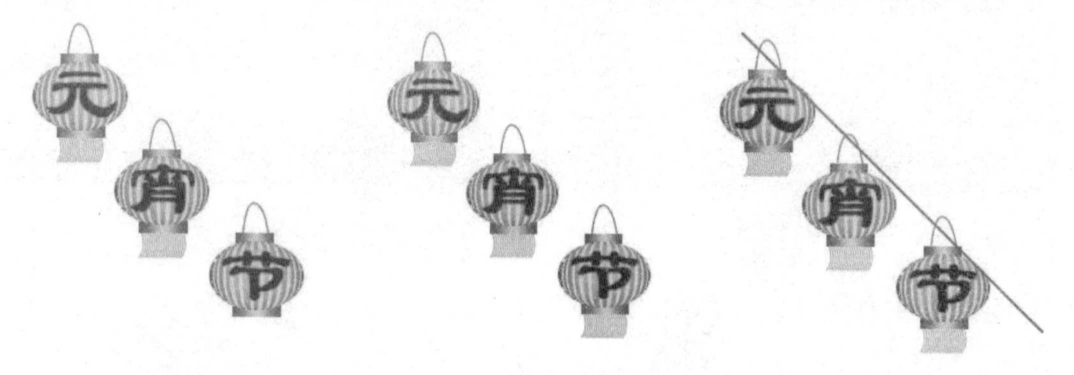


图 12-184 合并吊穗图层并调整位置 图 12-185 复制吊穗图层并调整位置 图 12-186 绘制挂绳

（12）将“挂绳”图层移至“背景”图层的上方，此时的“图层”面板如图 12-187 所示。

（13）确认“图层 2”图层为当前工作图层，然后按【Ctrl+T】组合键，调出变换控制框，自由变换“图层 2”图层，缩放图像到合适大小并调整其位置，按【Enter】键确认变换，如图 12-188 所示。

（14）用同样的方法，自由变换其他灯笼所在的图层，效果如图 12-189 所示。

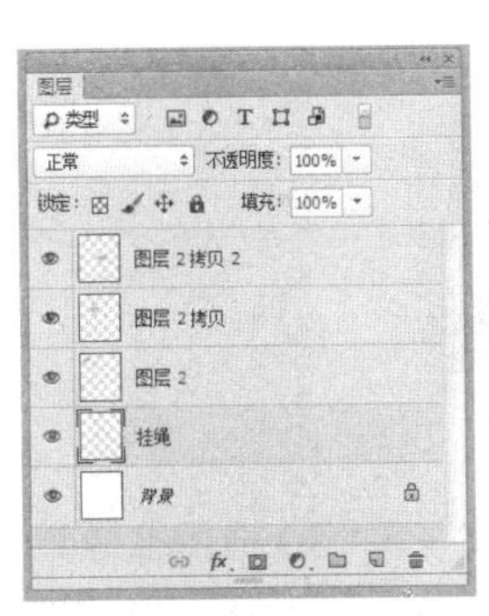


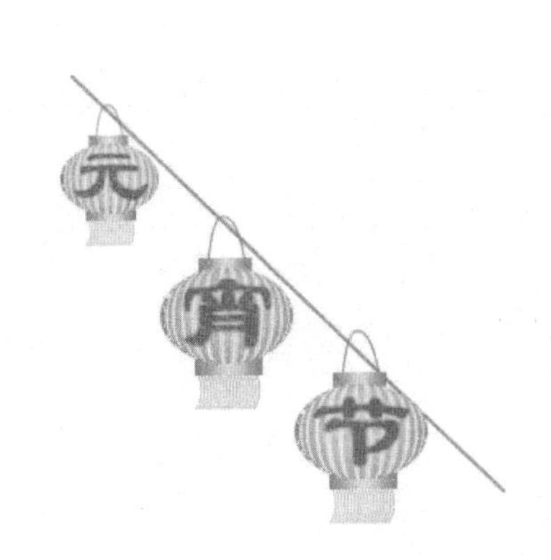


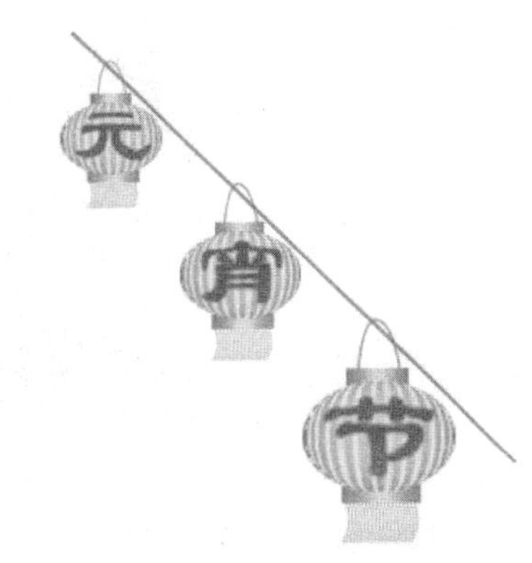


图 12-187　调整图层顺序　图 12-188　自由变换“图层 2”图层　图 12-189　自由变换其他灯笼所在的图层

（15）单击“文件”|“打开”命令或按【Ctrl+O】组合键，打开一幅素材图像，如图 12-190 所示。

（16）单击工具箱中的移动工具，将素材图像拖曳至“元宵灯会”图像编辑窗口中，按【Ctrl+T】组合键，调出“自由变换”控制框，自由变换素材图像，缩放图像至合适大小。

（17）按【Ctrl+[】组合键，将素材图像移至“背景”图层的上方，然后对灯笼及挂绳进行调整，最终效果如图 12-191 所示。

图 12-190　打开的素材图像

图 12-191　最终效果

### 12.12.3　案例小结

本案例制作了火红灯笼效果，制作重点在于如何使灯笼具有立体感，在选区内应用“球面化”滤镜即可使灯笼具有立体感，使用钢笔工具制作飘动穗子路径。

## 12.13　公 益 广 告

【案例说明】本案例介绍一个以希望工程为主题的公益广告的制作过程，效果如图 12-192 所示。

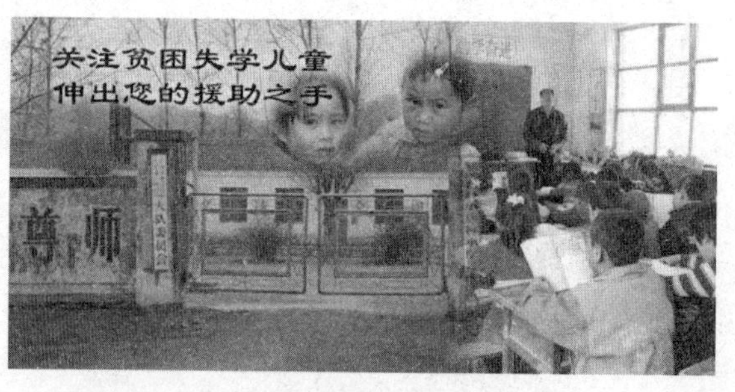


图 12-192　公益广告

【制作要点】通过使用移动工具、裁剪工具、橡皮擦工具和文字工具等合成图像效果。

## 12.13.1　制作图像合成效果

制作图像合成效果的具体操作步骤如下：

（1）按【Ctrl+N】组合键或单击“文件”|“新建”命令，新建一幅名为“公益广告”的 RGB 模式图像，设置“宽度”为 20 厘米、“高度”为 9.7 厘米、“背景内容”为“白色”，单击“确定”按钮。

（2）按【Ctrl+O】组合键或单击“文件”|“打开”命令，打开一幅素材图像，如图 12-193 所示。

（3）单击“编辑”|“拷贝”命令或按【Ctrl+C】组合键复制图像，单击“编辑”|“粘贴”命令或按【Ctrl+V】组合键将其粘贴，“图层”面板中自动生成一个新图层——“图层 1”，如图 12-194 所示。

图 12-193　打开的素材图像

图 12-194　“图层”面板

（4）单击工具箱中的移动工具，调整图像到合适的位置。单击工具箱中的裁剪工具，裁剪掉多余的图像，如图 12-195 所示。

图 12-195　裁剪多余图像

（5）按【Ctrl+O】组合键或单击“文件”|“打开”命令，打开一幅素材图像，如图 12-196 所示。

图 12-196　打开的素材图像

（6）单击工具箱中的移动工具，拖动素材图像至“公益广告”图像编辑窗口中，“图层”面板中自动生成一个新图层——“图层 2”，然后调整图像的位置，如图 12-197 所示。

图 12-197　调整图像的位置

（7）单击工具箱中的橡皮擦工具，然后在其属性栏中设置参数，如图 12-198 所示。

（8）确认当前图层为“图层 2”图层，在图像编辑窗口中拖曳鼠标，在图像左侧边缘擦拭，效果如图 12-199 所示。

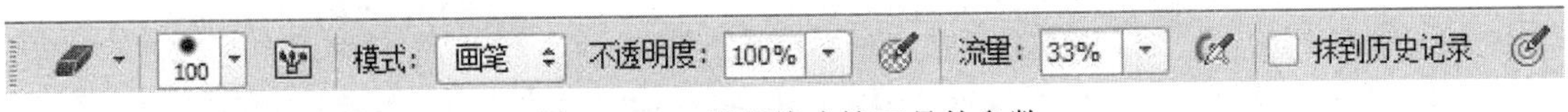


图 12-198　设置橡皮擦工具的参数

图 12-199　擦拭图像效果

（9）按【Ctrl+O】组合键或单击“文件”|“打开”命令，打开一幅素材图像，如图12-200所示。

（10）用同样的方法对图像进行处理，效果如图12-201所示。

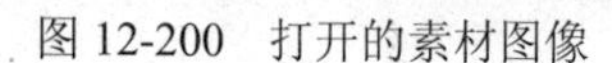

图12-200 打开的素材图像

图12-201 处理图像

## 12.13.2 制作文本效果

制作文字效果的具体操作步骤如下：

（1）单击工具箱中的横排文字工具，然后单击“窗口”|“字符”命令，在弹出的“字符”面板中设置“字体”为“隶书”、“字号”为28点、“颜色”为黑色，如图12-202所示。

（2）在图像编辑窗口中的合适位置单击鼠标左键，然后输入如图12-203所示的文本。

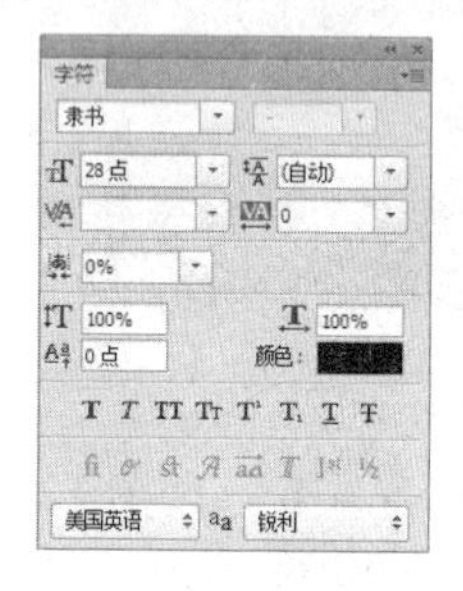

图12-202 “字符”面板

图12-203 输入文本

（3）单击“图层”面板底部的“添加图层样式”按钮，在弹出的下拉菜单中选择“外发光”选项，弹出“图层样式”对话框，设置“颜色”为白色、“大小”为10像素，如图12-204所示。

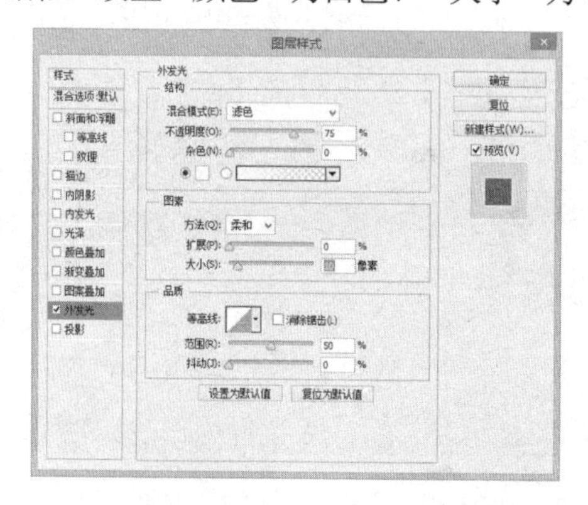


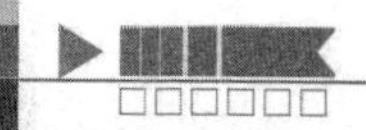

图 12-204 “图层样式”对话框

（4）单击“确定”按钮，应用“外发光”样式，效果如图 12-205 所示。

图 12-205　最终效果

## 12.13.3　案例小结

本案例主要使用移动工具和裁剪工具来合成图像，用橡皮擦工具擦拭图像，最后使用文字工具输入文本并设置图层样式，从而合成图像效果。

# 12.14　励志台匾

【案例说明】本案例介绍现实生活中一个励志台匾图像效果的制作过程，如图 12-206 所示。

图 12-206　励志台匾

【制作要点】通过运用矩形选框工具、“添加杂色”滤镜、“动感模糊”滤镜及“斜面和浮雕”图层样式来制作台匾的模板，然后使用编辑渐变、文字工具和参考线做后期处理，从而达到想要的效果。

## 12.14.1　制作台匾模板

制作台匾模板的具体操作步骤如下：

（1）按【D】键，设置前景色为黑色、背景色为白色，然后按【X】键切换前景色和背景色。

（2）按【Ctrl+N】组合键或单击“文件”|“新建”命令，新建一幅名为“励志台匾”的RGB模式图像，设置“宽度”为500像素、“高度”为280像素、“分辨率”为72像素/英寸、“颜色模式”为“RGB颜色”、“背景内容”为“背景色”。

（3）在“图层”面板中，双击“背景”图层，在出现的文本框中将其更名为“图层1”。

（4）按【M】键或单击工具箱中的矩形选框工具，拖曳鼠标绘制一个矩形选区，如图12-207所示。

（5）单击“选择”|“反向”命令，反选选区，如图12-208所示。

图12-207　创建选区

图12-208　反选选区

（6）单击“设置前景色”色块，设置前景色为暗黄色（RGB参数值分别为186、115和48），按【Alt+Delete】组合键填充选区，填充后的效果如图12-209所示。

图12-209　填充选区

（7）单击“滤镜”|“杂色”|“添加杂色”命令，弹出“添加杂色”对话框，设置“数量”为15%，选中“平均分布”单选按钮，如图12-210所示。单击“确定”按钮，效果如图12-211所示。

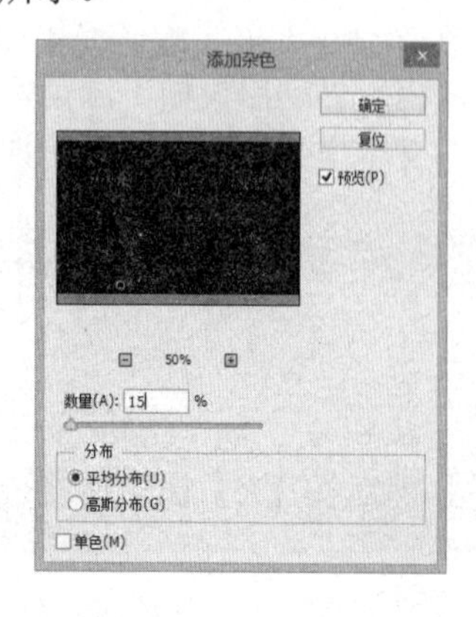

图 12-210 “添加杂色”对话框　　　　图 12-211　杂色效果

（8）单击“滤镜”|“模糊”|“动感模糊”命令，弹出“动感模糊”对话框，设置“角度”为 45 度、“距离”为 20 像素，如图 12-212 所示。单击“确定”按钮，按【Ctrl+D】组合键取消选区，效果如图 12-213 所示。

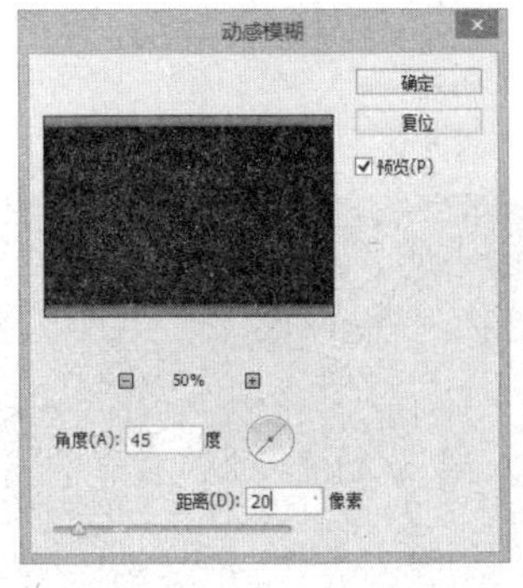


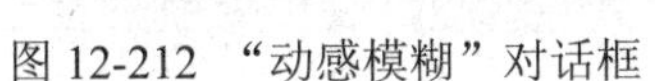

图 12-212 “动感模糊”对话框　　　　图 12-213　动感模糊效果

（9）单击“图层”|“图层样式”|“斜面和浮雕”命令，在弹出的“图层样式”对话框的“斜面和浮雕”选项区中设置各项参数，如图 12-214 所示。单击“确定”按钮，效果如图 12-215 所示。

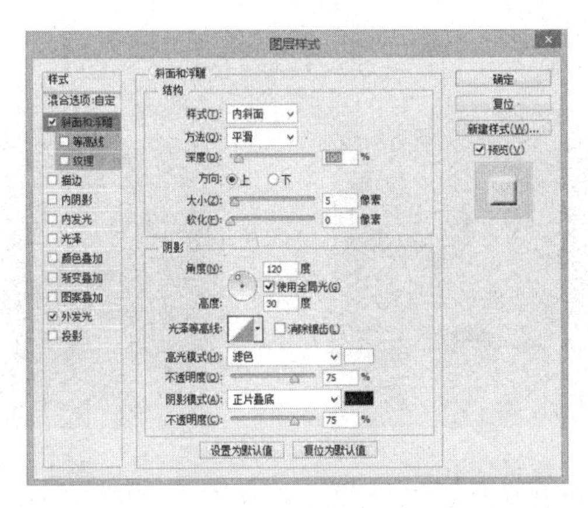


图 12-214 “图层样式”对话框

（10）若图像编辑窗口中没有显示标尺，则按【Ctrl+R】组合键或单击“视图”|“标尺”命令以显示标尺，然后将鼠标指针分别置于纵横标尺内，按住鼠标左键不放并向中间拖出几条参考线，如图 12-216 所示。

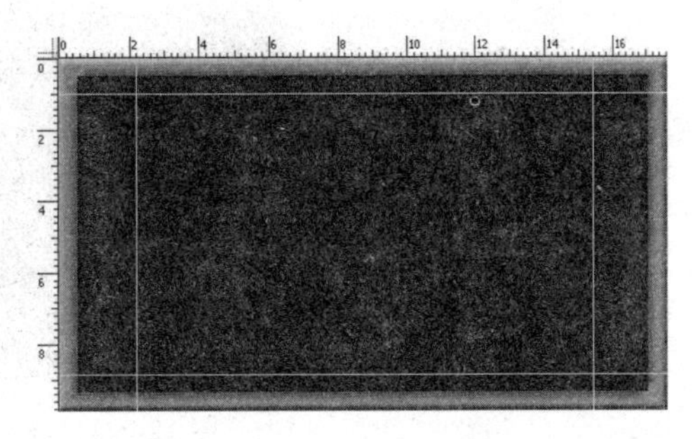

图 12-215　斜面和浮雕效果　　　　图 12-216　拖出参考线

（11）按【M】键或单击工具箱中的矩形选框工具，绘制由中间参考线构成的矩形选区，如图 12-217 所示。

（12）设置前景色为深红色（RGB 参数值分别为 185、1 和 1），然后按【Alt+Delete】组合键进行填充，按【Ctrl+D】组合键取消选区。单击工具箱中的移动工具，分别选中参考线并将其向中间移动，如图 12-218 所示。

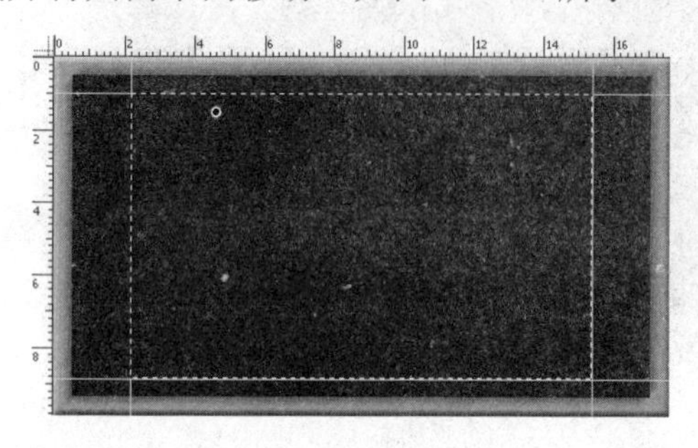

图 12-217　建立选区

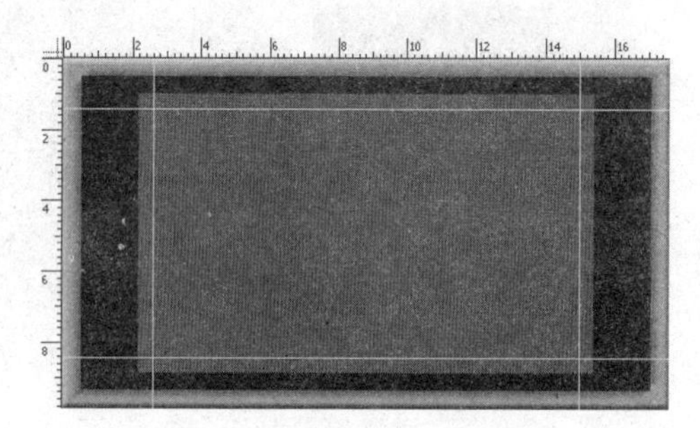

图 12-218　移动参考线

（13）按【M】键或单击工具箱中的矩形选框工具，绘制由中间参考线构成的矩形选区，如图 12-219 所示。

（14）按【Ctrl+Delete】组合键用背景色（黑色）进行填充，按【Ctrl+D】组合键取消选区，效果如图 12-220 所示。

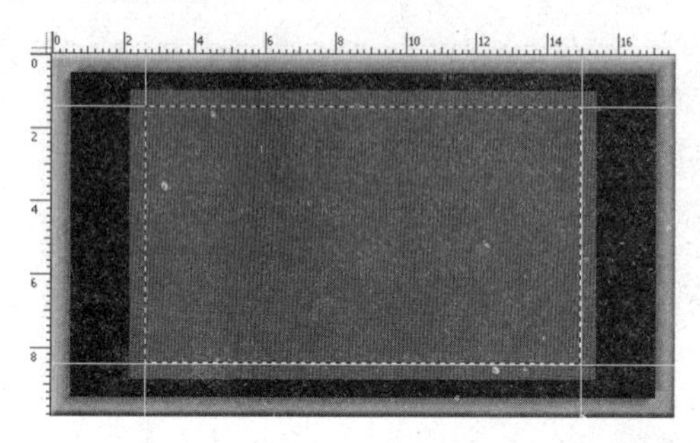

图 12-219　建立选区

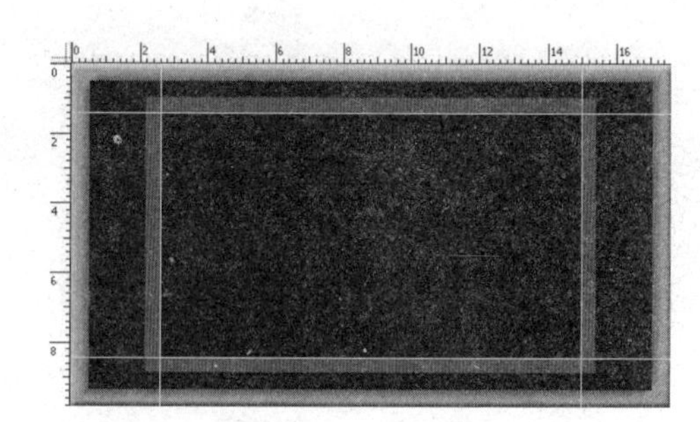

图 12-220　填充选区

（15）按【V】键或单击工具箱中的移动工具，分别选中参考线并将其再向中间移动，然后按【M】键或单击工具箱中的矩形选框工具，绘制由中间参考线构成的矩形选区，效果如图 12-221 所示。

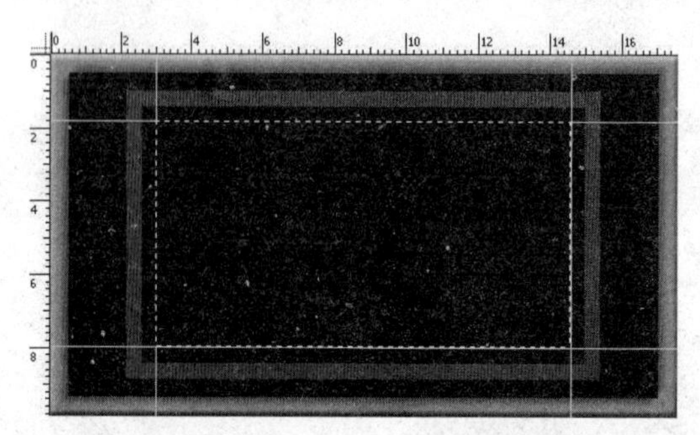

图 12-221　移动参考线并创建选区

（16）设置前景色为白色（RGB 参数值均为 255），然后按【Alt+Delete】组合键进行填充，按【Ctrl+D】组合键取消选区，效果如图 12-222 所示。适当移动参考线，以便准确地在其中输入文本，如图 12-223 所示。

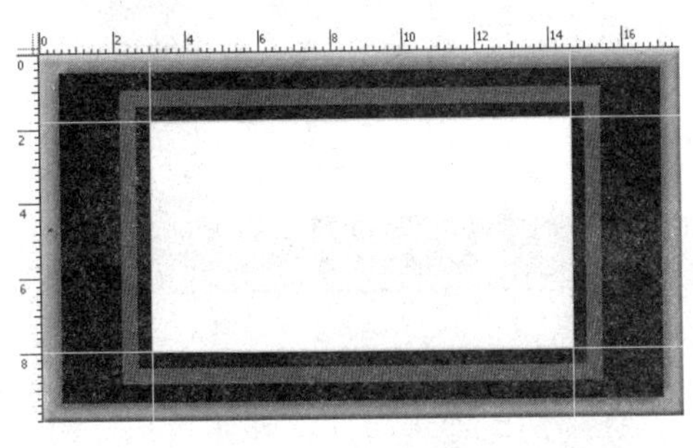

图 12-222　填充选区

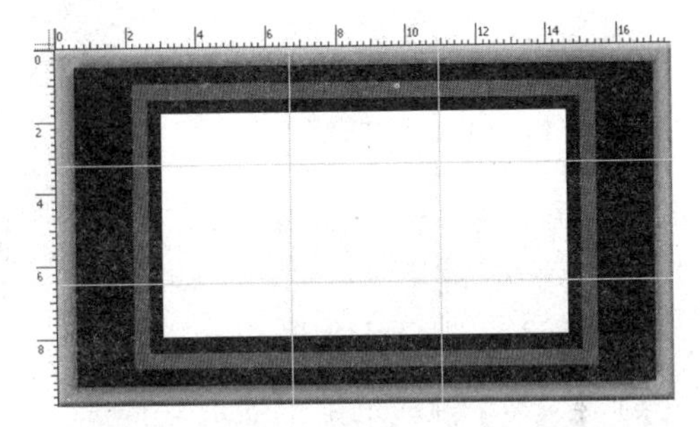

图 12-223　移动参考线

## 12.14.2　添加台匾文字

添加台匾文字的具体操作步骤如下：

（1）按【T】键或单击工具箱中的文字工具，在其属性栏中单击“切换字符和段落面板”按钮，弹出“字符”面板，在其中设置各项参数，如图 12-224 所示。在图像编辑窗口的中间位置输入文本“拼搏”，并适当调整其位置，效果如图 12-225 所示。

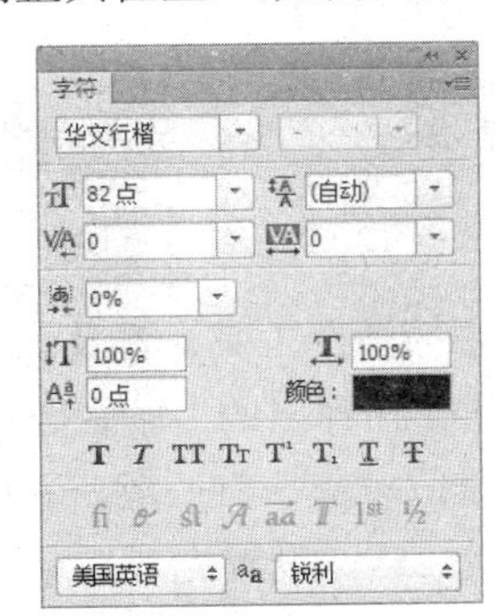


图 12-224　“字符”面板

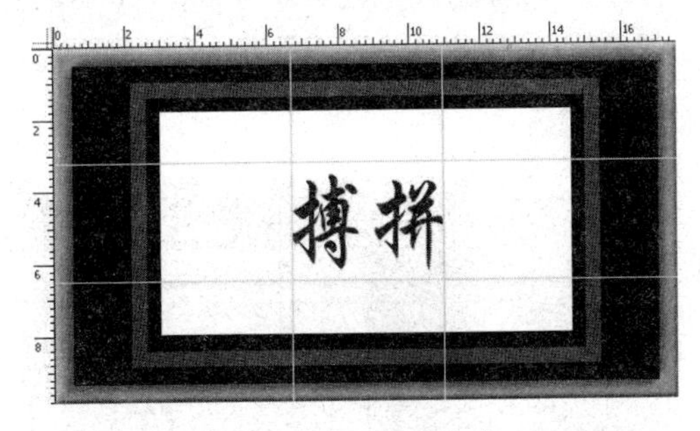


图 12-225　输入文本

（2）单击工具箱中的直排文字工具，在“字符”面板中设置“字体”为“华文行楷”、“字体大小”为 14 点、“字距”为 200，如图 12-226 所示。在文本“拼搏”的左方和右方分别输入相关文本，并适当调整其位置，效果如图 12-227 所示。

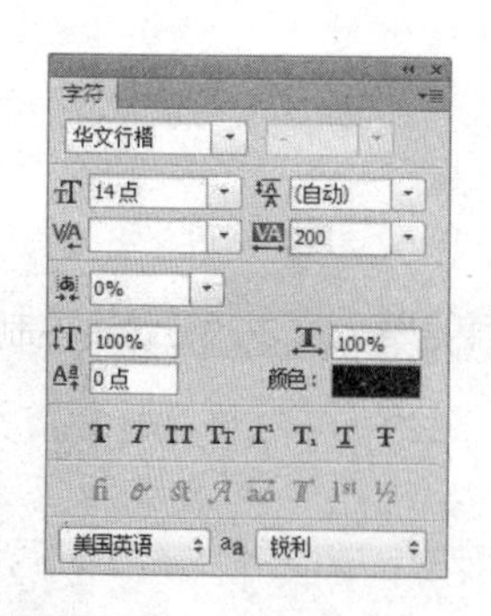


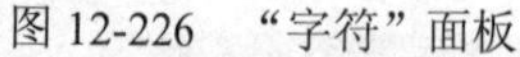

图 12-226 “字符”面板

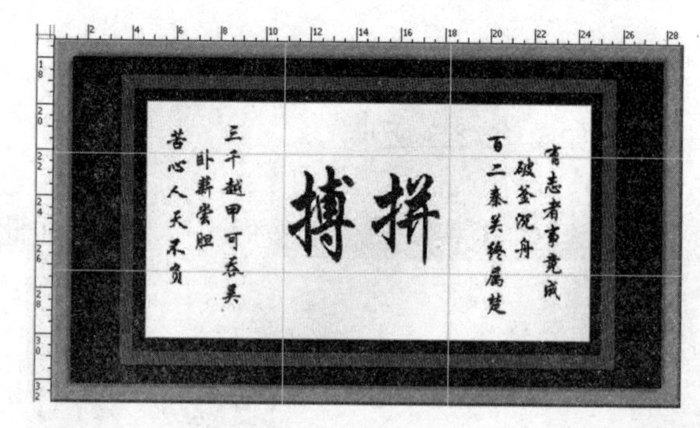


图 12-227 输入文本

（3）按【V】键或单击工具箱中的移动工具，分别选取参考线，将其移入标尺内或图像编辑窗口外，将其去掉；然后单击工具箱中的矩形选框工具，选取中间的白色区域，如图 12-228 所示。

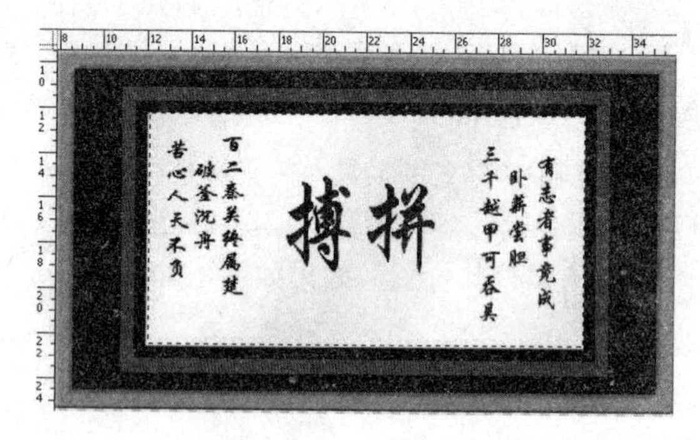

图 12-228 建立选区

（4）按【G】键或单击工具箱中的渐变工具，在其属性栏中单击“线性渐变”按钮，然后单击“点按可编辑渐变”下拉列表框，在弹出的“渐变编辑器”窗口中设置渐变，如图 12-229 所示。渐变色标从左至右分别为灰—白—灰—白—灰，其中灰色的 RGB 参数值分别为 246、242 和 242，白色的 RGB 参数值均为 255，设置完成后单击“确定”按钮，在选区中从左上到右下拖出一条渐变色，以创建玻璃中间的反光及阴影效果。

（5）按【Ctrl+R】组合键，隐藏标尺，然后按【Ctrl+D】组合键，取消选区，最终效果如图 12-230 所示。

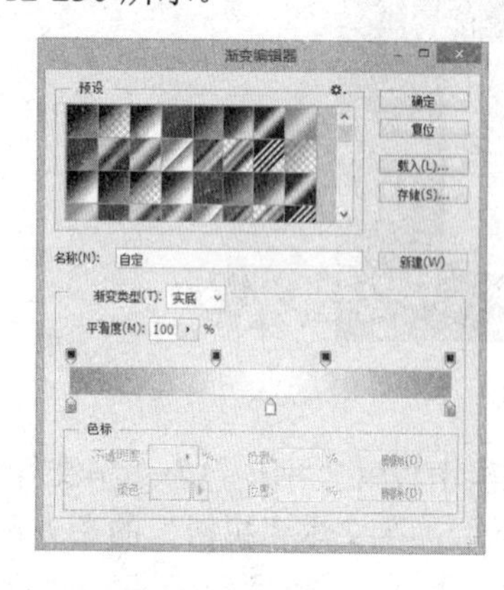

图 12-229 “渐变编辑器”窗口　　　　图 12-230　最终效果

### 12.14.3　案例小结

本案例介绍了制作励志台匾效果的操作过程，主要运用了矩形选框工具、参考线，以及“添加杂色”滤镜、“动感模糊”滤镜等。读者可以在此案例的基础上举一反三，制作其他类似的书画装裱等台匾效果。

## 12.15　室内效果图后期处理

【案例说明】本案例介绍室内效果图的后期处理，效果如图 12-231 所示。

图 12-231　室内效果图后期处理

【制作要点】通过使用移动工具、矩形选框工具、“自由变换”命令、“色相/饱和度”命令和“亮度/对比度”命令，以及调整图层的不透明度来为图片添加静物、调整亮度，从而达到理想的效果。

### 12.15.1　添加盆景

添加盆景的具体操作步骤如下：

（1）单击“文件”|“打开为”命令或按【Ctrl+Alt+O】组合键，打开两幅素材图像，如图 12-232 所示。

素材 1

素材 2

图 12-232 打开的素材图像

（2）单击工具箱中的移动工具，拖动“素材2”至“素材1”图像编辑窗口中，“图层”面板中将自动生成一个新的图层，将其重命名为“盆景”，然后按【Ctrl+T】组合键，调出变换控制框，自由变换“盆景”图层，缩放图像到合适大小并调整其位置，按【Enter】键，确认变换，效果如图12-233所示。

（3）将“盆景”图层拖动至面板底部的“创建新图层”按钮上，“图层”面板上自动生成一个新的图层——“盆景 拷贝”图层。

（4）按【Ctrl+T】组合键，调出变换控制框，自由变换“盆景 拷贝”图层，在图像编辑窗口中单击鼠标右键，在弹出的快捷菜单中选择“垂直翻转”选项，然后缩放图像到合适大小并调整其位置，按【Enter】键确认变换，最后在“图层”面板中把“不透明度”设置为30%，效果如图12-234所示。

图 12-233 将“素材2”图像置于“素材1”中

图 12-234 自由变换“盆景 拷贝”图层

（5）确定“盆景”图层为当前工作图层，按【Ctrl+U】组合键，在弹出的“色相/饱和度”对话框中设置“饱和度”为+20、“明度”为+10，如图12-235所示。单击“确定”按钮，效果如图12-236所示。

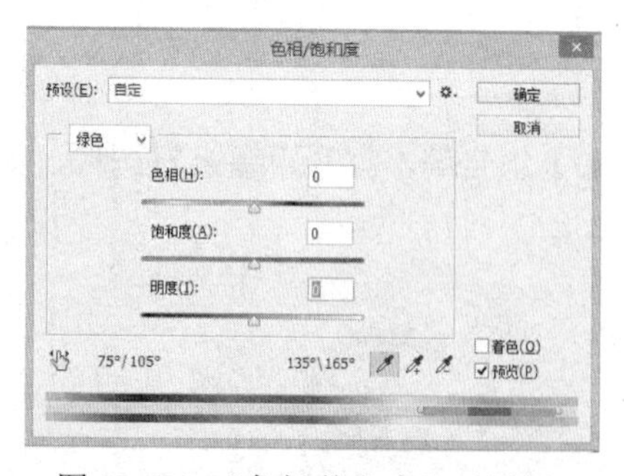


图 12-235 “色相/饱和度”对话框

图 12-236 调整“色相/饱和度”后的效果

## 12.15.2 添加花瓶

添加花瓶的具体操作步骤如下：

（1）单击“文件”|“打开”命令或按【Ctrl+O】组合键，打开一幅素材图像，如图12-237所示。

（2）单击工具箱中的移动工具，拖动素材图像至“素材1”图像编辑窗口中，“图层”面板中自动生成一个新图层，将其重命名为“花”，然后按【Ctrl+T】组合键，调出变换控制框，自由变换“花”图层，缩放图像到合适大小并调整其位置，按【Enter】键确认变换操作，如图12-238所示。

图12-237　打开的素材图像

图12-238　自由变换并移动“花”图层

（3）将“花”图层拖曳至面板底部的“创建新图层”按钮上，“图层”面板中自动生成一个新的图层——“花 拷贝”图层，按【Ctrl+[】组合键，将其向下移一层。

（4）按【Ctrl+T】组合键，调出变换控制框，自由变换“花 拷贝”图层，缩放到合适大小，然后单击鼠标右键，在弹出的快捷菜单中选择“扭曲”选项，对图像进行扭曲变形并调整其位置，按【Enter】键确认变换操作，效果如图12-239所示。

（5）按【D】键，设置前景色为黑色、背景色为白色，然后按住【Ctrl】键的同时单击“花 拷贝”图层，将其载入选区；按【Alt+Delete】组合键，用前景色填充选区，并在“图层”面板中设置“不透明度”为50%；按【Ctrl+D】组合键取消选区，效果如图12-240所示。

图12-239　自由变换“花 拷贝”图层

图12-240　设置不透明度后的效果

## 12.15.3 添加塑像并调整亮度

添加塑像并调整亮度的具体操作步骤如下：

（1）单击“文件”|“打开”命令或按【Ctrl+O】组合键，打开一幅素材图像，如图 12-241 所示。

（2）单击工具箱中的移动工具，拖动素材图像至“素材 1”图像编辑窗口中，“图层”面板中自动生成一个新图层，将其重命名为“塑像”，然后按【Ctrl+T】组合键，调出变换控制框，自由变换“塑像”图层，缩放图像到合适大小并调整其位置，按【Enter】键确认变换操作，如图 12-242 所示。

图 12-241　打开的素材图像

图 12-242　自由变换并移动“塑像”图层

（3）单击“图像”|“调整”|“亮度/对比度”命令，弹出“亮度/对比度”对话框，设置“亮度”和“对比度”值分别为 70 和-50，如图 12-243 所示。

（4）单击“确定”按钮，执行“亮度/对比度”命令，效果如图 12-244 所示。

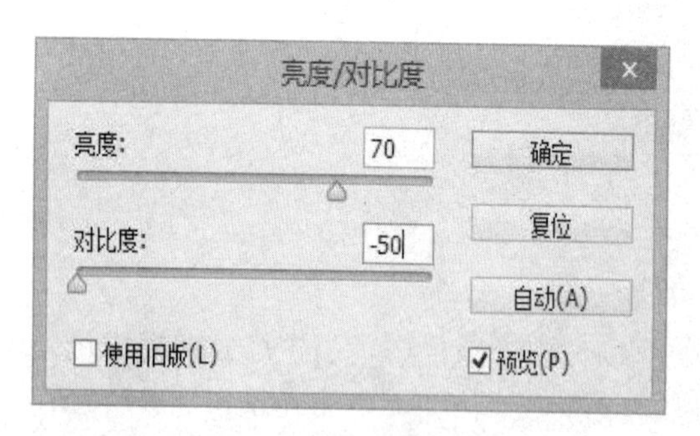


图 12-243　“亮度/对比度”对话框

图 12-244　调整“亮度/对比度”后的效果

## 12.15.4 添加人物

添加人物的具体操作步骤如下：

（1）单击“文件”|“打开”命令或按【Ctrl+O】组合键，打开一幅素材图像，如图 12-245

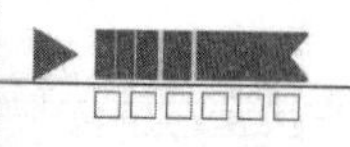

所示。

（2）单击工具箱中的移动工具，拖动素材图像至“素材 1”图像编辑窗口中，“图层”面板中自动生成一个新图层，将其重命名为“人物”，然后按【Ctrl+T】组合键，将“人物”图层缩放到合适大小，按【Enter】键确认变换操作，如图 12-246 所示。

图 12-245　打开的素材图像

图 12-246　缩放图像

（3）单击“编辑”|“变换”|“水平翻转”命令，将图像水平翻转，然后调整其位置，得到最终效果，如图 12-247 所示。

图 12-247　最终效果

## 12.15.5　案例小结

按照制作建筑装潢效果图的一般流程，在 3DS MAX 中完成建模、创建灯光和摄像机设置等一系列工作并输出后，要使用平面图像处理软件进行后期处理。Photoshop 是进行后期处理的首选软件，其强大的功能赢得了广大设计师的认可与青睐，它可以使效果图更加真实、自然，且近乎完美，并且还可以创作出其他图像处理软件无法比拟的艺术效果。

本案例介绍室内效果图的后期处理，操作重点在于添加盆景、花瓶、室内塑像和人物等。用户运用处理该案例的方法，还可以处理其他室内、室外效果图。

# 附录　习题参考答案

## 第1章

**一、选择题**

1. B　　2. BDA

**二、填空题**

1. 在单位长度内所含有的像素点的个数
2. 位图　矢量图

**三、简答题**

（略）

## 第2章

**一、选择题**

1. B　　2. CD

**二、填空题**

1. 【Ctrl+N】　【Ctrl+O】
2. 【C】

**三、简答题**

（略）

## 第3章

**一、选择题**

1. C　　2. B

**二、填空题**

1. 矩形和正方形选区
2. 色彩范围

**三、简答题**

（略）

## 第4章

**一、选择题**

1. B　　2. ACDE

**二、填空题**

1. 线性渐变　径向渐变　角度渐变　菱形渐变
2. 仿制图章　图案图章

**三、简答题**

（略）

## 第5章

**一、选择题**

1. D　　2. B

**二、填空题**

1. 用一系列点连接起来的线段或曲线
2. 矩形　圆角矩形　椭圆　多边形　直线　自定形状

**三、简答题**

（略）

## 第6章

**一、选择题**

1. A　　2. ABDE

**二、填空题**

1. 横排文字　直排文字　横排文字蒙版　直排文字蒙版
2. 栅格化

**三、简答题**

（略）

## 第7章

**一、选择题**

1. C　　2. A

**二、填空题**

1. 调整
2. 投影　内阴影　外发光　内发光　斜面和浮雕　颜色叠加　渐变叠加　图案叠加　描边

**三、简答题**

（略）

## 第 8 章

### 一、选择题

1．BD　　　2．BA

### 二、填空题

1．颜色通道　单色通道　Alpha 通道　专色通道

2. 永久性的蒙版 Alpha 通道　临时性的蒙版　蒙版图层

### 三、简答题

（略）

## 第 9 章

### 一、选择题

1．ABC　　　2．ABCD

### 二、填空题

1．色彩平衡

2．反相

### 三、简答题

（略）

## 第 10 章

### 一、选择题

1．B　　　2．D

### 二、填空题

1．【Ctrl+Alt+F】　【Ctrl+F】

2．扭曲

### 三、简答题

（略）

## 第 11 章

### 一、选择题

1．B　　　2．B

### 二、填空题

1. 记录　播放　编辑　删除　存储　载入

2．批处理

### 三、简答题

（略）

# 新书推荐

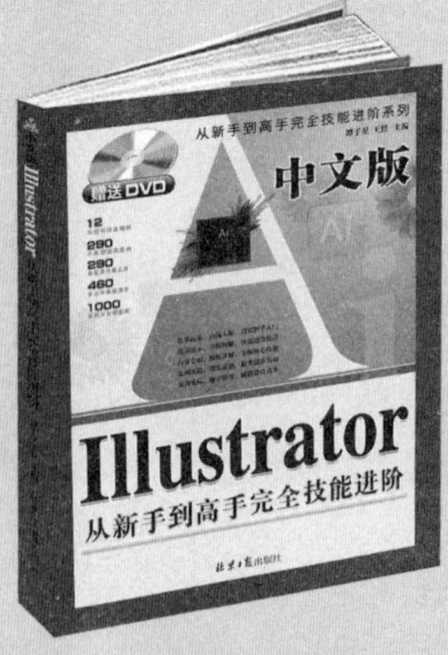


2017年新书发布，推荐学习。阅读有益好书，能让压力减轻，能让烦恼止步，能让勇创有路，能让追求顺利，能让精神丰富，能让事业成功。快来读书吧！

（本系列丛书在各地新华书店、书城及淘宝、天猫、京东商城均有销售）

# 精品图书 推荐阅读

叶圣陶说过：“ 培育能力的事必须继续不断地去做，又必须随时改善学习方法，提高学习效率，才会成功。”北京日报出版社出版的本系列丛书就是一套致力于提高职场人员工作效率的图书。本套图书涉及到图像处理与绘图、办公自动化及电脑维修等多个方面，适合于设计人员、行政管理人员、文秘等多个职业人员使用。

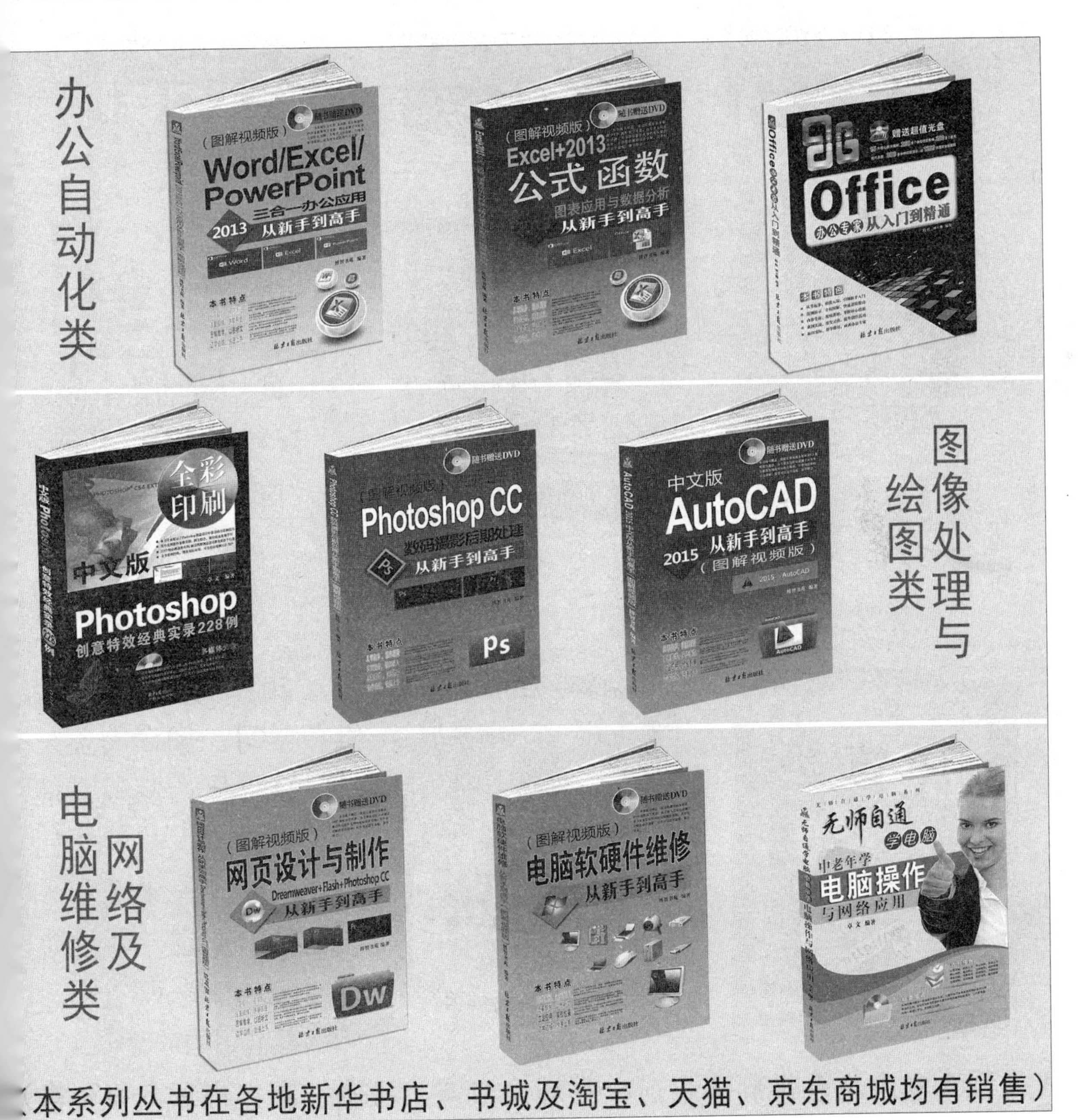

# 精品图书 推荐阅读

“善于工作讲方法，提高效率有捷径。”办公教程可以帮助人们提高工作效率，节约学习时间，提高自己的竞争力。

以下图书内容全面，功能完备，案例丰富，帮助读者步步精通，读者学习后可以融会贯通、举一反三，致力于让读者在最短时间内掌握最有用的技能，成为办公方面的行家！

（本系列丛书在各地新华书店、书城及淘宝、天猫、京东商城均有销售）